47都道府県・米/雑穀百科

井上　繁 著

丸善出版

まえがき

　日本においてコメは欠かすことのできない主食である。スーパーや大型店、道の駅の米コーナーや、米穀店などには、各地のブランド米などがたくさん並び、選ぶのにとまどうことも少なくないだろう。

　南北に長い日本列島では、それぞれの土地の気候や風土に合わせたコメや麦、雑穀が生産されている。特に、コメは全国で700銘柄以上がしのぎをけずっている。近年は、各道府県や生産者がおいしいコメの開発に力を入れ、毎年どこかで新品種がデビューするなど"コメ戦争"といった趣さえある。いまや、コメはワインのように選ぶ時代に入っている。

　コメは同じ品種でも、炊き方だけでなく、生産地や生産方法によって食味に大きな開きがでる。そこで、賢い消費者になるためには、ある程度の知識をもつことが必要になる。例えば、次の各問いで正しいのはA、B、Cのどれだろうか。（正解は次頁凡例の下部に）

(1) ゴロピカリというお米を開発したのは、

　A．茨城県、B．栃木県、C．群馬県　である。

(2) 北海道が開発したもち米は、

　A．はくちょうもち、B．こがねもち、C．たつこもち　である。

(3) 主にビールや焼酎の原料に使われるのは、

　A．はだか麦、B．二条大麦、C．六条大麦　である。

　本書はコメ、麦、雑穀を選ぶ際の基礎知識や最新情報を都道府県ごとにまとめている。読む際は、まず第Ⅰ部の米／雑穀の基礎知識に一通り目を通した後、第Ⅱ部の都道府県別米／雑穀とその特色に進んでほしい。

　特定の品種や銘柄を調べるには、巻末の品種・銘柄索引が役立つだろう。

　本書の出版についてお世話になった丸善出版株式会社企画・編集部第2部部長の小林秀一郎氏、担当された松平彩子氏に厚くお礼を申し上げたい。

2017年8月

井上　繁

凡　例

＊水稲、麦、そば、大豆、小豆、トウモロコシ（スイートコーン）など
の作付面積、収穫量の全国順位などは農水省の作物統計に基づく。水稲、
麦、そば、大豆などは2016（平成28）年産、小豆とトウモロコシ（ス
イートコーン）の全国順位は2015（平成27）年産、主産地は長野、和
歌山両県を除き最後の市町村別データのある2006（平成18）年産に基
づく。なお、一部の品目について長野県は2004（平成16）年産、和歌
山県は2005（平成17）年産に基づいている。北海道産スイートコーン
の主産地の判定は2014（平成26）年産の収穫量に基づく。

＊アワ、キビ、ヒエ、ハトムギ、エン麦、モロコシ、アマランサス、キ
ヌアの作付面積、収穫量の全国順位などは、公益社団法人日本特産農
作物種苗協会調べの2016（平成28）年産のデータに基づく。

＊うるち米、もち米、醸造用米の道府県ごとの作付面積の品種別比率は
公益社団法人米穀安定供給確保支援機構の「平成28年産水稲の品種別
作付動向について」に基づく。

＊うるち米の食味ランキングは一般社団法人日本食物検定協会が毎年実
施している食味試験の2016（平成28）年産米のランクである。

＊１等米など等級は、農水省が2017年１月に発表した2015（平成27）年
産米の農産物検査結果（確定値）に基づく。

＊コメの必須銘柄、選択銘柄は、農産物検査法に基づく2017（平成29）
年産の産地品種銘柄である。両品種銘柄とも順序は50音順。

＊トウモロコシは、野菜に分類されるスイートコーンについて記述してい
る。一般に食用にされるのは、未成熟のトウモロコシ、すなわちスイ
ートコーンのためである。

＊農業産出額は2015（平成27）年のデータで、農水省の農林水産統計に
基づく。

＊水田率は、2016（平成28）年７月現在の耕地面積（田畑計）のうち、
田が占める比率である。数値は農水省の農林水産統計に基づく。

＊耕地率は、総土地面積のうち、2016（平成28）年７月現在の耕地面積（田
畑計）が占める比率である。数値は農水省の農林水産統計に基づく。

＊食品成分については「七訂食品成分表2017本表編」に基づく。

＊国立研究開発法人農業・食品産業技術総合研究機構は通称の農研機構
と表記している。

＊「在来種」は普通名詞だが、品種名を並列する際は、品種名として扱
っている。

〔まえがきの質問の正解：(1) Ｃ群馬県、(2) Ａはくちょうもち、(3) Ｂ
二条大麦〕

目　　次

第Ⅰ部　米／雑穀の基礎知識

1．世界のコメ …………………………………………………… 2

2．コメからみた日本史 ……………………………………… 3

3．コメの炊き方と食べ方の歴史 ………………………… 6

4．コメと品種改良 …………………………………………… 9

5．多彩なコメの品種 ………………………………………… 12

6．雑穀の状況 ………………………………………………… 22

7．知っておきたい用語 ……………………………………… 26

第Ⅱ部　都道府県別　米／雑穀とその特色

北海道　32 ／【東北地方】青森県　40 ／岩手県　47 ／宮城県　55 ／秋田県　62 ／山形県　69 ／福島県　75 ／【関東地方】茨城県　81 ／栃木県　87 ／群馬県　94 ／埼玉県　101 ／千葉県　108 ／東京都　114 ／神奈川県　119 ／【北陸地方】新潟県　125 ／富山県　131 ／石川県　138 ／福井県　145 ／【甲信地方】山梨県　151 ／長野県　157 ／【東海地方】岐阜県　164 ／静岡県　170 ／愛知県　176 ／【近畿地方】三重県　183 ／滋賀県　189 ／京都府　196 ／大阪府　202 ／兵庫県　207 ／奈良県　213 ／和歌山県　219 ／【中国地方】鳥取県　224 ／島根県　230 ／岡山県　236 ／広島県　242 ／山口県　248 ／【四国地方】徳島県　254 ／香川県　260 ／愛媛県　266 ／高知県　272 ／【九州／沖縄】福岡県　277 ／佐賀県　284 ／長崎県　291 ／熊本県　297 ／大分県　303 ／宮崎県　309 ／鹿児島県　316 ／沖縄県　322

付録1　「日本の棚田百選」　328
付録2　「ため池百選」　330
付録3　「疏水百選」　332
付録4　コメ・雑穀に関連した条例の例　334
付録5　コメの記念日　335
付録6　年中行事とコメ・雑穀を使った料理　336
付録7　コメ・雑穀の加工品あれこれ　337

参考文献　338
都道府県・市区町村索引　340
品種・銘柄索引　350
事項索引　359

第Ⅰ部

米/雑穀の基礎知識

1
世界のコメ

　世界中には何万種類の稲の品種があるが、これらのほとんどはアジア原産のオリザ・サチバ（アジア稲）という一つの種に属し、世界各地で広く栽培されている。もう一つの西アフリカ原産のオリザ・グラベリマ（アフリカ稲）は限定的である。

　アジア稲は、ジャポニカ（日本型）、インディカ（インド型）、ジャバニカ（ジャワ型）などに分かれる。

　まず、ジャポニカは寒さに強く、粒が小さくて、ご飯の粘りが強いといった特性がある。短粒種であり、インド型やジャワ型に比べて粒が短い。日本、中国、韓国、米国、オーストラリアなどで栽培されている。日本で栽培されている稲の大半はこの型である。

　インディカは、寒さに弱いが暑さに強く、細長くて、ご飯はパサパサして粘りが少ないといった特性がある。インド、タイ、中国南部などで栽培され、世界で生産されるコメの9割近くを占める。

　そして、ジャバニカは日本型とインド型の中間的な稲で、大粒種である。主にインドネシア、中南米、イタリア、スペインなどで栽培されている。

　稲は、中国の長江中・下流域で栽培が始まり、各地に広まったとみるのがほぼ定説だった。これに対し、国立遺伝学研究所チームは2012（平成24）年に珠江中流域説を発表した。それによると、栽培種の起源は長江流域より南に位置する珠江の中流域で始まり、一つの野生稲集団からジャポニカが生まれた可能性が高いという。

　2010（平成22）年の世界のコメの収穫量は7億トンだった。内訳は水田での栽培が75％、低地での雨水に頼った天水栽培が20％、高地での陸稲が5％である。高地栽培は、南米やアフリカで行われている。このほか、50cmほどの水深で育つ浮き稲がある。河川や渓谷が氾濫する地域で収穫される。

　なお、麦は世界では1万年以上前から栽培されている。原産地は西アジアから中央アジアの乾燥地帯である。

2
コメからみた日本史

　上述のように稲の栽培種の起源については長江説、珠江説などがあるが、どちらにせよ、日本の稲作が中国南部から伝わったことは間違いなさそうだ。

　日本には、縄文時代晩期に北部九州に伝わった。現在、発見されている最も古い水田遺跡は佐賀県唐津市の菜畑遺跡や北九州市の板付遺跡で、縄文時代晩期のものである。初期の頃の水田での米づくりには、温暖で、雨が多く、豊富な水と栄養のある開けた平地が適していた。北部九州には、こうした条件を満たした土地が多かった。

　米づくりには、水路の確保や水田の管理などで共同作業が必要だった。これによって、ムラ（集落）が発展し、統率者が生まれた。佐賀県の吉野ケ里遺跡からは、鍬、鋤など弥生時代の木製農具や、貯蔵のための高床式倉庫など共同作業の跡が見つかり、復元されている。

　コメは昔から食料であると同時に、貨幣経済が発展するまでは物々交換やその後の納税などでも重要な役割を果たした。

　飛鳥時代の645（大化元）年の大化の改新後、農民に口分田が与えられた。口分田は私有権がなく、一生耕作することができるが、売買は禁じられた。このようにして農民は最低限の生活を保障されると同時に、租、庸などの負担が義務づけられた。租は口分田にかけられ、規定の収穫量の3％の稲を地方の倉に納めるものである。庸は中央での労役の代わりに、コメや布を農民が運んで中央政府の倉に納めるものである。

　奈良時代の743（天平15）年には、墾田永年私財法によって、開拓した田を永久に私有してよいことになった。これは、大化の改新により定められた土地公有主義を実質的に廃棄したものである。これによって、貴族や寺社による開墾が盛んになり、荘園が始まった。

　平安時代から室町時代にかけて稲作の技術が発展した。平安時代には、田植えの技術が確立された。鎌倉時代には、牛・馬を使って田を耕すようになり、水田に水を引く水車が普及した。室町時代には、排水や施肥の技

第Ⅰ部　米／雑穀の基礎知識　　3

術が進み、二毛作が広がった。

安土桃山時代の1582（天正10）年には、豊臣秀吉による太閤検地が始まった。中央から役人を派遣し、全国的に耕地などの面積とその耕作者を検地帳に登録した。検地帳に登録された人は年貢や労役の負担者とみなされた。一揆を防ぎ、農民を耕作に専念させるため、1588（天正16）年には刀狩りが行われた。

江戸幕府にとって農民は納税者として大切な存在だった。田畑や屋敷をもつ本百姓を維持するため、1643（寛永20）年に田畑の売買を禁止する田畑永代売買禁止令が制定された。これによって、土地の所有は認められたものの、売買などの処分はできなくなった。1673（延宝元）年には分家を制限する分地制限令が制定された。

1722（享保7）年には、財政の不足を補うため、大名にコメを上納させる制度が定められた。江戸幕府8代将軍の徳川吉宗は財政の建て直しに尽力し、別名、米将軍ともよばれた。年貢の徴収法を改め、新田の開発を奨励した。

ただ、江戸時代中期から後期にかけて、1732（享保17）年に享保の大飢饉、1782（天明2）年に天明の大飢饉、1833（天保4）年に天保の大飢饉が発生し、1837（天保8）年には陽明学者・大塩平八郎による乱が起き、その後も百姓一揆や打ち壊しが多発した。

明治時代の1872（明治5）年には、田畑永代売買禁止令が解かれた。1873（明治6）年の地租改正によって、土地所有者に豊作、凶作とは関係なく、地価の3％の地租を現金で納めさせるようにした。税が年貢米から地租に変わったのである。

大正時代の1918（大正7）年には、コメの値段が異常に上がり、全国に米騒動が広がった。米騒動は富山県魚津に端を発し、それが新聞に報道されるとまたたく間に各地に波及した。

富山の米騒動の前日に政府がシベリア出兵を宣言したことも、米価の上昇を見込んだ米穀商の売り惜しみや、地主による買い占めを促し、米価高騰に拍車をかけた。

昭和時代の1930（昭和5）年には、豊作のため米価が下落し、豊作飢饉となった。1933（昭和8）年には政府が米価基準を設定してコメの売買を行うことなどを定めた米穀統制法が公布になった。これによって、政府が

最低・最高公定価格で無制限に買い入れ、売り渡しができるようになった。日中戦争の起こった1937（昭和12）年には、コメなど生活必需品10品目の切符制採用が決まった。食糧事情がさらに悪化したため、1941（昭和16）年には東京、大阪、名古屋、京都、神戸、横浜の6大都市で、米穀配給通帳制と外食券制が導入された。第2次世界大戦中の1942（昭和17）年には、食糧管理法が制定され、米穀の強制買い上げ、売り渡し、配給計画などが規定され、コメの価格は政府管理となった。

　庶民は、うるち米やもち米だけでなく、大麦や、地域や時期によってアワ、ヒエ、キビなども主食にしていた。奈良時代には、畑で大麦や小麦を栽培する命令が何度も出された。アワなどは飢饉に備えて備蓄する習慣のある地域もあった。

　なお、麦は、日本には3〜4世紀頃、中国、朝鮮を経て大陸から渡来した。健康によい食物として親しまれ、江戸幕府の初代征夷大将軍・徳川家康も麦ご飯を食べていた。

■戦後のコメ政策

　戦後は主食の遅配や欠配が続き、脱脂大豆や芋がらなどの代用食が配給されることが多かった。1946（昭和21）年5月には東京・世田谷の「米よこせ区民大会」のデモ行進が皇居内に入ったり、皇居前広場で"食糧メーデー"が行われたりした。

　1945（昭和20）年に連合国軍総司令部の勧告で第1次農地改革、1946（昭和21）年には自作農創設特別措置法による第2次農地改革が開始され、1950（昭和25）年に完了した。政府が不在地主の貸付地や在村地主の貸付地のうち1ha（北海道は4ha）以上の農地を買い上げて小作農に売却して自作農をつくった。これによって、地主・小作制度は消滅し、農民の生産意欲が高まった。1952（昭和27）年には農地法が制定された。農地改革による農地制度を維持することを目的とし、自作農主義をうたい、小作地所有制度や農地の転用制限などを定めた。

　1960（昭和35）年には、政府が買い入れるコメの価格算定に生産費・所得補償方式を導入した。労働費の計算に都市部の製造業の賃金を採用したため、都市で給与が上がれば米価も上がる仕組みだった。1961（昭和

第Ⅰ部　米／雑穀の基礎知識　5

36）年には農業基本法が公布された。同法では、農民の生活水準を他産業従事者と均衡する水準に引き上げることを国に義務づけている。生産費・所得補償方式の導入で、1960（昭和35）年からの10年間で東京都区部のコメの小売価格は9割上がった。

　1969（昭和44）年からコメの生産調整が始まり、1970（昭和45）年には政府過剰米が720万トンに達し、生産調整として減反が本格的になり、政府は買入量を抑制した。

　1990（平成2）年には自主流通米の入札取引が開始された。1993（平成5）年には農産物の輸入自由化を進めたウルグアイ・ラウンドが合意され、コメの市場開放に踏み切った。1995（平成7）年に食管法は廃止され、新食糧法でコメの流通が自由化し、政府の手を通さない自主流通米中心の流れに変わった。これによって、政府はコメの買値より安く卸商に売り渡す負担が軽くなり、農家にとっては高くても売れる良質なコメをつくる動機づけにもなった。同時に、コメの輸入を部分的に開放した。

　1999（平成11）年には、コメの輸入関税制度が始まった。新農業基本法として食料・農業・農村基本法が制定された。2004（平成16）年の新食糧法の改正で、大半の流通米を自由販売とし、コメの生産流通を市場に委ねることにした。2018（平成30）年産には国によるコメの生産数量目標の配分は廃止される。これによって生産者や農業団体がみずからの販売量を見極めて生産量を調整することになる。

3
コメの炊き方と食べ方の歴史

▌炊き方

①煮る、かゆに（弥生時代以降）

　弥生時代のコメの調理は、土器に炭化米の付着がみられることやコメの量が十分でなかったことから、水で量を増やしたかゆや雑炊が食べられていたとみるのが定説になっている。釜や鍋にコメと水を入れて煮、かゆに

する方法である。水の量によって、汁かゆ、固かゆに分けることができる。

中国では、現在も朝食にかゆを食べる習慣がある。これは汁かゆである。

②蒸す（古墳時代以降）

甑で蒸したご飯は強飯といわれた。甑は、円形の瓦製で底に湯気を通す小穴があり、湯釜にのせて蒸した。強飯は、粘りのない、硬い米なので笥、土器、葉などに盛った。

『万葉集』の山上憶良の「貧窮問答歌」には、「こしきには 蜘蛛の巣かきて 飯炊く事も忘れて」（クモの巣が張っていてご飯を炊けない）という一節がある。貧苦を示すこの歌は奈良時代に詠まれたとみられている。

奈良時代には、曲物を使った木製の蒸し器が使われるようになった。曲物はヒノキの薄板を巻いてサクラの皮でとじ合わせ、底板をくぎで打ちつけたものである。

③炊く（奈良時代以降）

羽釜を考案し、調理方法が「煮る」から「炊く」に変わった。羽釜は中腹周囲につばのあるめし炊き釜で、現在は単に釜という。

ご飯を炊くのは、現在の日本で広く行われている方法である。コメと水の量を決め、火加減を調節する必要がある。ジャポニカの場合、標準はコメの容量の1.1〜1.2倍程度の水を入れる。麦を混ぜる場合などはさらに増やし、新米の場合は1対1程度でかまわない。

炊飯器が普及する前、薪やガスなどでご飯を炊いていた時代は「はじめチョロチョロ、なかパッパ、赤子泣いてもふた取るな」といわれた。いきなり強火にすると釜の底だけに熱が加わり、炊きむらを起こすため弱火でコメに十分水を吸わせる。沸騰したら強火にして炊きあげる。炊きあがったら、すぐふたを取らずに、しっかり、蒸らすという意味である。

▮食べ方

飛鳥時代、奈良時代から安土桃山、江戸時代にかけて一部の地域では赤米も食べていた。赤米は、野生種に近く、災害に強く、熟期が早いうえ炊くと倍に増える性質がある。大唐米、唐法師ともよばれた。

奈良時代の初めには、土鍋で煮た水分の少ない「固かゆ」が食べられるようになった。当時、今のかゆは「汁かゆ」といって、「固かゆ」とは区

別されていた。

奈良時代の終わりには、さらに水分が少なくなり「姫めし」とよばれた。「姫めし」は「姫飯」ともいい、釜で炊いためしである。

長期にわたって貯えたり、携行するために天日で乾燥させた乾し飯も重宝されていた。平安時代の歌物語である伊勢物語には、「沢のほとりの木の陰におりゐて、乾飯食ひけり」という記述がある。旅先の水のきれいな沢のほとりで、乾し飯を水で戻して食べる情景が描写されている。軽くて持ち運びに便利だった。

もち米でつくった乾し飯を「もちの乾し飯」という。平安時代の仏教説話集である『日本霊異記』には「糯の干飯の舂き籭ひたる二斗」という記述もあり、うるち米だけでなく、もち米も用いられていたことを示している。

魚をコメや塩に漬けた保存食のなれずしは、奈良時代から食べられている。平安時代から鎌倉時代にかけて、宮廷や貴族の家で催し事がある際、下仕えの者には「屯食」にのせた食べ物が出た。

室町時代には、細かく切った野菜や乾魚などの煮物を器に盛ったご飯の上にのせ、すまし汁をかけた「芳飯」が食べられるようになった。江戸時代、京都の公家社会では握りめしを屯食といい、携行食になった。平安時代の酒食をのせた脚のある台である屯食とは発音が異なる。

江戸時代には、江戸でうな丼や天丼が生まれた。芝居小屋が立て込んでいた日本橋堺町に、ウナギが大好きな芝居の金方（資金を出す人）である大久保今助が住んでいて、瀬戸物の丼を用い、熱い飯の上にウナギをのせてくれと頼んだ。温かいうな丼が誕生し、江戸っ子の間で評判になった（茨城県の項を参照）。天丼は江戸中期の1831（天保2）年に創業の江戸新橋の初代・橋善が創作したとする説がある。橋善はやがて東京で最も古い天ぷらの老舗になる。

親子丼が誕生したのは明治に入ってからである。1891（明治24）年に東京・人形町の「玉ひで」の5代目山田秀吉の妻とくが考案して、広まった。ぶつ切りのシャモ肉の甘い味付けや、卵が固まる寸前のおいしさがうけて、人気メニューになった（東京都の項を参照）。

4
コメと品種改良

■水稲の作付面積は半世紀で半減

　世界統計によると、コメの生産量（2014年、もみ量）が多いのは①中国（2億650万トン）、②インド（1億5,720万トン）、③インドネシア（7,084万6,000トン）の順である。日本は1,054万9,000トンで10番目である。

　コメは日本の主食であり、日本の農業・農村政策の根幹になっている。コメは、1960（昭和35）年代には完全自給を達成するため増産を図った。コメの収穫量は1967（昭和42）年産の1,445万トンが過去最多で、その後は減少し、2015（平成27）年産は798万6,000トンだった。水稲の作付面積は1965（昭和40）年産の312万haが、2015（平成27）年産は150万5,000haに減少した。半世紀で半減した計算である。

　消費生活が変化し、国内のコメ消費量は1963（昭和38）年度から減少傾向が続いている。一人当たりのコメの年間消費量は1962（昭和37）年度が118.3kgで最も多かった。2014（平成26）年度は55.6kgと、ピーク時の半分以下になっている。1日5.4杯が2.5杯に減少した計算である。食の外部化が進み、コメ消費の3割はコンビニのおにぎりといった中食や、外食の業務用が占めている。

　農水省が和食文化が生活の中でどれだけ実践されているかを把握するため2015（平成27）年に実施した調査によると、約1万の有効回答のうち、全体の93.2％が「ご飯（コメ）を食べる」と回答した。ただ、20代の男性では81.2％にとどまり、「1カ月米食なし」が2割近くに達していることがわかった。20代女性は91.5％で、男性と同様に年代別で最も低く、若者のコメ離れが鮮明になっている。

　1970（昭和45）年度には政府過剰米が720万トンに達し、減反政策による生産調整が開始され、需要に見合う水準に生産を抑制した。

　減反政策は2018（平成30）年度を目途に廃止が決まっている。これによって減反参加農家への補助金は廃止になり、農家が生産量を自主的に決

第Ⅰ部　米／雑穀の基礎知識　9

定できるようになる。農家の自立を促す寸法である。

『日本の統計2017年版』によると、日本のコメの自給率（2015〔平成27〕年度）は98％である。逆に、2016（平成28）年のコメの輸出額（援助米を除く）は27億円で過去最高になった。ただ、輸出額は生産量の0.1％にすぎない。輸入は69万トン（2013〔平成25〕年）で、輸入量としては世界で13番目に多い。

コメの価格は2012（平成24）年に東日本大震災後の混乱で上昇した。2013（平成25）年は生産者団体の販売価格の水準が高かったこともあり、上昇した。2014（平成26）年以降2015（平成27）年のコメの指数は88.6と、前年から10ポイント下落した。最近はコメの価格低下が進んでおり、コメの産出額は1984（昭和59）年の3兆9,300億円から2014（平成26）年は1兆4,343億円に低下している。

水稲の収穫量の多い市町村（2016〔平成28〕年産）は①新潟市（15万1,100トン）、②秋田県大仙市（7万7,500トン）、③新潟県長岡市（7万3,300トン）、④山形県鶴岡市（6万5,100トン）、⑤秋田県横手市（6万3,900トン）、⑥秋田県大潟村（6万700トン）、⑦新潟県上越市（6万300トン）、⑧宮城県登米市（6万トン）の順である。いずれも新潟県、秋田県、山形県、宮城県の4県の市と村で、新潟と東北に集中している。

水稲はうるち米、もち米、醸造用米に分かれる。3者の作付面積の割合は全国平均でうるち米が97.2％、もち米が2.6％、醸造用米が0.2％である。

米穀安定供給確保支援機構によると、うるち米の品種別作付面積（カッコ内は作付割合）のベスト10は、①コシヒカリ（36.2％）、②ひとめぼれ（9.6％）、③ヒノヒカリ（9.1％）、④あきたこまち（7.0％）、⑤ななつぼし（3.5％）、⑥はえぬき（2.8％）、⑦キヌヒカリ（2.5％）、⑧まっしぐら（1.8％）、⑨あさひの夢（1.6％）、⑩ゆめぴりか（1.5％）である。これら上位10の品種で75.6％と全体の4分の3を占めている。

水田でつくる水稲に対して、畑でつくる稲は陸稲である。水利の悪い地域で栽培されることが多い。病気などに強く、水稲に比べ、育てるのに手間がかからない。もちや赤飯、せんべいなどに用いるもち米が中心である。

コシヒカリがリードした品種改良

コメの品種改良はかつては戦争の影響もあって質より量が課題だった。1965（昭和40）年以降は生産量が消費量を上回るようになるとともに、食味が強く意識されるようになった。量より質が重視されるようになり、消費者のうまいコメ志向が強まったのである。

日本穀物検定協会が1971（昭和46）年から「米の食味ランキング」を始めたこともうまいコメブームをつくるのに一役買った。1989（平成元）年産からは、それまでAが最高だったランクの上に「特A」を設定した。新潟県の魚沼産コシヒカリは設定以降、連続して特Aの評価を得ている。新潟県佐渡産コシヒカリや福島県会津産コシヒカリもほぼ毎年特Aである。ほかの品種では岩手県の県南地区産ひとめぼれもほぼ連続して、特Aである。

コシヒカリの評価が高いため、各試験場などはその子や孫の育成に力を入れた。コシヒカリは日本のコメの品種改良に貢献し、それをリードしたのである。現在、コシヒカリがうるち米の作付面積の4割弱を占めるほか、作付面積2位のひとめぼれ、3位のヒノヒカリ、4位のあきたこまち、5位のななつぼし、6位のはえぬき、7位のキヌヒカリはいずれもコシヒカリの後代の品種である。少なくともこの7位までで全国の70.7％を占めており、日本の田んぼはコシヒカリ一族が占領しているかたちである。

北海道のうるち米作付面積が新潟県に次いで2位であるのは、その面積が47都道府県で最大というだけでなく、関係者が品種改良に力を入れてきた成果である。道内の平均気温は東北地方の北部よりかなり低く、5月以降の気温上昇も鈍い。こうした低温の中で、発芽から成熟までを短期間で終えるには早生品種で、耐冷性の強い品種が必要になる。しかも食味が良くなければならない。その品種改良の成果が、ななつぼし、ゆめぴりか、きらら397などとなって結実し、この3品種は全国のうるち米作付面積の上位17位に入るようになった。

地球温暖化は日本の稲作にも影響を与えている。西日本を中心に猛暑の影響で、登熟期の高温が生産に悪影響を与えるようになった。農研機構九州沖縄農業研究センターが開発した「にこまる」「きぬむすめ」、同機構近畿中国農業研究センターが開発した「恋の予感」などは、いずれも暑さに

第Ⅰ部　米／雑穀の基礎知識　11

強い品種として開発した。平成28年産のにこまる、きぬむすめについては、一部地域の食味ランキングで特Aをとるなど味の良いことも証明されている。

　かつて北海道や九州は気象条件によっておいしいコメをつくりにくいとされていたが、品種改良によって低温や高温に強いコメがつくりだされただけでなく、食味の良い品種が開発されている。

　ただ、作付面積や収穫量が減少するなかで、新規に開発する品種や銘柄は全国で増えており、産地間競争が激しくなっている。知事が先頭に立って大消費地でPR活動を行う動きも活発である。

5
多彩なコメの品種

▌次々にブランド米が登場するうるち米

　うるち米の主要な品種を五十音順にみよう。

○あいちのかおり

　愛知県が「ハツシモ」と「ミネアサヒ」を交配し1987（昭和62）年に育成した。作付面積の全国順位は、1999（平成11）年産は18位で、2000（平成12）年産以降12位と19位の間を上下し、2015（平成27）〜16（同28）年産は16位である。2016（平成28）年産の作付面積の全国シェアは0.9％だった。主生産地は愛知、静岡県などで、東海地方に強い。

○あきたこまち

　秋田県が「コシヒカリ」と「奥羽292号」を交配して1984（昭和59）年に育成した。秋田県湯沢市の小野の里に生まれたと伝わる小野小町にちなみ、おいしいコメとして名声を得るようにとの願いを込めて命名された。作付面積の全国順位は、1996（平成8）、1997（平成9）両年産は2位、1998（平成10）年産は3位で、1999（平成11）年産以降4位である。2016（平成28）年産の作付面積の全国シェアは7.0％だった。主生産地は秋田県、岩手県、茨城県などである。

○あさひの夢

　愛知県が「あいちのかおり」と「月のひかりと愛知65号のF1」を交配し1996（平成8）年に育成した。作付面積の全国順位は2002（平成14）〜03（同15）年産の17位からおおむね順調に上昇し、2012（平成24）年産で10位、2013（平成25）年産以降は9位である。2016（平成28）年産の作付面積の全国シェアは1.6％だった。主生産地は栃木県、群馬県などである。

○キヌヒカリ

　農水省がF1（収2800×北陸100号）と「北陸96号（後のナゴユタカ）」を交配して1988（昭和63）年に育成した。ご飯の色が白く絹のようにつややかというのが名前の由来である。作付面積の全国順位は、2004（平成16）〜12（同24）年産は5位、2013（平成25）年産は6位で、2014（平成26）年産以降は7位である。2016（平成28）年産の作付面積の全国シェアは2.5％だった。主生産地は滋賀県、兵庫県、和歌山県など北陸以南である。

○きぬむすめ

　農研機構が「キヌヒカリ」と「祭り晴」を交配して2004（平成16）年に育成した。作付面積の全国順位は、2012（平成24）年産が20位、2013（平成25）年産が19位、2014（平成26）年産が15位、2015（平成27）〜16（同28）年産が12位と上昇している。2016（平成28）年産の作付面積の全国シェアは1.2％だった。主生産地は島根県、鳥取県、岡山県などで、中国地方が中心である。

○きらら397

　北海道が「しまひかり」と「道北36号」を交配して1988（昭和63）年に育成した。名前は、北海道民への公募により決定した。平仮名と数字を組み合わせた最初の品種名である。きららは、きらきらと美しい様を表している。397は育成地の系統番号である。作付面積の全国順位は、2014（平成26）年産が11位、2015（平成27）年産が15位、2016（平成28）年産が17位と低下気味である。2016（平成28）年産の作付面積の全国シェアは1.5％だった。主産地は北海道などである。

○こしいぶき

　新潟県が「ひとめぼれ」と「どまんなか」を交配して2000（平成12）年に育成した早生品種である。ひとめぼれの母親は「コシヒカリ」で、こ

しいぶきはコシヒカリの孫にあたる。研究は、温暖な沖縄県石垣島で行った。名前の由来は「越後の新しい息吹」である。作付面積の全国順位は、2004（平成16）〜05（同17）年産の19位から一進一退を繰り返して上昇し、近年は2014（平成26）〜15（同27）年産が10位、2016（平成28）年産が11位だった。2016（平成28）年産の作付面積の全国シェアは1.4％だった。主生産地は新潟県などである。

○コシヒカリ

コシヒカリは福井県が「農林22号」と「農林1号」を交配して1956（昭和31）年に育成した。越の国に光輝くコメにという願いを込めて命名された。親の農林22号は「銀坊主」と「朝日」に由来している。現在普及している品種の70％近くは遺伝的に何らかのかたちでコシヒカリに関係しているとされる。

作付面積の全国順位は1979（昭和54）年産以降トップを走り続けている。2016（平成28）年産の作付面積の全国シェアは36.2％で、2位の「ひとめぼれ」（9.6％）を大きく引き離している。主生産地は新潟県、茨城県、栃木県など東北南部以南である。

○彩のかがやき

埼玉県が「コシヒカリ」系の「祭り晴」とササニシキ系の「彩の夢」を交配して育成した。2001（平成13）年度に品種登録された。作付面積の全国順位は、2008（平成20）〜09（同21）年産が19位、2010（平成22）〜11（同23）年産が15位で、2012（平成24）〜13（同25）年産が16位、2014（平成26）〜16（同28）年産が18位である。2016（平成28）年産の作付面積の全国シェアは0.7％だった。主生産地は埼玉県などである。

○つがるロマン

青森県が「ふ系141号」と「あきたこまち」を交配して1996（平成8）年に育成した。コシヒカリの孫にあたる品種である。作付面積の全国順位は、1998（平成10）年産の18位が2001（平成13）〜06（同18）年産と2008（平成20）〜10（同22）年産で9位まで上昇したが、2011（平成23）年産以降は下がり、2014（平成26）〜16（同28）年産は13位である。

2016（平成28）年産の作付面積の全国シェアは1.0％だった。主生産地は青森県などである。

○つや姫

　山形県が、ともにコシヒカリ系の「東北164号」と「山形70号」を交配して2008（平成20）年に育成した。作付面積の全国順位は、2012（平成24）年産が19位、2013（平成25）〜15（同27）年産が17位、2016（平成28）年産が15位と上昇している。

　2016（平成28）年産の作付面積の全国シェアは1.0％だった。主生産地は山形県、宮城県などで、東北地方が主力である。食味試験では、育成地の山形県で2009（平成22）年から、宮城県で2013（平成25）年から特Aの評価を受けている。

○ななつぼし

　北海道が「ひとめぼれと空系90242AのF1」と「あきほ」を交配し2001（平成13）年に育成した。星がきれいに見える北海道で生まれたからこそ、北斗七星のように輝いてほしいという願いを込めて命名された。作付面積の全国順位は、2004（平成16）年産で全国10位となって以来、上昇気流に乗り、2013（平成25）年産から5位である。2016（平成28）年産の作付面積の全国シェアは3.5％だった。主生産地は北海道などである。

○にこまる

　農研機構が「きぬむすめ」と「北陸174号」を交配し、2005（平成17）年に育成した。日本穀物検定協会の「食味ランキング」で、長崎県の2008（平成20）〜12（同24）年産、愛媛県と高知県県西地区の2016（平成28）年産にこまるはそれぞれ特Aの評価を受けている。

○はえぬき

　山形県が「庄内29号」と「秋田31号（後のあきたこまち）」を交配して1991（平成3）年に育成した。米どころ山形県で生まれ育ったオリジナルのコメ、まさにはえぬきのコメが大きく飛躍し続けることを願って命名した。作付面積の全国順位は、1996（平成8）年産の11位から徐々に上昇し、近年では2009（平成21）〜13（同25）年産が7位、2014（平成26）年産以降は6位である。2016（平成28）年産の作付面積の全国シェアは2.8％だった。主生産地は山形県、香川県などである。

○ハツシモ

　農林省（当時、現在は農研機構）が「東山24号」と「農林8号」を交配し1950（昭和25）年に育成した。初霜の降りる頃に収穫されることが名

前の由来である。作付面積の全国順位は、1997（平成9）年産が20位でベスト20に入り、以降、1999（平成11）年産の15位と2003（平成15）年産の19位の間を上下し、2014（平成26）～16（同28）年産は再び19位である。2016（平成28）年産の作付面積の全国シェアは0.6％だった。主生産地は岐阜県などである。

○ひとめぼれ

宮城県が「コシヒカリ」と「初星」を交配して育成し、1991（平成3）年に誕生した。名前には、「見て美しさにひとめぼれ、食べておいしさにひとめぼれしてもらい、皆に愛されるコメにしたい」という願いを込めている。冷害に強い。作付面積の全国順位は、1998（平成10）年産以降、2006（平成18）年産と2011（平成23）年産を除いて2位である。2016（平成28）年産の作付面積の全国シェアは9.6％だった。主生産地は宮城県、岩手県、福島県などで、東北が中心である。

○ヒノヒカリ

宮崎県が「愛知40号（後の黄金晴）」と「コシヒカリ」を交配して、1989（平成元）年に育成した。陽は西日本、九州を表し、陽のように輝いているコメが名前の由来である。作付面積の全国順位は、1999（平成11）年産以降、2位になった2006（平成18）、2011（平成23）両年産を除いて、コシヒカリ、ひとめぼれに次いで3位である。2016（平成28）年産の作付面積の全国シェアは9.1％だった。主生産地は熊本県、大分県、鹿児島県などで、九州における主力品種だが、近畿地方、中国地方でも広く栽培されている。

○ふさこがね

2006（平成18）年にデビューした千葉県の育成品種である。「中部64号」と「ふさおとめ」を交配した。作付面積の全国順位は、2010（平成22）～11（同23）年産と2014（平成26）～16（同28）年産が20位である。2016（平成28）年産の作付面積の全国シェアは0.6％だった。主生産地は千葉県などである。

○まっしぐら

青森県が「奥羽341号」と「山形40号」を交配して育成し、2006（平成18）年にデビューした。名前は、青森米の食味、品質の追求にまっしぐらに、きまじめに取り組んでいく気持ちを込めて命名した。作付面積の全国

順位は2007（平成19）〜08（同20）年産11位、2009（平成21）〜10（同22）年産10位、2011（平成23）年産9位、2012（平成24）年産以降8位と“まっしぐら”に上昇している。2016（平成28）年産の作付面積の全国シェアは1.8％だった。主生産地は青森県などである。

○ミルキークイーン

　農研機構がコシヒカリをもとに改良し、1995（平成7）年に誕生した。米粒がうっすらミルク状に白く半透明になることから名前がついた。アミロース含有量がコシヒカリより45％程度低く、低アミロース米の代表品種である。粘りが強く、冷めても硬くなりにくいため、白米のほか、おにぎり、炊き込みご飯、冷凍米飯などにも向いている。米菓の原料にもなる。南東北以南のコシヒカリ栽培地域に適している。

○夢つくし

　福岡県が「キヌヒカリ」と「コシヒカリ」を交配して1993（平成5）年に育成した。夢には将来の希望を託し、「つくし」は北部九州の古い地名である「筑紫」や、誠意、親切を「尽くす」の意味を込めている。作付面積の全国順位は、1998（平成10）年産が16位で、その後16位と12位の間を行ったり来たりして、2015（平成27）〜16（同28）年産は14位である。2016（平成28）年産の作付面積の全国シェアは1.0％だった。主生産地は福岡県などである。

○ゆめぴりか

　北海道が「北海287号」と「ほしたろう」を交配して2007（平成19）年に育成した。「日本一おいしいコメを」という北海道民の夢に、アイヌ語で美しいを意味する「ピリカ」を合わせて命名された。作付面積の全国順位は2011（平成23）年産16位、2012（平成24）〜13（同25）年産15位、2014（平成26）年産12位、2015（平成27）年産11位、2016（平成28）年産10位と順調に階段を上っている。2016（平成28）年産の作付面積の全国シェアは1.5％だった。主生産地は北海道などである。

地域産業を支えるもち米

　もち米は赤飯やおこわなどのほか、もちや米菓などの加工原料として地域産業を支えている。

農水省のコメの農産物検査結果によると、もち米の品種別作付面積（カッコ内は作付割合）のベスト10は、①ヒヨクモチ（17.8％）、②ヒメノモチ（15.4％）、③こがねもち（8.3％）、④風の子もち（8.1％）、⑤わたぼうし（7.7％）、⑥たつこもち（6.0％）、⑦はくちょうもち（5.7％）、⑧きぬのはだ（4.4％）、⑨きたゆきもち（4.1％）、⑩みやこがねもち（3.5％）である。上位4位までの品種で49.6％と半分近くを占めている。

もち米の主要な品種を上記の順にみよう。

○ヒヨクモチ

農林省（当時、現在は農研機構）が「ホクヨウ」と「祝糯」を交配して、1971（昭和46）年に育成した。九州各地や山口県、愛知県で多く栽培されており、特に佐賀県、熊本県、福岡県ではもち米としての作付面積シェアが高い。

○ヒメノモチ

農林省（当時、現在は農研機構）が「大系227」と「こがねもち」を交配して、1972（昭和47）年に育成した。いもち病に強い。主産地は千葉県、岩手県、山形県である。このほか、岡山県、広島県、島根県、鳥取県でもち米の作付面積では1位である。

○こがねもち

新潟県が「信濃糯3号」と「農林17号」を交配して1956（昭和31）年に育成した。収量が多く、もちにしたときのきめが細かい。生産量の75.1％は新潟県産である。ほかに福島県、岩手県でも生産量が多い。

○風の子もち

北海道が「上系85201」と「北育糯80号」を交配して、1995（平成7）年に育成した。寒さに強く、北の大地にしっかり根をおろし、大きく育つことを願って命名された。1等米比率が97.5％と高い。主産地は北海道である。

○わたぼうし

新潟県が「新潟糯17号」と「ヒデコモチ」を交配して育成し、1994（平成6）年に品種登録した。もちにして焼くとタンポポの綿帽子のようになることから「わたぼうし」と命名された。主産地は新潟県である。

○たつこもち

秋田県が「中部糯37号」と「アキヒカリ」を交配して1992（平成4）年

に育成した。主産地は秋田県である。秋田県のほか、山形県にも広がっている。

○はくちょうもち

　北海道が「上育糯381号」と「おんねもち」を交配して、1989（平成元）年に育成した。真っ白なこのおコメが力強くはばたいて、広く普及されることを願って命名された。主産地は北海道である。1等米比率が96.6％と高い。

○きぬのはだ

　秋田県が「中部糯37号」と「アキヒカリ」を交配して1992（平成4）年に育成した。主産地は秋田県である。たつこもちと姉妹品種である。

○きたゆきもち

　北海道が「北海糯286号×上育糯425号」と「風の子もち」を交配して2009（平成21）年に育成した。雪のように白く、おいしいもち米になることを願って命名された。主産地は北海道である。

○みやこがねもち

　「こがねもち」の宮城県での登録名で、宮城の「みや」を冠した晩生のもち米である。他県産と区別するため、宮城県で奨励品種に採用する際、宮城県産のものを「みやこがねもち」と命名した。主産地は宮城県である。

○マンゲツモチ

　農林省（当時、現在は農研機構）が「F3 249」と「農林糯45号」を交配し1963（昭和38）年に育成した。玄米は中粒で、いもち病に強い。マンゲツモチは、毎年、天皇陛下が皇居内の田んぼで育てられている品種の一つで、収穫された米は新嘗祭などの宮中祭祀で使われる。茨城県と兵庫県で必須銘柄、千葉県、滋賀県、山口県で選択銘柄になっており、これらの県を中心に栽培されている。特に、茨城県では、もち米の作付面積の9割近くがマンゲツモチである。

酒米は西に山田錦、東に五百万石

　酒造りにはうるち米が使われるが、吟醸酒などの高級酒には酒米が使われる。

　農水省の米の農産物検査結果によると、醸造用米（酒米）の品種別作付

面積（カッコ内は作付割合）のベスト10は、①山田錦（36.7%）、②五百万石（24.5%）、③美山錦（7.4%）、④秋田酒こまち（2.6%）、⑤雄町（2.5%）、⑥八反錦1号（1.9%）、⑦出羽燦々（1.9%）、⑧ひとごこち（1.8%）、⑨越淡麗（1.4%）、⑩吟風（1.1%）である。

1位の山田錦と、2位の五百万石で61.2%を占めており、西の山田錦と東の五百万石が両横綱である。

醸造用米の主要な品種を上記の順にみよう。

○山田錦

明治の初め頃、兵庫県多可町の山田勢三郎が改良に取り組んだことが山田錦誕生のきっかけとなり、品種としては兵庫県職員の藤川禎次が「山田穂」と「短稈渡船」を交配して、1936（昭和11）年に完成させた。いもち病の発生が少ない。全国33府県で生産され、需要量全体の約4割を占めている。育種地で醸造米の作付面積の全国シェア1位の兵庫県のほか、3位の岡山県など全国14県で山田錦の作付面積が他の品種を抜いて1位になっている。

兵庫県産山田錦は「グレードアップ兵庫県産山田錦」の取り組みなどで品質がさらに向上しており、兵庫県以外の酒造メーカーでも需要が高まっている。

○五百万石

新潟県が「菊水」と「新200号」を交配して1957（昭和32）年に育成した。新潟県をはじめ北陸地方を中心に全国22府県で生産され、需要量全体の4分の1を占めている。醸造米の作付面積の全国シェア2位の新潟県、4位の富山県など全国7県で山田錦の作付面積が他の品種を抜いて1位になっている。

五百万石を原料にした日本酒は、淡麗辛口の味わいで消費者の一定のニーズがあり、仕上がりも安定する。このため、新潟県内の酒造メーカーを中心に吟醸酒、純米酒から普通酒まで幅広い日本酒の原料として使用されている。

○美山錦

長野県が「たかね錦」の突然変異種を1978（昭和53）年に育成した。北アルプス山頂の雪のように白い心白があることから美山錦と命名した。寒冷地での栽培に適しており、長野県を中心に秋田県、山形県など東北地

方など8県で生産され、需要量全体の約1割を占めている。

○秋田酒こまち

　吟醸酒用の原料米として秋田県が「秋系酒251」と「秋系酒306」を交配して1998（平成10）年に開発した。主産地は秋田県である。吟醸酒向きである。

○雄町

　当時岡山県高島村雄町の岸本甚造が伯耆国の大山に参拝の帰路発見した穂から1866（慶応2）年に選抜改良した。現在栽培されているのは1921（大正11）年に岡山県で純系分離したものである。最初は「二本草」とよばれたが、普及していくうちに育成地の雄町が広がり定着した。山田錦や五百万石など優良品種のルーツでもある。主産地は岡山県と広島県である。

○八反錦1号

　広島県が「八反35号」と「アキツホ」を交配して　1983（昭和58）年に育成した。主産地は広島県である。

○出羽燦々

　山形県が「美山錦」と「青系酒97号」を交配し1994（平成6）年に育成した。1997（平成9）年に品種登録された。山形県の酒造好適米として東北で最も多く生産され、山形県内の酒造メーカーを中心に使用されている。

○ひとごこち

　長野県が「白妙錦」と「信交444号」を交配し1994（平成6）年に育成した。美山錦より大粒で、心白が大きい。主産地は長野県で、栃木県、山梨県でも産出する。

○越淡麗

　新潟県が「山田錦」と「五百万石」を交配し、育成した。新潟県における成熟期は9月20日頃で、五百万石（9月3日頃）、コシヒカリ（9月15日頃）より遅く、山田錦（10月2日頃）より早い晩生である。主産地は新潟県である。

○吟風

　北海道が「八反錦2号」と「上育404号」の雑種第1代に「きらら397」を交配し2000（平成12）年に育成した。2002（平成14）年に品種登録された。名前は吟醸酒になるためのコメをイメージして命名された。北海道の酒造好適米として北海道で生産され、主に道内の酒造メーカーで使用さ

第Ⅰ部　米／雑穀の基礎知識　21

れている。北海道米を原料にした日本酒の醸造が広がるきっかけになった品種である。

6

雑穀の状況

　古くからの穀物の類型としては、主穀、雑穀といった分け方がある。この場合、主穀は主食として食べるコメ、麦などであり、雑穀はイネ科作物のうち、アワ、キビ、ヒエなどをさす。本書ではコメ以外の麦、アワ、キビ、ヒエ、ハトムギ、トウモロコシ、モロコシなどイネ科作物のほか、イネ科以外のそば、アマランサス、豆類の大豆、小豆を幅広く取り扱っている。

　麦は4麦といって小麦、二条大麦、六条大麦、はだか麦に分かれている。

　小麦の国内生産量は、1960（昭和35）年代後半まではほぼ年間100万トンを超えていた。1973（昭和48）年には戦後最も低い20万トンに落ち込んだ。1980（昭和55）年代には次第に回復してきた。コメの減反政策で政府が麦への転作を奨励したことなどが影響した。

　2015（平成27）年産の作付面積は21万3,000 ha で前年産比横ばいだった。しかし、収穫量は100万4,000トンで、対前年比17.6％増加した。これは、最大産地の北海道で10 a 当たりの収穫量が対前年産比33.3％増加し、596 kg と過去最高を記録したためである。農水省の統計によると、小麦は大阪府を除き、46都道府県で生産している。

　小麦は粒の硬さによって、硬質小麦、中間質小麦、軟質小麦に分類される。製粉会社で小麦粉に加工される。小麦粉は、用途によって強力粉、中力粉、薄力粉に分かれ、パン、めん類などに広く使われている。主産地は北海道、九州地方、関東・東山（山梨県と長野県）地方である。

　小麦の需要構造をみると、9割は輸入で、国産は1割にとどまっている。2013（平成25）年の日本の小麦の輸入量は619万9,000トンで、対前年比3.8％増加している。世界で5番目の輸入大国である。

　『日本の統計2017年版』によると、日本の小麦の自給率（2015〔平成

27）年度）は15％である。

　小麦は、各産地の気候や需要に応じた品種が導入されており、2014（平成26）年産の作付面積のうち、約8割は1999（平成11）年以降に育成された比較的新しい品種になっている。消費者の食への関心の高まりや地産地消運動などを受けて、食品メーカーが原料小麦を国産に切り替える動きが強まっている。

　小麦以外の二条大麦、六条大麦、はだか麦はいずれも大麦である。日本には縄文時代後期から弥生時代にかけて伝来した。食物繊維の含有量が多い。大麦の主産地は九州地方、関東・東山（山梨県と長野県）地方、北陸地方である。

　大麦（二条大麦と六条大麦）の収穫量は1964（昭和39）年産がピークで、81万2,000トンだった。その後、下降線をたどり1977（昭和52）年産の16万7,000トンを底に、再び増産に転じ1988（昭和63）年産は37万トンまで回復したものの再び下降傾向にある。2015（平成27）年産はやや回復して16万6,000トンだった。

　大麦は2013（平成25）年に132万4,000トンを輸入しており、世界で5番目に多い。

　二条大麦は大粒大麦ともいう。6列ある穂のうち、2列だけに大粒の実が稔るためである。主にビールや焼酎の醸造用原料に使われる。オーストラリア産と競合している。「ミカモゴールデン」「サチホゴールデン」などは主にビール用に使われる。農水省の統計によると、二条大麦は焼酎メーカーの多い九州地方と、ビール工場の多い関東地方を中心に24道府県で生産している。

　六条大麦は小粒大麦ともいう。6列ある穂のすべてに小粒の実が稔るためである。主に精白した大麦を押しつぶし、コメと混ぜて炊飯する麦ごはん用に加工した食用押し麦や、麦茶、みそ、みりんの原料などに使われる。「シュンライ」「ファイバースノウ」などは主に食用押し麦用、「カシマムギ」などは主に麦茶用に使用されることが多い。カナダ産と競合しているが、食用押し麦は国産のウエートが高い。押し麦には、精白米の19.2倍の食物繊維が含まれている。農水省の統計によると、六条大麦は25県で生産している。東北地方から近畿地方が中心で、特に北陸地方は多い。

　はだか麦は、子実の外皮がはがれやすく、粒が裸になる種類の麦である。

主にみそ、焼酎、押し麦などに使われる。はだか麦の収穫量は、1965（昭和40）年産の51万3,000トンがピークだった。2015（平成27）年産は1万1,000トンとピーク時の2.1％となった。これは過去3回目の最低記録である。農水省の統計によると、はだか麦は西日本を中心に19県で生産している。

○アワ、キビ、ヒエ

アワとヒエは縄文時代から栽培されていた日本最古の穀物とされる。キビは、アワ、ヒエ、稲よりは遅れて伝来した。いずれもその多くがもち種になりつつある。作付面積、収穫量ともキビ、ヒエ、アワの順に多い。栽培している県は、キビ18県、アワ15県、ヒエ7県で、いずれも岩手県が作付面積、収穫量とも1位である。

○ハトムギ

イネ科ジュズダマ属に分類され、ホルディウム属に分類される大麦ナドト属が異なる。日本には江戸時代に中国から薬用として渡来した。2015（平成27）年産の全国の作付面積は7万2,549a、収穫量は1,031トンである。ハトムギは、富山県、岩手県、栃木県など18県で栽培している。

○トウモロコシ、モロコシ

両者ともイネ科に属すが、属がトウモロコシ属とモロコシ属で異なる。原産地はトウモロコシがアメリカ大陸、モロコシが北アフリカである。

トウモロコシの輸入量は1,440万1,000トン（2013〔平成25〕年）で、世界の輸入量の12.1％を占め、世界一である。

○そば

国産そばの収穫量は1910（明治43）年の14万8,000トンがピークだった。その後はおおむね下降線をたどり、1980（昭和55）年には1万6,100トンまで落ち込んだ。これ以降は全体としては緩やかに回復基調をたどり、近年では2012（平成24）年の4万1,600トンが山になり、その後はいく分下降傾向にある。

そばは、47都道府県すべてで栽培している。全体の動向を左右しているのは、作付面積で35.5％、収穫量で42.0％を占める北海道である。作付面積でみると、2位は山形県（8.4％）、3位は長野県（6.8％）、4位は福島県（6.4％）、5位は福井県（6.2％）であり、北海道が全国の栽培面積の3分の1以上を占めている。

○アマランサス

ヒユ科の1年草である。白米と一緒に炊いて食べることが多い。ミネラル、食物繊維を多く含んでいる。アマランサスは7県で栽培している。

○大豆

世界の大豆収穫量は3億843万トン（2014〔平成26〕年）で、1989（平成元）〜91（同3）年の3年間平均の2.9倍に増えている。収穫量が最も多いのは米国で、世界の35.0%を産出している。これにブラジル（28.1%）、アルゼンチン（17.3%）などが続いている。同じ統計によると、2014（平成26）年の日本の収穫量は23万2,000トンで0.1%、世界順位は19位である。

国産大豆の収穫量は1920年の55万1,000トンが最高だった。終戦の1945（昭和20）年には17万トンまで減少し、1955（昭和30）年に50万7,100トンで戦後のピークとなった。以後、減少傾向をたどり、1994（平成6）年産の9万8,800トンが底になった。

2015（平成27）年産大豆の作付面積は14万2,000haで前年産の13万2,000haより増加し、1980（昭和55）年産や2006（平成18）年産と同じ面積になった。ただ、収穫量は24万3,000トンで2006（平成18）年産比6.1%、1980（昭和55）年産比39.8%増加している。10a当たりの反収は1980（昭和55）年産の122kgが2015（平成27）年産は171kgになり、生産性が大幅に向上したことを示している。

作付面積が全体として増加傾向にあるのは、水稲や小豆からの転作が増えたためとみられる。

『日本の統計2017年版』によると、日本の豆類の自給率（2015〔平成27〕年度）は9%、うち大豆の自給率（2015〔平成27〕年度）は7%である。

国産の大豆は外国産より価格が高いこともあって輸入物に押され、国内消費量の6%程度にすぎない。

農水省の統計によると、大豆は47都道府県すべてで生産している。作付面積のベスト5は、①北海道、②宮城県、③秋田県、④福岡県、⑤佐賀県の順である。作付面積の26.8%、収穫量の35.4%を北海道産が占めており、北海道が主力産地である。大豆は、油をしぼったり、みそ、しょうゆ、豆腐、納豆などに使われる。

○小豆

1960（昭和35）年産の作付面積は13万8,700ha、収穫量は16万9,700ト

ンで、過去最高だった。その後、作付面積は徐々に減少傾向にあったが、1993（平成5）年産は収穫量が4万5,500トンと激減した。これは主産地の北海道十勝地方が大冷害に見舞われ、壊滅的な被害を受けたためである。この結果、同年の小豆価格は例年の4倍近くにはね上がった。これを受けて、翌1994（平成6）年産から契約栽培が始まり、作付面積は5万2,500haと前年とほぼ同じだったにもかかわらず収穫量は9万トンと倍増した。作付面積はその後、減少を続け、2015（平成27）年産は2万7,300haと1994（平成6）年産から半減している。ただ、収穫量は6万3,700トンで1994（平成6）年産比29.2％減にとどまっている。これは1994（平成6）年産の10a当たりの単収が171kgだったのに対し、2015（平成27）年産は233kgと向上しているためである。

　農水省の統計によると、小豆は大阪府と沖縄県を除く45都道府県で作付けしているものの、収穫量が統計に出てくるのは、両府県と東京都を除く44道府県である。作付面積のベスト5は、①北海道、②兵庫県、③京都府、④岩手県、⑤岡山県の順である。作付面積の80.2％、収穫量の93.4％を北海道産が占めており、北海道が断トツである。

7

知っておきたい用語

　本書を読みこなすために、知っておきたい用語を解説しておこう。

○コメの種類、品種、銘柄

　コメの種類を品種、名前を品種名という。同じコシヒカリという品種のコメでも、どこでとれたコシヒカリなのか、産地まで含めたものを銘柄という。例えば、魚沼産コシヒカリといった具合である。コメの流通業界は、品種だけでなく、そのコメがどこでとれたかを重視している。

　品種名はそれを開発した人に付ける権利がある。かつては国の研究機関で開発された品種はカタカナ6文字以内、都道府県の研究機関で開発された品種はひらがな6文字以内、企業など民間の研究機関で開発された品種は漢字や数字混じりでもよいことになっていたが、1990（平成2）年以降

は原則自由になり、多様化している。

○極早生・早生・中生・晩生

水稲の品種は水田に移植されてから穂が出るまでの期間によって極早生、早生、中生、晩生の4つに分けることができる。極早生は出穂までの期間が短く、晩生種では遅くなる。極早稲、早稲、中稲、晩稲と表記することもあるが、読み方は同じである。

○早期栽培・普通（期）栽培

水稲の作期（作付け、栽培する時期）からみた分類である。普通（期）栽培より1〜2カ月早く栽培するのが早期栽培である。3月下旬〜4月中旬頃までに田植えをして、7月下旬〜8月中には収穫する。高知県、宮崎県、鹿児島県などで普及している。普通（期）栽培と違って、穂が早く出る品種が用いられる。普通（期）栽培の作期は地域によって異なる。

○早場米・超早場米

水稲の出荷時期からみた分類で、早く出荷するコメである。早場米は、秋の天候不順や台風を避けて、刈り取り時期を通常より早くし、主に9月に出荷する。超早場米は、農繁期の人手を分散し、台風の被害を避けるねらいから早場米よりさらに早い7月には出荷する。台風の多い九州南部に多い。

○奨励品種

奨励品種は、主要農産物種子制度に基づき、都道府県が気象、土壌、農業者の経営内容、技術水準、需要動向などを考慮し、優良と認め、各都道府県内での普及を奨励している品種である。対象は稲、麦類、大豆である。奨励品種には、基幹品種と特定品種がある。基幹品種は当該都道府県の全域で普及を奨励する品種である。特定品種は特定の地域または目的のために普及を奨励する品種である。

○必須銘柄、選択銘柄

必須銘柄は、すべての登録検査機関が銘柄検査を行う銘柄である。選択銘柄は、登録検査機関が銘柄の検査を行うかどうかを選択する銘柄である。農水省は、農産物検査法に基づき、道府県ごとに必須銘柄と選択銘柄を定めている。毎年、一部が入れ替わる。

○1等米比率

農水省はコメの検査数量や等級比率を銘柄別に公表している。検査結果

は、水稲うるち玄米ともち玄米は1等、2等、3等、規格外の4段階、醸造用玄米は特上、特等、1等、2等、3等、規格外の6段階に分けている。同じ県の同一品種であっても年ごとの気象条件などによって比率が変動することに留意したい。2015（平成27）年産の水稲うるち玄米の1等米比率は82.5％、過去5年間の平均は80.4％だった。1等米比率は、同一品種でも産地（道府県）によって大きく異なる。

○食味ランキング

　食味ランキングは、一般財団法人日本穀物検定協会が食味試験に基づき、毎年発表している。道府県の奨励品種で、一定の作付面積がある主な産地品種銘柄を対象にしており、流通しているすべてのコメを対象にしているわけではない。食味試験は原則として1等米について評価している。食味試験は、減反政策が始まった後の1971（昭和46）年産から始まった。最高の特Aから、A、A'、B、B'と5ランクに分かれている。2016（平成28）年産の場合、特Aが対象産地品種全体の31.2％、Aが56.0％、A'が12.8％で、B、B'は0だった。同一品種の同一道府県産であっても地区によってランクの異なることがあることに留意したい。

○二毛作・二期作

　二毛作は、同一の耕地で、1年間、2種類の異なる作物を栽培、収穫することである。表作である水稲収穫後に、裏作として麦を栽培することが多い。これに短期生育の野菜を加え三毛作、4回以上の多毛作もある。土地を反復利用して農業全体としての作付面積を増やし、生産性を向上させることができる。

　二期作は、同一の耕地で同じ作物、主にコメを年に2回栽培、収穫することである。中国南部、台湾では二期作が普通で、東南アジアでは三期作も行われている。一期作と二期作では環境条件が異なるため、作付品種は異なることが多い。日本では、沖縄県が中心である。

○水稲・陸稲（おかぼ）

　稲作といえば、水田で栽培する水稲が中心だが、畑で栽培する稲を陸稲という。りくとうと読むこともある。陸稲は病気などに強く、田んぼや水が要らず、種をまくだけなので育てるのに手間がかからないが、味が落ちるとの評価もある。うるち米より、もち米が多い。陸稲の全国平均の収穫量は水稲の0.03％程度である。

○醸造用玄米・酒造好適米・酒米

いずれも日本酒造りに適したコメで、日本酒を醸造する原料となり、主に麹米として使われるコメである。酒造好適米は主に酒造法、醸造用玄米は農産物検査法や農水省の統計などで用いており、酒米は一般的な用語である。

○麹米・掛米酒母米

酒造りに使用されるコメは用途によって麹米、掛米、酒母米に分かれる。

麹米は米麹を造るために使用する白米である。麹は蒸した米に麹菌を繁殖させたもので、菌が分泌する酵素がでんぷんをブドウ糖などに分解する。ブドウ糖は酵母菌によってアルコールに変わる。全体の2割程度を占める。麹米はすべて酒米が使用される。

掛米は、もろみ造りに直接使われるコメで、溶けて酒になる。酒造用玄米全体の7割程度を占める。掛米には酒米以外のコメが使用されることも多い。吟醸酒、大吟醸酒などの特定名称酒にはすべて酒米を使うこともある。

酒母米は、アルコール発酵に欠かせな酵母を大量に増殖させた酒母に使用されるコメで、酒造り全体の1割程度を占める。

○心白

酒米と普通のコメとの違いは、酒米は心白が大きいことである。心白は、コメの中央にある円形の白色不透明の部分である。心白部は、でんぷんが少なく柔らかい。

○疏水・ため池・棚田

いずれも稲作などのために人工的に開発したものである。疏水は、かんがい用などに切り開いた水路である。福島県の安積疏水、栃木県の那須疏水、琵琶湖の水を京都に流す琵琶湖疏水を日本三大疏水とよぶ。

ため池は、降水量が少なく、流域の大きな河川に恵まれない地域などで、農業用水を確保するために造成した池である。農水省によると、ため池は西日本を中心として全国に約20万カ所分布しており、その6割は年間を通じて降水量の少ない瀬戸内地域に集中している。

棚田は、傾斜地に開いた階段状の水田で、山間部に多い。棚田に必要な水は、ため池や疏水などで取り入れている。米づくりだけでなく、土砂の流出を防ぎ、貯水によって洪水を防止するといった役割も果している。

第Ⅰ部　米/雑穀の基礎知識　29

だが、棚田は1区画の面積が狭いため、大型の農業機械を使えないという短所もある。

○五穀

5種の主要な穀物を指す。日本では、コメ、麦、アワ、キビ、豆をいうが、キビの代わりにヒエをあげる説もある。

○昔、コメを計るのに使った単位

昔は、石・斗・升・合・勺といった単位がよく使われた。これらの単位の関係は、1石 = 10斗 = 150kg、1斗 = 10升、1升 = 10合、1合 = 10勺である。

1人が1回の食事に1合のお米を食べると、1日3回で3合、1年では約1,000合（1石）食べる計算である。昔は、その地方の藩主（大名）の力を表すのに石を用いた。「加賀100万石」は、金沢市に居城を構えた前田家の領地が100万石のコメを生産できる面積だったことを示している。

第Ⅱ部

都道府県別
米/雑穀とその特色

① 北海道

地域の歴史的特徴

蝦夷地などとよばれていた土地が北海道と改称されたのは1869（明治2）年である。命名のもとになったのは「この国に生まれたもの」を意味する加伊という言葉だった。加伊を海にして命名された。翌年には士族や東北の農民が移民に応募して、札幌本府予定地周辺などに移住を開始した。

1871（明治4）年、大阪府出身の中山久蔵は単身現在の北広島市島松に入植して開墾して1873（明治6）年に1,000㎡の水田を開き、コメの収穫に成功した。現地には「寒地稲作この地に始まる」という碑が立つ。中山は、北海道が有数のコメ産地となる礎を築いた。

1875（明治8）年には屯田兵の第一陣が琴似（現在は札幌市）に入植した。屯田兵は、北海道の警備と開拓のため1904（明治37）年まで配置された兵士である。彼らは厳しい環境の中で、原野を開いて農地に変えていった。

1891（明治24）年には屯田兵の山口千代吉、加藤米作が上川地方の旭川で稲の試作を行い、翌年には2合を収穫した。当時、上川地方は稲作に向かないとされていたが成功した。旭川市永山の永山神社入り口には「上川水田発祥の地」の碑が立つ。

コメの概況

北海道は全国の耕地面積の25.6％を占め、2位の新潟県の耕地面積の6.7倍もある。耕地面積に占める水田率は19.4％で、沖縄県、東京都に次いで3番目に低いものの、田の面積は新潟県の1.5倍あり日本一である。北海道における米づくりは、石狩川流域の石狩平野や、上川盆地、富良野盆地が中心である。

水稲の作付面積の全国シェアは7.1％、収穫量は7.2％で、全国順位はともに新潟県に次いで2位である。

収穫量の多い市町村は、①岩見沢市、②旭川市、③深川市、④新十津川

32

町、⑤名寄市、⑥美唄市、⑦士別市、⑧当麻町、⑨沼田町、⑩鷹栖町の順である。ただ、北海道の総面積は四国の4倍以上と広大なだけに、トップの岩見沢市のシェアは6.4%にとどまっている。

北海道における水稲の作付比率は、うるち米92.9%、もち米6.8%、醸造用米0.3%である。作付面積の全国シェアをみると、うるち米は7.0%で新潟県に次いで全国2位、もち米は12.3%で全国で最も高く、醸造用米は1.5%で16位である。

遠別町は日本最北の米どころである。日本海を流れる対馬暖流の影響で穏やかな気候の遠別町では、1901（明治34）年に稲作に成功して以来、水田が広がっている。1982（昭和57）年には、うるち米からもち米に全面転換し、現在では450haの水田すべてでもち米を栽培している。

知っておきたいコメの品種

うるち米

（必須銘柄）彩、あやひめ、おぼろつき、きらら397、大地の星、ななつぼし、ふっくりんこ、ほしのゆめ、ほしまる、ゆきひかり、ゆめぴりか
（選択銘柄）きたくりん、北瑞穂、そらゆき、ゆきさやか、雪の穂、ゆきのめぐみ

うるち米の作付面積を品種別にみると、「ななつぼし」が最も多く全体の50.3%を占め、「ゆめぴりか」（21.1%）、「きらら397」（9.7%）がこれに続いている。これら3品種が全体の81.1%を占めている。

- **ななつぼし**　2015（平成27）年産の1等米比率は97.2%ときわめて高かった。道産の「ななつぼし」の食味ランキングは、2010（平成22）年産以降、最高の特Aが続いている。馬産地である新ひだか町静内のしずない農協のななつぼしのブランド名は「万馬券」である。
- **ゆめぴりか**　生産者、JA、北海道の3者が「北海道米の新たなブランド形成協議会」を結成して、タンパク質含有率などの基準を設け、それに達している商品だけを出荷している。2015（平成27）年産の1等米比率は95.1%とかなり高かった。「ゆめぴりか」の食味ランキングは、2011（平成23）年産以降、最高の特Aが続いている。
- **きらら397**　2015（平成27）年産の1等米比率は97.8%ときわめて高か

北　海　道　33

った。「きらら397」の食味ランキングはAである。

- **ふっくりんこ** 北海道が「空系90242B」と「ほしのゆめ」を交配し、2003（平成15）年に育成した。一粒一粒がふっくらとした、おいしそうなイメージが名前の由来である。2015（平成27）年産の1等米比率は97.8％ときわめて高かった。道産の「ふっくりんこ」の食味ランキングは、2015（平成27）年産以降、最高の特Aが続いている。

- **そらゆき** 「上育455号」と「大地の星」を交配して育成した。外食産業用のコメである。業務用として安定的に供給できるように、寒さや病気に強く、収穫が多いといった特徴がある。2015（平成27）年産の1等米比率は100％ときわめて高かった。

- **大地の星** 北海道が「空育151号」と「ほしのゆめ」を交配して2000（平成12）年に育成した。加工用のコメである。粘りが少なく、チャーハン、ピラフ、冷凍米飯などに向いている。

- **ほしのゆめ** 北海道が「あきたこまち×道北46号」と「上育397号（後のきらら397）」を交配して育成した。2015（平成27）年産の1等米比率は95.8％とかなり高かった。

- **おぼろづき** 北海道が「あきほ」と「北海287号」を交配して2003（平成15）年に育成した。2015（平成27）年産の1等米比率は92.8％と高かった。

- **きたくりん** 北海道が「ふ系187号×空育162号」と「ふっくりんこ」を交配して2012（平成24）年に育成した。2015（平成27）年産の1等米比率は98.4％ときわめて高かった。

- **ゆきさやか** 農研機構が「北海PL9」と「空育160号」を交配し2011（平成23）年に育成した。アミロースとタンパク質の含有量が低い。出穂後の気温変化に影響されにくく、味が安定していると地元が期待を寄せている新品種である。

もち米

（必須銘柄）風の子もち、きたゆきもち、しろくまもち、はくちょうもち
（選択銘柄）きたのむらさき、きたふくもち

もち米の作付面積を品種別にみると、「風の子もち」（36.1％）、「はくちょうもち」（32.7％）、「きたゆきもち」（27.8％）の3品種が96.6％を占めて

いる。

- **風の子もち**　寒さに強く、北の大地にしっかりと根をおろし、大きく育つことを願って命名された。2015（平成27）年産の1等米比率は98.7％ときわめて高かった。
- **きたゆきもち**　2015（平成27）年産の1等米比率は88.9％だった。

醸造用米

（必須銘柄）吟風、彗星
（選択銘柄）きたしずく

　醸造用米の作付面積の品種別比率は「吟風」が最も多く全体の67.7％を占め、「彗星」（20.7％）、「きたしずく」（11.6％）が続いている。

- **吟風**　主産地は空知地方、上川地方である。
- **彗星**　北海道が「初雫」と「吟風」を交配して2006（平成18）年に育成した。北の空にきれいにまたたく満天の星をイメージして名付けられた。
- **きたしずく**　北海道が「雄町×ほしのゆめ」と「吟風」を交配して2013（平成25）年に育成した。

知っておきたい雑穀

❶小麦

　小麦の作付面積、収穫量の全国順位はともに1位である。栽培品種は「きたほなみ」「春よ恋」「ゆめちから」「キタノカオリ」「はるきらり」などである。収穫量の多い市町村は、①北見市（5.5％）、②帯広市（4.9％）、③岩見沢市（4.6％）、④音更町（4.3％）、⑤大空町（4.2％）、⑥小清水町（3.8％）、⑦網走市（3.8％）、⑧芽室町（3.7％）、⑨美瑛町（3.4％）、⑩斜里町（3.2％）の順である。

❷二条大麦

　二条大麦の作付面積の全国順位は6位、収穫量は4位である。網走市が道内における収穫量の66.6％と3分の2を占めている。これに富良野市（10.9％）、北見市（5.7％）、中富良野町（4.8％）、南富良野町（4.6％）と続いている。

北　海　道　35

❸はだか麦

　はだか麦の作付面積の全国順位は15位、収穫量は11位である。産地は滝川市、佐呂間町などである。

❹トウモロコシ（スイートコーン）

　北海道は全国のスイートコーン収穫量の45.8％と半数近くを占める全国1位の産地である。作付面積の全国シェアは37.8％であり、生産性の高いことを示している。主産地は芽室町、士幌町、帯広市、美瑛町、安平町、名寄市、富良野市などである。芽室町では1971（昭和46）年に加工工場が建設されたのをきっかけに作付けが増え続け、作付面積、収穫量とも日本一の産地になった。大阪市場では8月～9月、東京市場では9月～10月にスイートコーンの流通は北海道産が大半を占めている。

❺そば

　そばの作付面積、収穫量の全国順位はともに1位である。主産地は幌加内町、深川市、旭川市などである。栽培品種は全体の89.4％が「キタワセソバ」である。

❻大豆

　大豆の作付面積、収穫量の全国順位はともに1位である。収穫量の多い市町村は、①音更町（道内シェアは6.6％）、②長沼町（5.9％）、③岩見沢市（5.6％）、④士別市（5.3％）、⑤美唄市（4.0％）の順である。栽培品種は「ユキホマレ」「スズマル」「音更大袖」「いわいくろ」などである。

❼小豆

　収穫量の全国シェアは93.4％で、北海道は小豆の国内総生産の大半を占めて1位である。三重県伊勢市の名物「赤福餅」はすべてのあんが北海道産である。主産地は、収穫量の多い順に①音更町（道内のシェア11.0％）、②芽室町（9.7％）、③帯広市（9.2％）、④幕別町（6.0％）、⑤士幌町（4.5％）などで十勝地方に集中している。主な品種のうち「エリモショウズ」は道内の主流品種である。ポリフェノール含有量の多い「きたろまん」は十勝・道東、大粒系大納言小豆の北海道主流品種の「アカネダイナゴン」、極大粒で大納言系代表種の「とよみ大納言」はそれぞれ道央・道南、こしあん向きの「しゅまり」は道央地域に多い。

コメ・雑穀関連施設

- **スノー・クール・ライス・ファクトリー**（沼田町）　雪冷熱を利用した
  コメの貯蔵施設で、当時、世界初の取り組みとして1996（平成8）年か
  ら稼働している。2月下旬～3月に施設周辺の雪を入れ、5月中旬～7月
  中旬頃まで雪エネルギーによる冷房を行い、貯蔵庫内を温度5℃、湿度
  70％に保つ。コメはもみのまま保存し、出荷の際に籾すりする。同様の
  施設はその後、道内各地に増えている。

- **寒地稲作発祥の碑と旧島松駅逓所**（北広島市）　中山久蔵（p.32参照）が
  導入して試作に成功したのは「赤毛種」である。太陽の光をあてながら
  水田に水を流す暖水路なども用いた。宿泊と馬などによる輸送機能をも
  つ島松駅逓所は1873（明治6）年に設置され、1884（明治17）年からは
  久蔵が住み込んで経営にあたった。クラーク博士が米国に帰国の途中立
  ち寄り「青年よ大志をいだけ」の名言を残したのはこの地である。

- **住吉頭首工**（今金町）　同頭首工は、一級河川後志利別川から農業用水
  を取水し、約1,000haの水田を潤す地域の基幹的な農業水利施設である。
  1967（昭和42）年に地域の基幹的な農業水利施設として建設された。
  堤長は51m、堤高は2.1mである。2003（平成15）～04（同16）年に
  国営かんがい排水事業として改修を行った。

- **聖台ダム放水路**（美瑛町）　1937（昭和12）年に完工した聖台ダムの補
  完工事として施工された。ダム湖の聖台貯水池の有効貯水容量は321m^3
  である。旭川市と東神楽町の1,050haに水を供給している。1889（明治
  22）年に付近の台地が皇室の御料地に編入され離宮建設の構想もあった
  が、その後、高台一帯が払い下げられることになり、地元では感謝の気
  持ちを込めて聖台と名付けた。

- **北海幹線用水路**（赤平市、砂川市、奈井江町、美唄市、岩見沢市、南幌
  町）　石狩川中流域の空知平野の水田地帯2万6,000haに農業用水を供給
  している。この面積は北海道の水田面積の1割に相当する。赤平市の北
  海頭首工から南幌町までの水路の延長は82kmで、国内最長の農業専用
  水路である。1928（昭和3）年に完工した。美唄市には、札幌ドームの
  6.5倍の大きさの光珠内調整池がある。同市の大区画化ほ場は地下かん
  がいシステムを導入している。用水路の受益地域は、上記6市町のほか

北　海　道　37

新篠津村である。

- **篠津中央篠津運河用水**（江別市、当別町、月形町、新篠津村）　広大な泥炭地を農地として開発する国家的プロジェクトとして、19年の歳月と、当時で217億円の巨費を投じて1970（昭和45）年に完工した。石狩川を水源に頭首工から篠津運河に導水している。運河の全長は23.4 km、受益面積は石狩川下流地域右岸の7,540 ha である。

コメ・雑穀の特色ある料理

- **イカめし**（道南）　函館市を中心とした道南地方では夏になるとイカがたくさん獲れる。特に刺し身にも使われるヤリイカは身が柔らかく、煮ても硬くならないためイカめしに多く使われる。イカの足と内臓を取り出し、一晩水につけておいたもち米とぶつ切りにしたイカの足を詰めて煮込む。煮汁がなくなったら、切り分ける。

- **ウニ・イクラ丼**　イクラは、サケの卵のスジコをほぐして、しょうゆや酒につけて加工したものである。サケ漁が行われた北海道の漁村では、これを炊きたてのご飯の上にのせたイクラ丼が昔から食べられてきた。今は、これにウニを加えたウニ・イクラ丼が名物料理になっている。

- **豚丼**（帯広市）　甘辛いたれで味付けした豚肉をご飯の上にのせた丼である。肉は一般にロースやバラ肉を使う。帯広の食堂の店主が鰻丼をヒントにして、しょうゆ味の豚肉を使ったのが最初とされる。帯広豚丼、十勝豚丼とよばれることもある。

- **オリエンタルライス**（根室市）　ドライカレーに牛サガリ（ハラミ）肉のステーキをのせ、特製のソースをかけたものである。特製ソースは店により異なり、デミグラスソース、ステーキソース、独自の専用ソースまでさまざまである。根室のご当地グルメである。

コメと伝統文化の例

- **寒中みそぎ祭り**（木古内町）　木古内町の佐女川神社に1831（天保2）年から伝わる豊作、豊漁などを祈願して行われる伝統神事である。津軽海峡に面したみそぎ浜に飛び込んで寒中みそぎを行う若者は質実剛健な男子から毎年1人が選ばれ、1年目は弁財天、2年目は山の神、3年目は稲荷、最後の4年目は最高位の別当を務める。開催日は毎年1月13日～

15日。

- **厳島神社例大祭**（白糠町）　五穀豊穣と海の安全を祈願する例大祭である。威勢のよいソーラン節の後、掛け声とともに神輿ごと海に入る海中みこしは圧巻である。初日は宵宮祭、2日目は例祭、最終日は町内での神輿徒御の後、白糠漁港の前浜の海で御神体を清め、80段の階段を駆け上がり宮入りする。開催日は毎年7月下旬の金曜日〜日曜日。

- **ペカンペ祭**（滝川市）　アイヌの伝統行事であるヒシの実の収穫を神に感謝する祭りである。アイヌ古式舞踊やアイヌ料理などアイヌ文化にふれ、アイヌ文化継承者との交流を深める。会場は國學院大學北海道短期大学部のアイヌの森である。同短期大学部アイヌ文化交流の集い実行委員会の主催、滝川市の後援。開催日は毎年9月下旬の日曜日。

- **五勝手鹿子舞**（江差町）　この地方は、ヒノキの産地で、1678（延宝6）年頃からヒノキが盛んに伐採された。このため、南部、津軽地方（現在の青森県）から多くの労働者が出稼ぎでやってきて、土着した。鹿子舞は、山神社（現在の檜山神社）の山岳信仰から発生した民俗芸能である。以来、祭事のたびに舞い、五穀豊穣や海上安全などを祈願して神に捧げている。

② 青森県

地域の歴史的特徴

　田舎館村の垂柳遺跡で水田跡が発見されるまで「東北地方北部に弥生時代はなかった」といわれていた。しかし、1981（昭和56）年に水田跡が発見され、それ以前から出土していた弥生式土器と合わせて、東北地方北部にも弥生時代の存在していたことが明らかになり、考古学史を書き換えるほどの発見となった。

　1625（寛永2）年には青森開港に伴い、東廻り航路による江戸廻米が開始された。1665（寛文5）年には八戸藩が初めて江戸に廻米した。

　1871（明治4）年に弘前県など5県ができ、同年9月に青森県に合併された。青森県という名前の由来については、①青々とした盛り上がった台地、②青々とした松の森、③青森山の名称から、④アは接頭語、ヲは高くなった所、モリは盛りで、高く盛り上がった地、といったさまざまな説がある。

　青森県の稲作は冷害との闘いが続いた。5月～7月に「ヤマセ」とよばれる北東からの冷たい風が下北地方や南部地方に吹きつけ、大きな被害をもたらした。青森県は冷害を防ぐため、田中稔を中心に三本木町（現在の十和田市藤坂）の試験地で品種改良に取り組み、1949（昭和24）年、冷害に強い「藤坂5号」を開発した。1953（昭和28）年の冷害では、それを乗り越え冷害に強い稲であることが実証された。「藤坂5号」はその後の品種改良の礎になった。

コメの概況

　青森県の耕地面積に対する水田の比率は53.0％で、全国平均より多少低い程度だが、水田率の高い東北地方6県では最も低い。このため、農業産出額に占めるコメの産出額の比率は13.8％で東北6県では最も低い。品目別農業産出額は、リンゴに次いでコメは第2位である。

水稲の作付面積、収穫量の全国順位はともに11位である。収穫量の多い市町村は、①つがる市、②五所川原市、③青森市、④十和田市、⑤弘前市、⑥中泊町、⑦平川市、⑧鶴田町、⑨藤崎町、⑩黒石市の順である。県内におけるシェアは、つがる市18.4％、五所川原市12.5％などで、両市で3割以上を生産している。

青森県における水稲の作付比率は、うるち米97.6％、もち米1.6％、醸造用米0.8％である。作付面積の全国シェアをみると、うるち米は3.0％で全国順位が11位、もち米は1.2％で長野県、静岡県と並んで20位、醸造用米は1.6％で石川県と並んで14位である。

陸稲の作付面積の全国順位は福島県、新潟県と並んで、収穫量は福島県と並んで、ともに8位である。

田舎館村は、品質の異なる稲を使って田んぼに絵柄を描く田んぼアートの発祥の地である。稲文化をアピールする事業として1993（平成5）年に同村で本格的に始めたのが最初とされる。

鶴田町は2004（平成16）年に、コメ中心の食文化を継承するとともに、正しい食習慣を普及し町民の健康を増進することを目的にした朝ごはん条例を全国で初めて施行した。この運動は、その後、全国的な「早寝早起き朝ごはん運動」につながった。

知っておきたいコメの品種

うるち米

（必須銘柄）あきたこまち、つがるロマン、まっしぐら、むつほまれ、ゆきのはな
（選択銘柄）あさゆき、コシヒカリ、青天の霹靂、つぶゆき、ねばりゆき、ひとめぼれ、ほっかりん、紫の君

うるち米の作付面積を品種別にみると、「まっしぐら」が最も多く全体の61.2％を占め、「つがるロマン」（34.6％）、「青天の霹靂」（3.8％）がこれに続いている。これら3品種が全体の99.6％を占めている。

● まっしぐら　2015（平成27）年産の1等米比率は94.6％とかなり高かった。まっしぐらに、きまじめにおいしさを追求する稲作農家の心意気が名前の由来である。2006（平成18）年にデビューした。県内全域で作

付けされる県の看板品種である。外食産業など業務用を中心に販路を拡大している。津軽地区産の「まっしぐら」の食味ランキングはＡである。

- **つがるロマン**　2015（平成27）年産の1等米比率は92.6％と高かった。津軽中央、津軽西北、南部平野内陸地帯を中心に作付けされている。津軽地区産の「つがるロマン」の食味ランキングはＡである。

- **青天の霹靂**　「青」は青森、「天」ははるかに広がる北の空、「霹靂」は稲妻である。稲妻は稲の妻と書くように、稲に寄り添いコメを実らせるとされている。晴れ渡った空に突如として現れる稲妻のような、鮮烈な存在になりたいと考えて名付けられた。2015（平成27）年産の1等米比率は97.0％ときわめて高かった。津軽地区産の「青天の霹靂」の食味ランキングは最高の特Ａである。

- **あきたこまち**　2015（平成27）年産の1等米比率は93.8％と高かった。

- **あさゆき**　粘りが強く、もち米に近いと地元が期待を寄せている新品種である。

もち米

（必須銘柄）あかりもち、アネコモチ

（選択銘柄）式部糯

　もち米の作付面積の品種別比率は「あかりもち」56.3％、「アネコモチ」43.8％である。

醸造用米

（必須銘柄）古城錦、華想い、華吹雪、豊盃

（選択銘柄）華さやか

　醸造用米の作付面積の品種別比率は「華吹雪」75.0％、「華想い」25.0％である。

- **華吹雪**　青森県が「おくほまれ」と「ふ系103号」を交配して、1986（昭和61）年に育成した。弘前市、三戸町、つがる市での作付けが定着し、県産純米酒用の原料の定番になっている。

- **華想い**　青森県が、「山田錦」と「華吹雪」を交配し、2002（平成14）年に育成した。作付けを弘前地区に限定し、青森県酒造組合と契約栽培し、全量を県内酒造メーカーに供給している。

知っておきたい雑穀

❶小麦

小麦の作付面積の全国順位は20位、収穫量は19位である。主産地は、つがる市、五所川原市、十和田市、弘前市などである。

❷アワ

アワの作付面積の全国順位は12位である。収穫量は四捨五入すると1トンに満たず統計上はゼロで、全国順位は不明である。主な栽培品種は「黄粟」などである。統計によると、青森県でアワを栽培しているのは八戸市だけである。

❸キビ

キビの作付面積の全国順位は山形県と並んで9位である。収穫量の全国順位は9位である。主な栽培品種は「モチキビ」などである。統計によると、青森県でキビを栽培しているのは八戸市だけである。

❹ヒエ

ヒエの作付面積の全国順位は、岩手県、秋田県に次いで3位である。収穫量の全国順位は岩手県に次いで2位である。栽培品種はすべて「達磨」である。統計によると、青森県でヒエを栽培しているのは八戸市だけである。

❺ハトムギ

ハトムギの作付面積の全国順位は12位、収穫量は9位である。栽培品種はすべて「中里在来」である。統計によると、青森県でハトムギを栽培しているのは中泊町だけである。

❻モロコシ

モロコシの作付面積の全国順位は7位である。収穫量は四捨五入すると1トンに満たず統計上はゼロで、全国順位は不明である。栽培品種はすべて「たかきび（在来種）」である。統計によると、青森県でモロコシを栽培しているのは深浦町だけである。

❼そば

そばの作付面積の全国順位は10位、収穫量は13位である。主産地は八戸市、蓬田村、青森市、十和田市、五所川原市などである。栽培品種は「キタワセソバ」「階上早生」「にじゆたか」などである。

❽大豆

大豆の作付面積の全国順位は富山県と並んで9位である。収穫量の全国順位も9位である。主産地はつがる市、弘前市、五所川原市、鰺ヶ沢町、十和田市などである。栽培品種は「おおすず」などである。

❾小豆

小豆の作付面積の全国順位は8位、収穫量は9位である。主産地は十和田市、八戸市、五戸町、七戸町などである。

コメ・雑穀関連施設

- **稲生川用水**（十和田市、六戸町、三沢市、おいらせ町）　奥入瀬川から取水し、青森県南東部を潤す用水路である。1852（嘉永5）年に三本木開拓の計画を藩に提出し、1855（安政2）年に水路工事に着手した。1859（安政6）年に三本木まで導水した。国営開墾事業が終了した1966（昭和41）年における総延長は70kmである。

- **三本木原開発**（十和田市、六戸町、三沢市、おいらせ町）　三本木原は、十和田市を中心に、上北郡東部の上記市町にまたがる台地である。東西は40km、南北は32kmである。十和田山の噴火でできた火山灰土壌の扇状地帯で、荒涼たる平原だった。この土質のため、雨水はすぐに地中にしみ込んでしまい、樹木もあまり生えなかった。新渡戸傳が三本木新田御用掛となり、後に稲生川用水となる人工河川の工事に着手したのは1855（安政2）年だった。御用掛はその後、長男の十次郎、その長男の七郎へ世襲された。稲生川用水が開通した翌1860（万延元）年に開拓地域で初めてコメ45俵が収穫された。その2年後、十次郎に三男が生まれたため稲之助と命名した。この子は成長して改名し、国際親善に活躍した新渡戸稲造である。三本木原開発は1937（昭和12）年に国営開墾事業となり、1966（昭和41）年に終了した。

- **田舎館村埋蔵文化財センター「弥生館」**（田舎館村）　埋蔵文化財センター「弥生館」は、垂柳遺跡で1981（昭和56）年に発見された弥生時代の水田跡の上に建ち、遺構露出展示室もある。八甲田山の過去の噴火で山麓には多くの噴石物が降り積もった。それらが洪水の際に遺跡に堆積した様子もわかる。

- **廻堰大ため池**（鶴田町）　1660（明暦6）年、津軽藩主・津軽信政公に

よって西津軽の新田開発の用水源として築造された。池の周囲は11km、堤の延長は4.2kmと長い。今も西津軽の農業地帯400haを潤している。岩木山の姿を湖面に映し、「津軽富士見湖」の愛称がある。

- **藤枝ため池**（五所川原市）　江戸時代の元禄年間（1688～1704）に、津軽藩主津軽信政公が岩木川の治水事業に併せて、新田開発のかんがい用に築造した。今も420haの水田を潤している。「桜桃忌」が行われる太宰治ゆかりの芦野公園内にあり、芦野湖の通称がある。周辺一帯は、芦野池沼群県立自然公園に指定されている。

コメ・雑穀の特色ある料理

- **のっけ丼**（青森市）　古川市場の案内所などで食事券を購入し、券と引き換えにどんぶりご飯と好きな海産物などの具材をのっけてつくる。ホタテ、マグロなど鮮度抜群の旬の刺身をはじめ、イクラ、すじこから手づくり総菜、漬物まで具材は豊富である。
- **ヒラメのヅケ丼**（鯵ヶ沢町）　白神山地の清流が流れ込む日本海で育った鯵ヶ沢産のヒラメはほぼ年間を通して水揚げされる。それをづけにし、ご飯にたっぷり盛り付ける丼である。淡白なヒラメも漬けだれによって味の深み、こく、食感が異なるため、食べ比べるのも一興である。
- **八戸ばくだん**（八戸市）　八戸港で水揚げされたイカをさいの目状に切り、ショウガと、同県田子町産のニンニクでつくった特製しょうゆだれに漬け込み、イクラと卵黄をのせたご当地丼である。ニンニクしょうゆ風味のイカに卵黄がまろやかにからみ、絶妙な味をかもし出す。
- **ベゴもち**（下北地域）　牛のことを東北地域などの方言でベコというが、下北地域ではベゴという。ベゴもちは、端午の節句につくられるもちである。かつては黒砂糖と白砂糖を使って牛のようなまだら模様を付けたのが名前の由来である。現在は天然の色素できれいな模様を付ける。

コメと伝統文化の例

- **青森ねぶた祭**（青森市）　ねぶたはねぶり返しともいわれ、農繁期を前にして眠気や睡魔を流し去るという意味がある。平安時代、蝦夷地平定のため津軽に来た征夷大将軍・坂上田村麻呂が、蝦夷の人々をおびき出すための人形をつくったのが起源とされる。国の重要無形民俗文化財に

指定されている。開催日は毎年8月2日～7日。ほぼ同じ時期に、弘前市では弘前ねぷたまつりが行われる。

- **えんぶり**（八戸市）　市内一円で行われる神事芸能である。ヤマセによる冷害を食い止め、豊作を願って、農具の「えぶり」を手に雪を踏みしめて踊る。約800年の伝統がある。「えぶり」は田んぼの土をならし、もみをかき寄せるのに用いる。「えぶり」がなまって「えんぶり」となった。開催日は毎年2月17日～20日。

- **お山参詣**（弘前市）　津軽の象徴である岩木山を地元では「お山」「お岩木山」「お岩木様」などとよび、古くから霊山として信仰を集めてきた。藩政時代は、一部の武士階級だけが登山できたが、一般にも開放された明治以降は津軽郡の集落ごとに豊作祈願の登山行事が行われるようになった。その麓にある岩木山神社の大祭は、津軽最大の秋祭りである。開催日は毎年旧暦8月1日。

- **常盤八幡宮年縄奉納裸参り**（藤崎町）　豊作を祈る藤崎町常盤地区恒例の年頭行事である。水で実を清めた裸の若者たちが重さ400kg、長さ5mほどの巨大な年縄（しめ縄）を常盤八幡宮に奉納する。1664（寛文4）年から続く伝統行事である。開催日は毎年1月1日。

- **七日堂大祭**（平川市）　平川市尾上地区の猿賀神社で行われるその年のコメの作柄や天候を占う神事である。「柳からみ神事」と「ゴマの餅撒き神事」が行われる。柳からみ神事は、奉納した大ヤナギの枝を盤上にたたきつけ、その際の枝のこぼれ具合で豊凶をみる。ゴマの餅撒き神事でまかれた紅白のもちは豊年満作、無病息災のお守りとして大事に持ち帰る。開催日は毎年旧暦正月7日。

③ 岩手県

地域の歴史的特徴

　岩手県の稲作の歴史は、凶作や飢饉との闘いの歴史といっても過言ではない。凶作などは北国を中心に広域で発生するが、夏に「ヤマセ」が襲う特有の気候風土をもつ岩手県では、その被害が他地域より大きかった。1600（慶長5）〜1869（明治2）年の269年間で、当時の盛岡藩で凶作が飢饉となった年が17回もあり、16年に一度の割合で飢えに苦しんだ。①1695（元禄8）年と1702（元禄15）年を中心とした元禄の飢饉、②1755（宝暦5）年の宝暦の飢饉、③1783（天明3）〜87（天明7）年の天明の飢饉、④1832（天保3）〜38（天保9）年の天保飢饉は、被害が大きく4大飢饉といわれる。

　コメが不作の年に人々を救ったのがヒエ、アワなどの雑穀である。江戸時代、北部の九戸地方では水田より畑の比率が高く、水田でヒエを栽培するヒエ田も多かった。ヒエ、アワ、そば、大豆などは寒冷でも確実に収穫でき、保存がきいたため、凶作の年にはこれらを食べてしのいだ。雑穀は、1955（昭和30）年頃まで、焼き畑による輪作が中心だった。こうした伝統から、アワ、キビ、ヒエなどの作付面積、収穫量は現在も全国トップである。

　1872（明治5）年に盛岡県が岩手県に改称された。岩手の名前の由来については、①荒々しい岩の出た土地、火口壁の押し出した土地、②岩手山やその溶岩流から、の二つの説がある。

コメの概況

　岩手県の総土地面積に占める耕地率は9.9％で、東北6県では最も低い。米づくりは、北上川やその支流が流入する北上盆地南部が中心である。

　水稲の作付面積、収穫量の全国順位はともに10位である。収穫量の多い市町村は、①奥州市、②花巻市、③一関市、④北上市、⑤盛岡市、⑥紫

東北地方　47

波町、⑦八幡平市、⑧金ケ崎町、⑨雫石町、⑩遠野市の順である。県内におけるシェアは、奥州市20.7％、花巻市15.2％、一関市11.6％、北上市10.2％などで、この4市で6割近くを生産している。

岩手県における水稲の作付比率は、うるち米94.5％、もち米5.1％、醸造用米0.4％である。作付面積の全国シェアをみると、うるち米は3.6％で全国順位が10位、もち米は4.7％で6位、醸造用米は1.1％で栃木県、岐阜県と並んで19位である。

岩手県の田植えは5月中旬～下旬、収穫は9月下旬～10月中旬である。

> **知っておきたいコメの品種**

うるち米

（必須銘柄）あきたこまち、いわてっこ、ササニシキ、どんぴしゃり、ひとめぼれ

（選択銘柄）岩手118号、かけはし、きらほ、銀河のしずく、コシヒカリ、たかたのゆめ、トヨニシキ、ほむすめ舞、ミルキークイーン、萌えみのり

うるち米の作付面積を品種別にみると、冷害に強い「ひとめぼれ」が最も多く全体の74.5％を占め、「あきたこまち」（15.8％）、「いわてっこ」（4.8％）がこれに続いている。これら3品種が全体の95.1％を占めている。

- **ひとめぼれ**　2015（平成27）年産の1等米比率は96.6％ときわめて高く、生産県の中で1位だった。県南地区の「ひとめぼれ」は2004（平成16）年産以降、最高の特 A が続いている。県中地区の「ひとめぼれ」は2015（平成27）年産で初めて特 A になった。

- **あきたこまち**　2015（平成27）年産の1等米比率は96.1％ときわめて高く、生産県の中で1位だった。県中地区の「あきたこまち」は特 A だった年もあるが、2016（平成28年）産は A だった。

- **いわてっこ**　岩手県が「ひとめぼれ」と「こころまち」を交配して2001（平成13）年に育成した。2015（平成27）年産の1等米比率は93.0％と高かった。県北地区の「いわてっこ」の食味ランキングは A' である。

- **銀河のしずく**　粘りを抑制し、冷害に強いと地元が期待を寄せている新品種である。県産の「銀河のしずく」の食味ランキングは前年産に続いて最高の特 A に輝いた。

- **どんぴしゃり**　2015（平成27）年産の1等米比率は96.9%ときわめて高かった。
- **金色の風**　平泉町の世界遺産・中尊寺の金色堂やたわわに実った稲穂をイメージし、日本の食卓に新しい風を吹き込むという願いを込めて命名した。ふんわりした食感で、冷めても粘り気があると地元が期待を寄せている新品種である。産地は県南部に限定する。2017（平成29）年秋から首都圏を中心に販売を開始。
- **たかたのゆめ**　陸前高田市の登録商標である。日本たばこ産業（JT）が「ひとめぼれ」と、いもち病などに強いとされる「いわた3号」を交配して育成した「いわた13号」の原種を、2011年の東日本大震災の復興支援の一環として権利を含め陸前高田市に寄贈した。市はこれを「たかたのゆめ」として商標登録した。同市だけで作付けしているオリジナルブランド米である。

もち米

（必須銘柄）こがねもち、ヒメノモチ、もち美人

（選択銘柄）朝紫、カグヤモチ、夕やけもち

　もち米の作付面積の品種別比率は「ヒメノモチ」が最も多く全体の76.3%を占め、「こがねもち」（12.0%）、「もち美人」（8.3%）と続いている。この3品種で96.6%を占めている。

醸造用米

（必須銘柄）なし

（選択銘柄）ぎんおとめ、吟ぎんが、結の香

　醸造用米の作付面積の品種別比率は「吟ぎんが」72.1%、「ぎんおとめ」23.9%、「結の香」4.1%である。

- **吟ぎんが**　岩手県が「山形酒49号」（後の「出羽燦々」）と「秋田酒49号」を交配し1999（平成11）年に育成した。2002（平成14）年に品種登録された。岩手県の酒造好適米として岩手県で生産され、県内の酒造メーカーを中心に使用されている。
- **ぎんおとめ**　岩手県が「秋田酒44号」と「こころまち」を交配して育成した。岩手県中北部向きの酒造好適米である。

知っておきたい雑穀

❶小麦

小麦の作付面積の全国順位は11位、収穫量は13位である。栽培品種は「ゆきちから」などである。主産地は花巻市、紫波町、北上市、矢巾町などである。

❷六条大麦

六条大麦の作付面積の全国順位は15位、収穫量は16位である。主産地は奥州市、久慈市などで、奥州市の作付面積は県全体の50.9％を占めている。

❸アワ

アワの作付面積の全国シェアは52.3％、収穫量は80.0％でともに全国順位は1位である。主な栽培品種は「大槌10」「ゆいこがね」などで、大槌10が全体の40.2％、ゆいこがねが25.1％を占めている。主産地は花巻市、軽米町、九戸村などで、花巻市の作付面積は県全体の35.4％、軽米町は20.7％を占めている。

❹キビ

キビの作付面積の全国シェアは52.3％、収穫量は50.3％で、作付面積、収穫量とも全国の5割以上を占有し1位である。主な栽培品種は「大迫在来」（全体の51.0％）、「月舘」（10.5％）、「ひめこがね」（9.6％）などである。主産地は二戸市（作付面積は県全体の32.1％）、花巻市（25.7％）、軽米町（9.8％）などである。

❺ヒエ

ヒエの作付面積の全国シェアは86.3％、収穫量は91.6％で、作付面積、収穫量ともに全国の9割前後を占有し全国1位である。主な栽培品種は「達磨」で、全体の91.7％を占めている。主産地は花巻市、二戸市、軽米町などで、花巻市の作付面積が県全体の91.7％を占め、二戸市は2.3％、軽米町は0.8％である。

❻ハトムギ

ハトムギの作付面積の全国シェアは30.6％で富山県に次いで2位である。収穫量の全国シェアは15.4％で富山県、栃木県に次いで3位である。主な栽培品種は「はとゆたか」「徳田在来」などで、はとゆたかが全体の99.4

50

％とほとんどである。主産地は花巻市、奥州市、矢巾町などで、花巻市の作付面積が県全体の85.2％、奥州市が19.2％を占めている。

❼エン麦

エン麦の作付面積の全国シェアは68.8％で1位である。収穫量が判明しないため収穫量の全国順位は不明である。統計によると、岩手県でエン麦を栽培しているのは紫波町だけである。

❽トウモロコシ（スイートコーン）

トウモロコシの作付面積の全国順位は7位、収穫量は10位である。主産地は岩手町、一戸町、八幡平市などである。

❾モロコシ

モロコシの作付面積の全国シェアは62.4％で1位だが、収穫量は12.4％に落ち、愛知県に抜かれて2位である。主産地は軽米町、一関市、九戸村などで、作付面積は軽米町と一関市がそれぞれ県全体の32.9％を占め、九戸村は24.3％である。

❿そば

そばの作付面積、収穫量の全国順位はともに9位である。主産地は紫波町、八幡平市、北上市、西和賀町などである。栽培品種は「階上早生」「岩手早生」「にじゆたか」などである。

⓫アマランサス

アマランサスの作付面積の全国シェアは68.2％、収穫量は91.7％で、ともに全国順位は1位である。主な栽培品種は「メキシコ」（全体の27.1％）、「ニューアステカ」（15.7％）などである。主産地は軽米町、岩手町、九戸村などで、軽米町の作付面積が県全体の72.0％を占め、岩手町は14.8％、九戸村は8.3％である。

⓬大豆

大豆の作付面積の全国順位は11位、収穫量は10位である。県内全市町村で栽培している。主産地は奥州市、北上市、花巻市、金ヶ崎町、盛岡市などである。栽培品種は「ナンブシロメ」「青丸くん」「黒千石」「丸黒」「雁喰」などである。

⓭小豆

小豆の作付面積、収穫量の全国順位はともに4位である。主産地は一関市、花巻市、遠野市、奥州市、岩手町などである。

東 北 地 方　51

コメ・雑穀関連施設

- **岩手県立農業ふれあい公園農業科学博物館**（北上市）　農業科学博物館には、「農業れきし館」と「農業かがく館」の二つの展示室がある。前者では江戸時代以降の凶作、飢饉の多かった農業、農村生活の変遷がわかる農器具や生活用具など、後者では現在の農業を学習できるクイズ、パズル、ゲームなどを用意している。

- **照井堰用水**（一関市、平泉町）　1100年代後半、奥州藤原氏の家臣照井太郎高春が磐井川に穴堰を開削した。藤原氏滅亡後の1200年代初めに高春の子の高康が堰と水路を完成させた。1,250haの水田にかんがい用水を供給し、世界遺産の毛越寺の浄土庭園の遣り水にも使われている。

- **花巻新渡戸記念館**（花巻市）　生涯を国際平和と教育に尽くした新渡戸稲造博士の先祖は1598（慶長3）年から230年間、花巻に居住した。稲造の祖父傳は、青森県の三本木原への水路開削に着手し、父十次郎、兄七郎と3代にわたって十和田市発展の基礎を築いた。記念館は、こうした新渡戸家の功績とゆかりの品々や、新渡戸稲造博士の足跡などを紹介している。

- **百間堤**（有切ため池、一関市）　北上山系の一関市室根町にあり、名前の通り堤長が百間（180m）を超える。江戸時代の地理学者・伊能忠敬に弟子入りした小野寺面之助が1804（文化元）～45（弘化2）年頃、山野の開拓と、貧民救済のために築造したとされる。下流に連なる有切棚田などを潤している。

- **鹿妻穴堰**（盛岡市、矢巾町、紫波町）　1599（慶長4）年に、南部氏第26代信直の命を受けた鉱山師の鎌津田甚六が、現在の盛岡市の大欠山に長さ12mのトンネルを通し、開削した。北上川水系雫石川に頭首工を設けた。穴堰の完成で、奥羽山脈と、北上川、雫石川に囲まれた三角地帯は米どころに変貌した。受益面積は約5,000haである。平成に入ってから国営盛岡南部農業水利事業が行われ、生活雑排水から農業用水を守る用排分離のシステムに変更された。

コメ・雑穀の特色ある料理

- **ふすべもち**（県南地域）　岩手県の県南地域はもち文化圏であり、年中

行事や冠婚葬祭だけでなく、客へのもてなしとしてもちを搗く習慣がある。ふすべもちもその一つである。辛いことを「ふすべる」ということから名前が付いた。ゴボウ、鶏挽き肉、鷹の爪などを炒め、もちは最後にちぎって入れる。

- **うちわもち**（八幡平市）　そば粉ともち米の粉を熱湯でこね、串にさしてうちわの形に延ばしてゆでた後、両面にジュウネ（エゴマ）みそを付けて焼く。ジュウネみそは、ジュウネの実を香ばしく煎って、すり鉢ですり、みそを混ぜてつくる。ジュウネの風味が楽しめるもち料理である。

- **クルミ雑煮**（宮古地方）　正月や冠婚葬祭のごちそうである。雑煮は、煮干しでだしをとり、すまし仕立てである。具材は鶏肉、ニンジン、ダイコン、ゴボウ、凍み豆腐などである。雑煮のもちは、砂糖やだしで味付けした別皿のクルミだれを付けて食べる。

- **香茸の炊き込みご飯**　香茸は鳶色の大型キノコで、干すと香りが強くなる性質があり、見た目より香りを楽しむキノコである。イノハナ、エノハナともよばれる。乾燥したキノコを水で戻し、ニンジン、油揚げなどとともにしょうゆ味で炊き込む。

- **わんこそば**（花巻市、盛岡市を中心に全域）　わんこは木地椀のことである。これに一口大のそばを入れ、客がそれを食べ終わると、断るまで給仕がそばを入れ続ける独特の食べ方である。食べ終わると、新しい別の椀を出し、それを積み重ねていく方法もある。

コメと伝統文化の例

- **春田打**（北上市）　一種の田植え踊りで、「お田ノ神舞」の別名がある。1576（天正4）年、現在の北上市江釣子に新渡戸対馬守胤重が人当山新渡戸寺を建立した際、落慶祝いに地区の農民に演じさせ、豊作を予祝したのが起源である。岩手県の無形民俗文化財である。開催は江釣子古墳祭りの9月23日など。

- **チャグチャグ馬コ**（滝沢市、盛岡市）　農耕馬に感謝する200年以上に及ぶ伝統行事である。色鮮やかな装束で着飾った100頭ほどの馬と馬主が、滝沢市の鬼越蒼前神社を参拝し、盛岡駅前を通り盛岡八幡宮までの約13kmを4時間近く行進する。国の無形民俗文化財である。開催日は毎年6月第2土曜日。

東北地方　53

- **全国泣き相撲大会**（花巻市）　花巻市東和町の三熊野神社の毘沙門まつりで行われる祭事である。生後6カ月～1歳6カ月の豆力士が顔合わせ相撲をし、先に泣くかどうかで、その年の豊凶を占う。802（延暦21）年に坂上田村麻呂が同神社の創建にあたり、配下に相撲を取らせたのを起源とする。開催日は毎年5月3日～5日。

- **盛岡八幡宮裸参り**（盛岡市）　豊年と無病息災を祈願し、厄男が厄払いの裸参りをする藩政時代からの伝統行事である。背にしめを負い、はち巻き、腰にけんだいわら、素足にわらじという出で立ちの若者が、町内各組や団体ごとに隊列を組んで参詣する。開催日は毎年1月15日。この日前後に、市内では他の寺や神社でも同様の参詣が行われる。

- **江刺甚句まつり**（奥州市）　江戸時代からの伝統がある岩屋堂の火防祭を起源とし、豊作と家業の繁栄を祈願する祭りである。42歳と25歳の厄年にあたる年祝い連が演舞を披露するほか、2,000人を超える市民が踊る江刺甚句パレードなど市民参加の多彩な催しが行われる。開催日は毎年5月3日～4日。

④ 宮城県

地域の歴史的特徴

　紀元前100年頃には、弥生文化が波及し、名取、仙台平野で安定した農耕社会が確立されていたことが遺跡調査の結果明らかになっている。

　1626（寛永3）年には、仙台藩士・川村孫兵衛が、北上川付替工事を完成させた。これによって、40万石の新田開発ができるようになった。江戸時代は沼や池が多かったため、仙台藩主・伊達政宗は、北上川や阿武隈川などの河川から水を引く堰をつくり、新田開発を進めた。それによって、江戸中期には江戸に流通されたコメの3分の2が仙台米だったといわれる。

　1871（明治4）年には、仙台藩を廃して、仙台県が置かれた。1876（明治9）年には現在の宮城県域が確定した。県名の由来については、①ミヤケ（宮宅）、朝廷の出先機関、②陸奥の国の郡名、③多賀城を宮城といった、④水豊かな岸辺の国、といった説がある。

　1918（大正7）年8月には、前月に富山県魚津で起こった米騒動が仙台にも波及した。

　2011（平成23）年の東日本大震災で津波の被害を受けた海岸部の水田の多くは復活した。

コメの概況

　宮城県の総土地面積に占める耕地率は17.6％で、東北6県で最も高い。米どころの宮城県でその中心となっているのは、江戸時代に新田開発が行われ、大区画の水田が広がる仙台平野北部である。

　宮城県では稲の種を直接田にまく直播栽培が増えている。東北農政局の調べでは、2013（平成25）年の宮城県における直播栽培の普及率は2.6％と東北地方で最も高かった。2016（平成28）年産は3.4％に上昇している。直播栽培には、種をまいてから田に水を入れる方法と、田に水を入れてから種をまく方法がある。いずれの方法でも、苗を育てる手間がいらず、農

東北地方　55

作業の時間が短縮されるといった利点がある。主力品種の「ひとめぼれ」の栽培に適しているため、宮城県も普及に力を入れている。

　水稲の作付面積の全国シェアは4.5％、収穫量は4.6％で、全国順位はともに5位である。収穫量の多い市町村は、①登米市、②大崎市、③栗原市、④石巻市、⑤美里町、⑥加美町、⑦仙台市、⑧角田市、⑨涌谷町、⑩東松島市の順である。県内におけるシェアは、登米市16.3％、大崎市15.7％、栗原市14.5％などで、この3市で5割近くを生産している。大崎市は、ひとめぼれ、ササニシキの誕生の地である。

　宮城県における水稲の作付比率は、うるち米96.5％、もち米3.3％、醸造用米0.2％である。作付面積の全国シェアをみると、うるち米は4.6％で全国順位が5位、もち米は3.8％で8位、醸造用米は0.8％で26位である。

知っておきたいコメの品種

うるち米

（必須銘柄）ササニシキ、ひとめぼれ、まなむすめ
（選択銘柄）あきたこまち、いのちの壱、おきにいり、かぐや姫、キヌヒカリ、金のいぶき、げんきまる、こころまち、コシヒカリ、五百川、ササシグレ、さち未来、春陽、たきたて、つくばSD1号、つや姫、東北194号、東北210号、トヨニシキ、はぎのかおり、花きらり、ミルキークイーン、萌えみのり、やまのしずく、ゆきむすび、夢ごこち

　うるち米の産地品種銘柄は必須銘柄が3、選択銘柄が26、計29で新潟県と並んで最も多い。選択銘柄数は新潟県を一つ上回り最多である。

　うるち米の作付面積を品種別にみると、「ひとめぼれ」が78.5％と大宗を占め、「ササニシキ」（6.4％）、「まなむすめ」（5.8％）の順で続いている。これら3品種が全体の90.7％を占めている。

- **ひとめぼれ**　2015（平成27）年産の1等米比率は87.5％だった。宮城県産「ひとめぼれ」の食味ランキングは、特Aだった年もあるが、2016（平成28年）産はAだった。「プレミアムひとめぼれみやぎ吟撰米」は特別栽培米である。

- **ササニシキ**　「ハツニシキ」と「ササシグレ」を交配して育成し、1963（昭和38）年に誕生した。長い間、宮城県を代表する品種として親しまれ

てきたが、低温に弱いという弱点がある。2015（平成27）年産の1等米比率は75.1％だった。宮城県産「ササニシキ」の食味ランキングはAである。

- **まなむすめ**　病気に強い「チヨニシキ」と冷害に強い「ひとめぼれ」を交配して、1997（平成9）年に育成された。手塩にかけて大切に育てたかわいい娘をよろしくという生産者の願いを込めて命名された。2015（平成27）年産の1等米比率は75.1％だった。
- **つや姫**　2015（平成27）年産の1等米比率は86.1％だった。宮城県産「つや姫」の食味ランキングは、2013（平成25）年産以降、最高の特Aが続いている。
- **だて正夢（東北210号）**　東北189号と東1126を交配して、2016年に宮城県が育成した中生の品種である。宮城県産「東北210号」の食味ランキングは2016（平成28）年産で初めて最高の特Aに輝いた。

もち米

（必須銘柄）みやこがねもち

（選択銘柄）こもちまる、ヒメノモチ、もちむすめ

　もち米の作付面積の品種別比率は、基幹品種の「みやこがねもち」が96.9％と大宗を占め、第2位の特定品種「ヒメノモチ」は2.0％である。

- **みやこがねもち**　主産地は加美町、色麻町などである。JA加美よつばは、もち米専用のライスセンターをもち、もち米の栽培地を団地化するなど品質維持に力を入れている。こがねもちと異名同種である。

醸造用米

（必須銘柄）なし

（選択銘柄）蔵の華、ひより、美山錦、山田錦

　醸造用米の作付品種は全量が「蔵の華」である。

- **蔵の華**　宮城県古川農業試験場が「東北140号」と「山田錦」「東北140号」の交配種を交配し、1997年に育成した酒造好適米である。

知っておきたい雑穀

❶小麦

小麦の作付面積の全国順位は19位、収穫量は16位である。栽培品種は「シラネコムギ」などである。主産地は美里町、大崎市、涌谷町、石巻市などである。

❷六条大麦

六条大麦の作付面積、収穫量の全国順位はともに6位である。栽培品種は「シュンライ」「ミノリムギ」などである。石巻市の作付面積は49.2%と半分近くを占め、仙台市（14.9%）、角田市（10.2%）、名取市（4.7%）と続いている。

❸ハトムギ

ハトムギの作付面積の全国順位は18位である。収穫量は四捨五入すると1トンに満たず統計上はゼロで、全国順位は不明である。統計によると、宮城県でハトムギを栽培しているのは涌谷町だけである。

❹そば

そばの作付面積の全国順位は13位、収穫量は21位である。主産地は大和町、大崎市、仙台市、北上市などである。

❺大豆

大豆の作付面積、収穫量の全国順位はともに北海道に次いで2位である。栽培品種は「ミヤギシロメ」などである。多くが水田の転作によるものである。ほぼ県内の全域で栽培している。作付面積が広い市町村は、①大崎市（県内シェア17.6%）、②石巻市（13.5%）、③登米市（12.8%）、④栗原市（8.2%）、⑤仙台市（7.3%）の順である。栽培品種は「ミヤギシロメ」「タンレイ」「青大豆」「黒大豆」などである。

❻小豆

小豆の作付面積の全国順位は21位、収穫量は22位である。主産地は大崎市、仙台市、栗原市、登米市などである。

コメ・雑穀関連施設

- **内川**（大崎市）　戦国時代に伊達政宗が命じて江合川に木造の取水樋門（大堰）を築き、宮城での最初の居城である岩出山城の内堀に引水する

とともに、大崎耕土を潤すかんがい水路に利用したのが起源である。1991（平成3）年には、護岸を自然石の石積みとし、河床工には栗石や玉石を敷き詰め伏流水がとれるように改修した。

- **加瀬沼ため池**（多賀城市、塩竈市、利府町）　奈良時代には多賀城北側の外堀として防備の役割を担っていた池を、江戸時代に農業用ため池として改造した。上記3市町にまたがっている。大正時代から1963（昭和38）年まで塩竈市の上水道の水源になっていたが、現在はかんがい用水として周辺の76haの水田を潤している。

- **広瀬川**（仙台市）　名取川水系の一級河川で、歩いても向かい側に渡れるほどの浅瀬が広がっている流域が多いことから「広瀬川」という名前が付いた。伊達政宗は川の自然崖を天然の要塞として、1601（慶長6）年に川を見下ろす青葉山に仙台城を築いた。山形県との県境に近い奥羽山脈の関峠付近を水源として市街地を経由して名取川に合流する。延長は40kmである。

- **愛宕堰**（仙台市）　広瀬川から仙台市東部に広がる仙台平野の水田にかんがい用水を供給するための堰で、同市若林区に立地する。1954（昭和29）年に六郷堰と七郷堰を統合し、旧七郷堰の位置に設けた。堰につながる七郷堀は、かつて非かんがい期には水利権の関係で取水を停止していた。だが、堀へのごみ投棄など環境の悪化が問題となった。2005（平成17）年には環境用水として水利権の許可を得て、年間を通して通水が可能になった。これは、2006（平成18）年に環境用水として河川法で制度化された全国第1号の水利権である。

- **貞山運河**（岩沼市、名取市、仙台市、多賀城市、七ケ浜町、塩竈市）　阿武隈川河口と松島湾を結ぶ、木曳堀、新堀、御舟入堀の三つの堀の総称である。総延長は28.9kmである。仙台藩初代藩主の伊達政宗が晩年に建設を命じ、明治中期に完成した。名前は、政宗の贈り名に由来する。2011（平成23）年の東日本大震災で大きな被害を受けた。

コメ・雑穀の特色ある料理

- **はらこ飯**（亘理町）　はらこはサケの卵である。サケを三枚におろし刺し身状に薄く切った切り身を煮汁で煮る。はらこはパラパラになったものを煮汁に通す。この煮汁に水を足してご飯を炊き切り身とはらこを上

東北地方　59

に盛りつける。地元産のサケを使った亘理荒浜地方の秋の名物料理である。同地方を藩主伊達政宗が視察した際、漁師が献上したのが始まりである。

- **カキめし**　松島湾を中心とした宮城県は、広島県とともにカキの養殖が盛んである。「海のミルク」ともいわれるカキの最盛期は冬である。カキめしは、地元産の新鮮なカキを材料にした混ぜご飯である。カキの煮汁でコメを炊きあげると、ご飯に味がよくしみ渡る。

- **ずんだもち**（仙台地方）　ずんだはエダマメをすりつぶしたもので、じんだともいう。ずんだもちは、エダマメをすりつぶしたあんをからめたもちである。若草色で、エダマメ独特の香りが味わえる。米どころの宮城県内には、ずんだもち以外にも笹巻き、クルミもちなどさまざまなもち料理がある。

- **ふすべもち**（栗原地方）　ふすべは、こんがり焼くことである。ドジョウをこんがり焼いて粉にし、すりおろしたゴボウ、ダイコンとともに油で炒め、水を入れて煮る。その中に唐がらしを入れ、しょうゆみそで味をととのえ、もちを入れてつくる。

コメと伝統文化の例

- **寺崎はねこ踊り**（石巻市）　江戸時代、豊作に恵まれた当時の寺崎村の住民が寺崎八幡神社に神楽を奉納した。このとき、村人が太鼓や笛などに合わせて踊ったのが起源である。長じゅばん、姉さんかぶり、日の丸の扇子を持って、おはやしに合わせ跳ねながら踊る。ものうふれあい祭のパレードには約1,000人の踊り手が参加する。開催日は毎年9月第2土曜日。

- **月浜のえんずのわり**（東松島市）　宮戸島の月浜集落に伝承されている鳥追い行事。子どもたちが1月11日から岩屋にこもって共同生活を行い、14日夜に松の棒を持って家々を回り、棒を地面に突きながら鳥を追い払う唱え言と、豊作、豊漁などを祈願する言葉を述べる。16日は集落の五十鈴神社で鳥を追い払う動作を行う。この地域は2011（平成23）年の東日本大震災で壊滅状態になったが、住民は全員避難し、行事も継続している。開催日は毎年1月11日〜16日。

- **竹駒神社初午祭**（岩沼市）　小野 篁 が陸奥守として赴任の際、東北開

拓と五穀豊穣を願って創建したと伝えられる竹駒神社の最大の祭りである。初午祭は豊作、商売繁盛、家内安全を祈願して執り行われる。神輿渡御と竹駒奴行列が呼び物である。竹駒奴は、ハサミ箱の投げ受けなどの妙技を披露する。開催日は毎年旧暦2月初午の日から7日間。

- **秋保の田植え踊り**（仙台市）　秋保の田植え踊りは仙台市秋保の馬場、長袋、湯元に伝わる田植え踊りの総称である。その年の豊作を祈願して、きらびやかな衣装をまとった8人くらいの早乙女が田植えを模した舞踊などを奉納する。ユネスコの無形文化遺産に登録されている。開催日は毎年旧暦1月15日。

- **梵天ばやい**（大和町）　船形山神社の「御神体」を年に一度だけ開帳して、その湿り具合でその年の天候と作柄を占う行事である。御神体は金銅の菩薩立像で、東北最古のものといわれている。長さ2mほどの青竹に紙垂をつけた梵天を奪い合う勇壮な祭りでもある。開催日は毎年5月1日。

5 秋田県

地域の歴史的特徴

雄物川の河口に位置する土崎湊（現在は秋田市）は江戸時代は北前船の寄港地として栄えた。1655（明暦元）年には秋田藩が初めて東廻廻船を江戸に出した。1660（明暦6）年には仙北米集散の中心地として穀保町が創設された。

1871（明治4）年の廃藩置県によって8月29日に秋田県が誕生した。同県は8月29日を「県の記念日」と定めている。県名の由来については、①アイ（湧き水）とタ（地）で、アイタからアキタになった、②アギ（高くなった地）とタ（場所）で、アギタからアキタになった、の二つの説がある。米代川、雄物川、子吉川などが肥沃な土を運び、豊富な雪解け水が田に注がれる姿は、当時も今も変わらない。

1872（明治5）年には秋田県初代権令（知事）の島義勇が八郎潟の開発構想を立てた。1958（昭和33）年には八郎潟干拓の起工式が挙行された。八郎潟の干陸式が行われ、大潟村が誕生したのは1964（昭和39）年である。村民は1966（昭和41）～74（昭和49）年に5回にわたって募集し、全国から580人が入植した。応募世帯は延べ2,463人で、倍率は平均4.2倍だった。

コメの概況

秋田県の耕地面積に占める水田率は87.3％で、東北地方では最も高く、全国では6番目に高い。秋田県の農業産出額の53.0％をコメが占めており、これも東北地方では最も高く、全国では5番目である。稲作の盛んな地域は、横手盆地、秋田平野、能代平野などである。

水稲の作付面積の全国シェアは5.9％、収穫量は6.4％で、全国順位はともに新潟県、北海道に次いで3位である。収穫量の多い市町村は、①大仙市、②横手市、③大潟村、④由利本荘市、⑤秋田市、⑥美郷町、⑦能代市、⑧湯沢市、⑨三種町、⑩大館市の順である。県内におけるシェアは、大仙市

15.0％、横手市12.4％、大潟村11.8％などで、この3市で4割近くを生産している。

秋田県における水稲の作付比率は、うるち米93.7％、もち米5.2％、醸造用米1.1％である。作付面積の全国シェアをみると、うるち米は5.8％で全国順位が新潟県、北海道に続いて3位の米どころである。もち米は7.9％で4位、醸造用米は4.6％で6位である。

知っておきたいコメの品種

うるち米

（必須銘柄）あきたこまち、ひとめぼれ、めんこいな
（選択銘柄）秋田63号、秋のきらめき、淡雪こまち、亀の尾4号、キヨニシキ、金のいぶき、きんのめぐみ、ぎんさん、コシヒカリ、五百川、ササニシキ、スノーパール、たかねみのり、ちほみのり、つくばSD1号、つくばSD2号、つぶぞろい、でわひかり、はえぬき、ふくひびき、ミルキークイーン、ミルキープリンセス、萌えみのり、ゆめおばこ、夢ごこち

うるち米の作付面積を品種別にみると、「あきたこまち」が全体の76.6％と大宗を占め、「ひとめぼれ」（8.5％）、「めんこいな」（8.4％）が続いている。これら3品種が全体の93.6％を占めている。

● **あきたこまち** 2014（平成26）年に誕生30周年を迎えた秋田を代表する品種である。2015（平成27）年産の1等米比率は91.2％と高かった。食味ランキングは地区によって異なり、県南地区は2012（平成24）年産以降、最高の特Aが続いている。県北、中央地区のランキングはAである。

● **ひとめぼれ** 2015（平成27）年産の1等米比率は94.7％とかなり高く、生産県の中で岩手県に次いで2位だった。中央地区の「ひとめぼれ」の食味ランキングはAである。

● **めんこいな** 秋田県が「ひとめぼれ」と「あきた39」を交配して1999（平成11）年に育成した。多くの消費者にかわいがってもらいたいとの思いから秋田弁で「かわいいな」を意味する「めんけえな」を語源として命名した。「あきたこまち」よりコメ粒が大きく、粘りはやや少ない。2015（平成27）年産の1等米比率は94.3％とかなり高かった。

東北地方　63

- **ゆめおばこ**　「ゆめおばこ」のゆめは、多くの農家より求められている病気や寒さに強く、多収性を求める夢の品種であること、おばこは、東北地方の言葉で娘を意味する。冷めても硬くなりにくいのが特徴である。2015（平成27）年産の1等米比率は91.6％と高かった。県南地区の「ゆめおばこ」の食味ランキングはAである。
- **つぶぞろい**　秋田県が「めんこいな」と「ちゅらひかり」を交配して2012（平成24）年に育成した。粒が大きく、やわらかい食感で粒ぞろいが良いとして命名された。2015（平成27）年に県南西部のJA秋田しんせい管内に産地を限定してデビューした。県産の「つぶぞろい」の食味ランキングはAである。
- **秋のきらめき**　秋田県が「いわてっこ」と「秋系483」を交配して2012（平成24）年に育成した。秋のさわやかさとお米のきらきらした様子から命名された。高冷地でもおいしく育つのが特徴という。2015（平成27）年に県北部のJAかづの管内に産地を限定してデビューした。

もち米

（必須銘柄）きぬのはだ、たつこもち
（選択銘柄）朝紫、こがねもち、ときめきもち、夕やけもち
　もち米の作付面積の品種別比率は「たつこもち」59.6％、「きぬのはだ」40.4％である。

醸造用米

（必須銘柄）秋田酒こまち、秋の精、吟の精、美山錦
（選択銘柄）改良信交、華吹雪、星あかり、美郷錦
　醸造用米の作付面積の品種別比率は「秋田酒こまち」45.5％、「美山錦」36.4％などである。
- **秋田酒こまち**　秋田県が、「秋系酒251」と「秋系酒306」を交配し、2001（平成13）年に育成した。

知っておきたい雑穀

❶小麦

　小麦の作付面積の全国順位は25位、収穫量は26位である。主産地は、

県内作付面積の46.0％を占める横手市である。これに大潟村、大仙市、仙北市などが続いている。

❷二条大麦

二条大麦の作付面積の全国順位は東京都と並んで21位である。収穫量の全国順位は静岡県と並んで20位である。産地は仙北市と大潟村などである。

❸ハトムギ

ハトムギの作付面積の全国順位は9位、収穫量は10位である。栽培品種はすべて「中里在来」である。統計によると、秋田県でハトムギを栽培しているのは大仙市だけである。

❹アワ

アワの作付面積の全国順位は4位である。収穫量は四捨五入すると1トンに満たず統計上はゼロで、全国順位は不明である。栽培品種はすべて「モチアワ」である。主産地は大仙市（全体の52.3％）と横手市（47.7％）である。

❺キビ

キビの作付面積の全国順位は5位である。収穫量は四捨五入すると1トンに満たず統計上はゼロで、全国順位は不明である。主な栽培品種は「イナキビ」「タカキビ」などである。産地は横手市（全体の57.7％）と大仙市（42.3％）である。

❻ヒエ

ヒエの作付面積の全国順位は岩手県に次いで2位である。収穫量は四捨五入すると1トンに満たず統計上はゼロで、全国順位は不明である。栽培品種はすべて「ダルマヒエ」である。産地は横手市（全体の51.4％）と大仙市（48.6％）である。

❼そば

そばの作付面積の全国順位は6位である。収穫量の全国順位は栃木県と並んでやはり6位である。主産地は横手市、鹿角市、八峰町、仙北市などである。栽培品種は「階上早生」「にじゆたか」「キタワセソバ」などである。

❽アマランサス

アマランサスの作付面積の全国順位は岩手県、長野県に次いで3位であ

る。収穫量は四捨五入すると1トンに満たず統計上はゼロで、全国順位は不明である。栽培品種は「ニューアステカ」（全体の74.8％）と「メキシコ」（25.2％）である。大仙市の作付面積が県全体の61.1％を占め、北秋田市（25.2％）、横手市（13.6％）が続いている。

❾大豆

大豆の作付面積、収穫量の全国順位はともに北海道、宮城県に次いで3位である。作付けの97％は水田の転作によるものである。ほぼ県内の全域で栽培している。作付面積が広い市町村は、①大仙市（県内シェア13.1％）、②横手市（9.9％）、③三種町（9.6％）、④能代市（9.5％）、⑤北秋田市（5.9％）の順である。栽培品種は「リュウホウ」などである。

❿小豆

小豆の作付面積の全国順位は11位、収穫量の全国順位は8位である。主産地は北秋田市、大館市、由利本荘市、鹿角市などである。

コメ・雑穀関連施設

- **大潟村干拓博物館**（大潟村）　2000（平成12）年に開業した。国営事業によって八郎潟が干拓され、1964（昭和39）年にオランダのような海水面より低い総面積170 km²の大潟村が誕生した。1967（昭和42）年の第1次入植以来、大規模農業を目指して全国から集まった村民たちが村づくりに取り組んでいる。博物館はこうした日本最大の干拓事業である八郎潟干拓の歴史や、干拓の技術などを後世に伝えることを目的に関係資料を収集して保存し、展示している。

- **小友沼**（能代市）　江戸時代初期の1617（元和3）〜75（延宝3）年にかけて、秋田藩主・佐竹義宣の重臣、梅津政景、忠雄の父子が築造したため池である。扇形分水路によって、放射状にかんがい用水が配分され、230 haの水田を潤している。国際的に重要な渡り鳥の中継地でもある。

- **七滝用水**（大仙市、美郷町）　大仙市と美郷町に広がる1,520 haの水田を潤す農業用水路である。この地域を東西に流れる丸子川の上流の頭首工から取水している。円筒型サイフォン式分水工によって7本の水路に水田面積に応じて配分されている。用水は、江戸時代初期の1648（慶安元）年に潟尻沼をつくったことに始まる。水源の七滝山は水源涵養保安林の指定を受けている。

- **上郷温水路群**（にかほ市）　鳥海山北西山麓の大地をかんがいする5本の温水路群で、総延長は5.8 kmである。この地域の農業用水は鳥海山の雪解け水や湧水を利用していたため、水量は豊富でも水温が低く冷水障害によって収量が落ち込んでいた。昭和初期の電源開発を機に、水路幅を広げて水深を浅くして水温を上昇させる温水路として整備された。
- **田沢疏水**（仙北市、大仙市、美郷町）　仙北平野の東部で、奥羽山脈沿いに開拓された3,890 haの穀倉地帯を潤す延長30.6 kmの疏水である。国営事業として1937（昭和12）年に着工したものの、戦争で中断したりして完工は1962（昭和37）年になった。「ジャングルの原始林」とよばれたこともある開拓地は、広大な田園と散居集落に変貌した。

コメ・雑穀の特色ある料理

- **きりたんぽ鍋**（大館市、鹿角市など）　炊きたてのご飯をすりつぶし、秋田杉の角串に巻き付けて焼いたのがたんぽである。形が練習用のやりの先端に付けるたんぽに似ていることに由来する。たんぽをちぎり、比内地鶏、ゴボウなどと一緒に煮込んだのがきりたんぽ鍋である。県北部の大館、鹿角周辺では、新米の収穫後、この鍋で農作業の労をねぎらう風習が残っている。
- **赤ずし**　酢を使わないすしで、「けいとまま」「赤まま」の別名もある。もち米で炊いたご飯を冷まし、それぞれ1 cmくらいに切った赤じその葉、キュウリまたはシロウリなどを入れ、砂糖、塩で味を整える。木製の箱に詰め、上に笹の葉をのせて木のふたをし、重石をしておく。3日目くらいから食べられる。
- **ハタハタすし**（にかほ市、八峰町など）　白神山地からミネラル豊富な水が流れ込む日本海で獲れたハタハタを「あきたこまち」の白米、ニンジン、ショウガで漬け込んだり、米麹で発酵させてつくる秋田の郷土料理である。ハタハタを切ってつける切りずしと、切らずにつける一匹ずしがある。
- **じゅんさいどんぶり**（三種町、能代市など）　じゅんさいはスイレン科の水生多年草である。古い池沼に生え、泥中の根茎から長い茎を延ばし水面に葉を浮かべる。県内の主産地は三種町である。寒天質に包まれた若芽を摘み、ご飯にのせてどんぶりにする。

東　北　地　方　67

コメと伝統文化の例

- **かまくら**（各地）　その年の豊作と、子どもの成長を願うため、路傍などにつくる高さ2m前後のかまど型の雪室である。農耕民族にとって水は最も重要なものの一つのため、かまくら内部の正面に祭壇を設けて水神をまつり、甘酒やミカンを供える。中では子どもたちが甘酒などをふるまったりする。約450年の歴史がある。横手のかまくら祭りの開催は2月中旬。

- **紙風船上げ**（仙北市）　田沢湖に面し、米づくりと林業を主産業とする西木地域で100年以上続く伝統行事である。五穀豊穣などを祈って、武者絵などを描き、灯火を点けた巨大な100余個の紙風船が冬の夜空に打ち上げられる。開催日は毎年2月10日。

- **竿燈祭り**（秋田市）　竹ざおに多数の提灯をつける竿燈は稲穂をかたどっており、豊作の願いが込められている。その原型は、笹竹などに願い事を書いた短冊を飾って練り歩く江戸時代・宝暦年間（1751 ～ 63）のねぶり流しにあるとされる。開催日は毎年8月3日～6日。

- **雪中田植え**（北秋田市）　雪の上に、わらや豆がらを植えて、その年の作況を占う。頭をたれて立っていれば豊作、直立なら実の入らない不稔、倒れたら風害や水害の恐れがあり凶作とみる。開催日は毎年1月15日の小正月。

- **男鹿のなまはげ**（男鹿半島）　なまはげは真山神社に鎮座する神々の使者とされる。年に一度、男鹿半島の各家庭を回り、悪事に訓戒を与え、豊作・豊漁をもたらす来訪神として「怠け者はいねが。泣く子はいねが」と練り歩く。国の重要無形民俗文化財である。開催日は大晦日12月31日の夜。

6 山形県

地域の歴史的特徴

　江戸時代前期、江戸の人口が増え、コメの需要が増大したため、幕府は出羽（現在の秋田、山形両県）の年貢米を江戸に送るよう河村瑞賢に命じた。瑞賢が、酒田から下関を回り、瀬戸内海から大坂（現在の大阪）を経由して江戸に直送する西回り航路を整備したことが、江戸時代、酒田が商業都市として発展する礎になった。

　酒田には、幕府専用のコメ蔵「瑞賢倉」が設置され、最上川などを通じて各地からコメが集められた。コメの集積地と積出港となった酒田湊は上方船の出入りが急増した。北前船の往来によって華やかな京文化が流入した。

　こうしたなかで生まれた酒田の豪商、本間家の3代当主、本間光丘は飛砂の害から田畑や家屋を守るため海岸での砂防林の植林事業などを行い、財政がひっ迫した東北諸藩への資金援助などに力を入れた。公共のために財を投じた光丘は本間家中興の祖といわれる。

　1876（明治9）年には鶴岡、山形、置賜3県が合併して山形県になった。県名の由来については、①蔵王山の山裾に開けた土地、②山林を主とする土地、の二つの説がある。

コメの概況

　山形県の耕地率は12.8％で全国平均値に近く、耕地面積に占める水田の率は79.0％と全国で14位である。農業産出額ではコメが33.0％を占め、品目別農業産出額ではトップである。米づくりの中心は、最上川流域の盆地や平野である。

　水稲の作付面積の全国順位は6位、収穫量の全国シェアは4.9％で順位は4位である。収穫量の多い市町村は、①鶴岡市、②酒田市、③庄内町、④新庄市、⑤川西町、⑥尾花沢市、⑦山形市、⑧米沢市、⑨高畠町、⑩遊

東北地方　69

佐町の順である。県内におけるシェアは、鶴岡市16.5％、酒田市11.7％、庄内町6.4％などで、この庄内地方の3市町で3分の1を生産している。

山形県における水稲の作付比率は、うるち米96.0％、もち米8.1％、醸造用米0.9％、である。作付面積の全国シェアをみると、うるち米は4.4％で全国順位が福島県と並んで6位、もち米は3.5％で千葉県と並んで9位、醸造用米は2.8％で10位である。

知っておきたいコメの品種

うるち米

（必須銘柄）あきたこまち、コシヒカリ、つや姫、はえぬき、ひとめぼれ
（選択銘柄）きんのめぐみ、ササニシキ、里のゆき、さわのはな、つくばSD1号、つくばSD2号、出羽きらり、どまんなか、花キラリ、はなの舞い、瑞穂黄金、ミルキークイーン、萌えみのり、山形95号、山形112号、夢いっぱい、夢ごこち

うるち米の作付面積を品種別にみると、「はえぬき」が最も多く全体の63.0％を占め、「つや姫」（13.9％）、「ひとめぼれ」（9.8％）がこれに続いている。これら3品種が全体の86.7％を占めている。

- **はえぬき** 山形県が「庄内29号」と「あきたこまち」を交配して1991（平成3）年に育成した。2015（平成27）年産の1等米比率は95.8％とかなり高かった。県内産「はえぬき」の食味ランキングは特Aが続いていたが、2016（平成28）年産はAだった。

- **つや姫** 2015（平成27）年産の1等米比率は95.7％とかなり高かった。県内産「つや姫」の食味ランキングは、2010（平成22）年産以降、最高の特Aが続いている。

- **ひとめぼれ** 2015（平成27）年産の1等米比率は95.5％とかなり高く、生産県の中で岩手県、秋田県に次いで3位だった。県内産「ひとめぼれ」の食味ランキングは、2013（平成25）年産以降、最高の特Aが続いている。

- **コシヒカリ** 2015（平成27）年産の1等米比率は94.6％とかなり高く、生産県の中で長野県、福島県に次いで3位だった。県内産「コシヒカリ」の食味ランキングは特Aが続いていたが、2015（平成27）年産、2016（平

成28）年産はAだった。

- **雪若丸** 秋田県が育成し、2018（平成30）年秋に本格デビューさせる新品種「山形112号」である。「つや姫」の弟的な存在という位置づけで、雪国・山形のイメージも取り入れて命名した。2016（平成28）年産の県内産「雪若丸」の食味ランキングはAである。
- **どまんなか** 山形県が「中部42号（後のイブキワセ）」と「庄内29号」を交配し1991（平成3）年に育成した。山形県が米どころの中心地を担っていくとともに、おいしさのど真ん中を突き抜ける味わいがあるコメとなることを願って命名された。2015（平成27）年産の1等米比率は97.8％ときわめて高かった。
- **あきたこまち** 2015（平成27）年産の1等米比率は88.6％だった。
- **ササニシキ** 2015（平成27）年産の1等米比率は82.9％だった。

もち米

（必須銘柄）なし

（選択銘柄）朝紫、こがねもち、こゆきもち、酒田女鶴、たつこもち、でわのもち、ヒメノモチ

　もち米の作付面積を品種別にみると、「ヒメノモチ」が全体の77.4％と大宗を占め、「でわのもち」、「こゆきもち」の各9.7％が続いている。これら3品種が全体の96.8％を占めている。

醸造用米

（必須銘柄）なし

（選択銘柄）羽州誉、改良信交、亀粋、京の華、五百万石、酒未来、龍の落とし子、出羽燦々、出羽の里、豊国、美山錦、山酒4号、山田錦、雪女神

　醸造用米の作付面積の品種別比率は「出羽燦々」が最も多く全体の55.6％を占め、「美山錦」（22.2％）、「出羽の里」（11.1％）が続いている。この3品種が全体の88.9％を占めている。

- **出羽の里** 山形県が、「吟吹雪」と「出羽燦々」を交配し、2004（平成16）年に育成した。

知っておきたい雑穀

❶小麦

小麦の作付面積の全国順位は34位、収穫量は31位である。主産地は、県内作付面積の42.5％を占める山形市である。これに鶴岡市、高畠町などが続いている。

❷六条大麦

六条大麦の作付面積、収穫量の全国順位はともに20位である。統計によると、山形県で六条大麦を栽培しているのは三川町だけである。

❸アワ

アワの作付面積の全国順位は8位である。収穫量が判明しないため収穫量の全国順位は不明である。

❹キビ

キビの作付面積の全国順位は青森県と並んで9位である。収穫量が判明しないため収穫量の全国順位は不明である。

❺そば

そばの作付面積の全国順位は北海道に次いで2位、収穫量は4位である。主産地は鶴岡市、尾花沢市、村山市、新庄市などである。栽培品種は「でわかおり」「最上早生」「階上早生」などである。

❻大豆

大豆の作付面積の全国順位は新潟県と並んで7位である。収穫量の全国順位は8位である。県内の全市町村で栽培している。主産地は鶴岡市、酒田市、庄内町、川西町、長井市などである。栽培品種は「エンレイ」「秘伝豆」「青大豆」「黒神」などである。

❼小豆

小豆の作付面積の全国順位は22位、収穫量は21位である。主産地は鶴岡市、酒田市、遊佐町、尾花沢市などである。

コメ・雑穀関連施設

● **山居倉庫**（酒田市） 1893（明治26）年に旧庄内藩主酒井家が、コメの保存と集積を目的に酒田米穀取引所の付属倉庫として建造した。現在も農業倉庫などとして使われている。12棟が並ぶ景観は、米どころ酒田

のシンボルの一つである。

- **庄内米歴史資料館**（酒田市）　山居倉庫の一角にある。コメに関する資料や農具などを保存、展示している。稲作の歴史、稲のルーツ、品種改良、生産・保管・流通の過程などをジオラマやパネルなどで説明している。
- **亀ノ尾の里資料館**（庄内町）　庄内町は、「ササニシキ」「コシヒカリ」「つや姫」につながるルーツの一つとされる水稲品種「亀ノ尾」発祥の地である。資料館では、「亀ノ尾」や、これを創選した阿部亀治に関する多彩な資料を収集し、展示している。余目第四公民館内にある。
- **二ノ堰水路**（寒河江市）　南北朝時代に、寒河江城主の大江時氏公、元時公父子が寒河江城の改修にあたり堀に大量の水が必要になり寒河江川に堰をつくり、水路を掘った。これを利用して新田が開発された。川は冷水のため、1952（昭和27）〜53（同28）年に、幅広く浅い温水路に改修された。1989（平成元）〜94（同6）年度に一部が親水公園に再整備された。受益面積は700ha である。
- **徳良湖**（尾花沢市）　第1次世界大戦後の開田事業に合わせて1921（大正10）年に築堤された農業用のため池。当時は徳良池とよんだ。今も120ha の水田を潤している。花笠音頭や花笠踊りは、築堤された際の土搗き歌から生まれた。作業班は地域ごとに編成されたため、花笠踊りも地域ごとに生まれ、現在の流派につながっている。

コメ・雑穀の特色ある料理

- **うこぎごはん**（米沢市）　江戸時代の米沢藩主．上杉鷹山は、ウコギ科の落葉低木であるこの植物を生け垣にすることを奨励した。とげがあるため防犯に役立ち、芽や若葉は食用になるためである。米沢市などでは、春にこの新芽や若葉を摘んでゆでて荒いみじん切りにして、ご飯に混ぜ合わせて食卓に。独特のほろにがさがある。
- **樹氷巻**　山形県特産の青菜漬けと納豆を使った巻物である。青菜は塩漬けにし、茎と葉の部分を分ける。納豆は刻んでみそとカツオ節を入れて混ぜておく。青菜漬けの葉の部分を広げ、その上に、合わせ酢を混ぜたすし飯をのせ、青菜の茎の部分と納豆を芯にしてのり巻きの要領で巻く。
- **くじらもち**（最上地域、村山地域）　砂糖にしょうゆを加えて煮溶かし

東北地方　73

た液に、もち米とうるち米の粉を入れて練り、型に入れて蒸してつくる。クルミやゴマを入れたり、しょうゆの代わりにみそを使うこともある。桃の節句につくってお雛さまに供え、近所で交換し合って味比べをしたりすることも。

- **稲花もち**（山形市）　うるち米ともち米を練ってつくった生地でこしあんを包み、一口で食べられる程度の大きさにする。上に黄色に着色した2、3粒のもち米を稲の花に見立てて飾り、笹の葉にのせて蒸す。口に入れると独特の食感があり、笹の葉の香りが広がる。

コメと伝統文化の例

- **雪中田植え**（村山市）　雪を踏み固めた1m四方の田んぼに、苗に見立てた稲わらと豆殻を束ねて25株植え付ける。その年の吉方にアシと若松の枝を立てて柏手を打ち、前年の収穫に感謝し、その年の豊作などを祈る。開催は毎年2月上旬。

- **黒川能**（鶴岡市）　能は、田植えの際に、歌や踊りではやしたてる田楽から発展した。黒川能は月山の麓の黒川地区の鎮守、春日神社の神事能として約500年続いている。国指定の重要無形民俗文化財である。開催は春日神社例祭の行われる日など。

- **黒森歌舞伎**（酒田市）　能がもとになって発展したのが歌舞伎である。江戸時代中期の享保年間から酒田市の黒森日枝神社に奉納されてきた農民歌舞伎である。雪の中で観ることから「雪中芝居」「寒中芝居」という別称がある。開催は毎年2月中旬。

- **新庄まつり**（新庄市）　江戸中期の1755（宝暦5）年、凶作に見舞われ、新庄領内では多くの餓死者が出た。これに心を痛めた藩主戸沢正諶は、領民を鼓舞し、五穀豊穣を祈願するため、戸沢家氏神の天満宮の新祭を命じたのが起こりである。開催日は毎年8月24日～26日。

- **加勢鳥**（上山市）　「カッカッカーのカッカッカー」と奇声を発しながらケンダイ（蓑）を頭から膝まですっぽり被って、わらじを履いた若い衆がまちを練り歩く。人々はそれに水を浴びせかけ、新しい年の豊穣を願う。寛永年間（1624～44）に始まり、明治に入って途絶えたが、1959（昭和34）年に伝統が復活した。開催日は毎年2月11日。

7 福島県

地域の歴史的特徴

会津の肝煎(名主)・佐瀬与次右衛門は1684(貞享元)年に農業指導書『會津農書』、1704(宝永元)年にその内容を五七五調の和歌でつづった『會津歌農書』を著している。前者は上・中・下巻の3巻からなり、上巻は稲作、中巻は畑作を扱っている。後者には「春之霜ハ八十八夜之霜と云て寒明て(注:立春から)日数八十八日目迄降る」といった記述がある。両書とも農民たちにより筆写され、会津地方の米づくりなどの"バイブル"になった。

幕末に現在の県域には、会津、福島、下手渡、二本松、三春、守山、長沼、白河、棚倉、中村、平、湯長谷、泉各藩があった。1876(明治9)年8月21日に、旧福島県、磐前県、若松県の3県が合併して現在とほぼ同じ福島県の姿になった。福島の中心市街地のあたりはかつて、見渡すかぎりの湖で真ん中に信夫山があった。この山に吾妻おろしが吹きつけていたため、吹島とよばれるようになった。その後、湖は干上がって陸地となり集落が生まれた。風が吹きつけることをきらって、吹を縁起の良い福とし地名になった。

県名の由来については、ほかに①フク(湿地)とシマ(孤立地)、つまり水の豊かな中洲、②フク(幸せ)のシマ、つまり幸せの砂洲、といった説もある。直接には、当時の県庁所在地だった福島町からとっている。同県は8月21日を「福島県民の日」と定めている。

コメの概況

福島県の水田率は70.1%で全国平均(54.4%)をかなり上回っている。コメは農業産出額の28.5%を占め、品目別農業産出額ではトップである。米づくりは郡山盆地、会津盆地、福島盆地が中心である。

水稲の作付面積、収穫量の全国順位はともに7位である。収穫量の多い市町村は、①郡山市、②喜多方市、③会津若松市、④須賀川市、⑤白河市、

⑥いわき市、⑦会津美里町、⑧会津坂下町、⑨猪苗代町、⑩福島市の順である。県内におけるシェアが10％以上なのは郡山市（12.3％）だけで、全体としては県内各地に分散しているものの、2011（平成23）年の東日本大地震で大きな被害を受けた浜通りは、水稲でみる限り復旧とはほど遠い状況にある。こうした影響もあり、ベスト10の半数が喜多方市、会津若松市など会津の市町である。

　福島県における水稲の作付比率は、うるち米95.6％、もち米3.7％、醸造用米0.7％である。作付面積の全国シェアをみると、うるち米は4.4％で全国順位が山形県と並んで6位、もち米は4.1％で7位、醸造用米は2.2％で滋賀県と並んで12位である。

　陸稲の作付面積の全国順位は青森県、新潟県と並んで、収穫量は青森県と並んで、ともに8位である。

知っておきたいコメの品種

うるち米

（必須銘柄）コシヒカリ、ひとめぼれ
（選択銘柄）あきたこまち、あきだわら、笑みの絆、LGC ソフト、大粒ダイヤ、おきにいり、五百川、さいこうういち、ササニシキ、里山のつぶ、たかねみのり、チヨニシキ、つくば SD1 号、つくば SD2 号、天のつぶ、はえぬき、ふくのさち、ふくみらい、ほむすめ舞、まいひめ、瑞穂黄金、みつひかり、みどり豊、ミルキークイーン、ミルキープリンセス、夢ごこち、ゆめさやか

　うるち米の作付面積を品種別にみると、「コシヒカリ」が最も多く全体の61.4％を占め、「ひとめぼれ」（22.9％）、「天のつぶ」（8.9％）がこれに続いている。これら3品種が全体の93.2％を占めている。

- **コシヒカリ**　2015（平成27）年産の1等米比率は94.0％とかなり高く、生産県の中で長野県に次いで2位である。会津、中通り、浜通り産の「コシヒカリ」の食味ランキングはいずれも最高の特Aである。
- **ひとめぼれ**　2015（平成27）年産の1等米比率は88.2％だった。会津、中通り産の「ひとめぼれ」の食味ランキングは特Aだった年もあるが、2016（平成28）年産はAだった。

- **天のつぶ** 「天のつぶ」は2011（平成23）年から生産されている福島県のオリジナル品種である。2015（平成27）年産の1等米比率は88.4％だった。2016（平成28）年産の食味ランキングはAである。
- **あきたこまち** 2015（平成27）年産の1等米比率は89.0％だった。
- **ミルキークイーン** 2015（平成27）年産の1等米比率は93.7％と高かった。

もち米

（必須銘柄）こがねもち、ヒメノモチ
（選択銘柄）朝紫、あぶくまもち

　もち米の作付面積の品種別比率は「こがねもち」78.4％、「ヒメノモチ」21.6％である。

醸造用米

（必須銘柄）なし
（選択銘柄）京の華1号、五百万石、華吹雪、美山錦、夢の香

　醸造用米の作付面積の品種別比率は「五百万石」56.3％、「夢の香（かおり）」42.3％、「華吹雪」1.4％である。

- **夢の香** 福島県が「八反錦1号」と「出羽燦々」を交配し、2000（平成12）年に育成した。

知っておきたい雑穀

❶小麦

　小麦の作付面積の全国順位は26位、収穫量は25位である。産地は南相馬市、会津坂下町、会津美里町、喜多方市などである。

❷六条大麦

　六条大麦の作付面積、収穫量の全国順位はともに25位である。

❸ハトムギ

　ハトムギの作付面積の全国順位は8位、収穫量は7位である。主産地は泉崎村で県全体の98.4％とほとんどを占め、矢吹町（1.6％）が続いている。

❹そば

　そばの作付面積の全国順位は4位、収穫量は8位である。主産地は喜多方市、南会津町、猪苗代町、会津美里町、会津若松市など会津地方である。

栽培品種は「在来種」「会津のかおり」などである。

❺大豆

　大豆の作付面積の全国順位は24位、収穫量は22位である。主産地は会津若松市、相馬市、郡山市、喜多方市などである。栽培品種は「タチナガハ」などである。

❻小豆

　小豆の作付面積の全国順位は6位、収穫量は7位である。主産地は郡山市、二本松市、田村市、須賀川市などである。

コメ・雑穀関連施設

- **安積疏水**（郡山市、猪苗代町）　日本海に流れる猪苗代湖から太平洋側の安積の原野に導く疏水である。1879（明治12）年に国直轄の猪苗代湖疏水事業として着工し、1882（明治15）年に完工した。かんがいのほか、発電、上水、工業用水にも利用され、特に郡山市の発展に貢献した。計画時に、明治政府の「お雇い外国人」の一人であるファン・ドールンの助言を受けた。琵琶湖疏水などと並ぶ日本三大疏水の一つである。

- **新安積疏水**（郡山市、須賀川市）　正式には新安積幹線用水路という。郡山盆地の西部と岩瀬地方の北西部をかんがいするため1941（昭和16）〜66（同41）年度の新安積開拓建設事業として築造された。延長は36km。猪苗代湖に上戸頭首工を設け、水路とともに1,519haの田を開いた。1997（平成9）〜2008（同20）年度は、用水路を改修するとともに、小水力発電施設を設け地区内の土地改良施設に電力を供給している。

- **南湖**（白河市）　江戸時代後期の1801（享和元）年、白河藩主松平定信が、身分の差を越え庶民が憩える「士民（士農工商）共楽」という思想で築造した農業用のため池公園である。南湖公園として国の史跡と名勝に指定されている。湖の水は社川沿岸の104haの農地を潤している。

- **藤沼貯水池**（藤沼湖、須賀川市）　長年水不足に苦しんでいた旧長沼町、桙衝村、稲田村（3町村とも現在は須賀川市）の人々が主に人力で築いた。1937（昭和12）年に着工し、完成したのは49（同24）年である。現在も下流の865haの水田に農業用水を供給している。一帯は藤沼湖自然公園になっている。

- **二合田用水路**（二本松市）　江戸時代初期に、二本松の藩主・丹羽光重

公が、算学者・磯村吉徳と藩士・山岡権右衛門に命じて開削したかんがい用水路である。安達太良山中腹の烏川上流を水源とし、岳ダムの分水と合流し、二本松市の霞ケ城公園近郊に至る。全長は18kmである。昭和から平成にかけて大改修工事を行った。

コメ・雑穀の特色ある料理

- **ほっきめし**（相馬市）　ほっき貝は身がやわらかく、甘みのある貝で、ゆでると身の一部がピンク色に染まる。相馬市を中心とした浜通りでは、この貝が水揚げされる6月～翌年1月頃にかけてほっき飯をつくる。地域の旅館、民宿の代表的な料理である。

- **引き菜もち**　大根、ニンジンを千切りにして炒めた「引き菜いり」に、福島市南部の立子山でつくられる凍み豆腐と、米粉でつくった白玉もちを入れてつくる。立子山の凍み豆腐は、約300年前に僧侶が和歌山県の高野山から高野豆腐を持ち帰り、土地の気候に合わせたつくり方をあみだしたのが始まりである。

- **しんごろう**（南会津地方）　昔、貧しくてもちをつくることができない「しんごろう」が、うるち米のご飯を丸めてもちに見立てて神様に供えていた。あるとき、これにじゅうねん（えごま）みそをまぶし、串に刺して囲炉裏で焼いたところ香ばしく、美味だったため、地域に広がった。

- **ソースカツ丼**（会津若松市、柳津町）　会津若松では「伝統会津ソースカツ丼の会」が結成されており、大正時代から親しまれてきた味を大事にしている。柳津町の「柳津ソースカツ丼」はかつの下にふわふわの卵焼きが敷いてある。どちらも特製のソースに特徴がある。

コメと伝統文化の例

- **八ツ田内七福神舞**（本宮市）　七福神が農家を回って豊作や家運隆盛などを祈りながら、笛、太鼓、三味線の音を響かせて舞う。元禄年間（1688～1704）に始まった。本宮市指定の無形民俗文化財である。現在は塩ノ崎地区の10軒で伝統の踊りを継承している。回るのは1月7日夕方。

- **信夫三山暁まいり**（福島市）　福島市のシンボル、信夫山に鎮座する羽黒神社の五穀豊穣などを祈願する例祭である。長さ12m、幅1.4m、重さ2トンの大わらじを約100人で担ぎ市内の目抜き通りから羽黒神社に

東北地方　79

奉納する。江戸時代、同神社の仁王様の足の大きさに合わせて奉納した
ことが起源である。開催日は毎年2月10日〜11日。

- **御田植祭**（会津美里町）　伊佐須美神社を出発し、下町の御田神社御神
田で田植えの神事を行い、その年の豊作を祈願する。小・中学生の獅子
追い童子による「獅子追い」、デコとよばれる田植え人形がかつがれ、
御田神社御神田で早乙女による田植えを行う神輿渡御も行われる。開催
日は毎年7月11日〜13日。

- **大俵引き**（会津坂下町）　厳寒の雪の中で下帯姿の男衆が東西に分かれ、
長さ4m、高さ2.5m、重さ5トンの俵を引き合う。上町が勝つとコメの
値段が上がり、下町が勝つと豊作になるとされる。安土桃山時代に会津
を治めていた蒲生氏が市神様をまつり、その前で大俵引きを行ったのが
起源とされる。開催日は毎年1月14日。

- **つつこ引きまつり**（伊達市）　「つつこ」は大俵のことである。直径
1.5m、長さ1.8m、重さ800kgの俵が使われる。赤、黄、白の3組に分
かれた下帯姿の若者たちがこれを3方向に引き合う。江戸時代中期の享
保年間（1716〜36）に大飢饉があり、当時の領主・松平通春（後の尾
張徳川家第7代当主徳川宗春）が領民に種もみを分け与えたところ、翌
年から大豊作になったことから五穀豊穣を祈る神事として盛んになった。
開催日は毎年3月第1日曜日。

8 茨城県

地域の歴史的特徴

　利根川、鬼怒川、那珂川、久慈川などが流れるこの土地では、古代から稲作が行われてきた。7世紀後半には、国の制度が整えられ、高、久自、仲、新治、筑波、茨城の6国が統合し、常陸となった。

　江戸時代には、水戸藩や土浦藩などの諸藩や天領が置かれた。1871（明治4）年の廃藩置県で、県内16藩はそのまま県となった。同年11月、県の統合により水戸県など6県が茨城県となり、土浦県など10県が新治県となった。茨城県という名前の由来については、①イバラ（茨）の多い地、②イは接頭語で、原の多い地、③浸食地、などの説がある。

　茨城県という県名が初めて使われたことにちなんで11月13日を「茨城県民の日」と定めている。1875（明治8）年には新治県を統合し、千葉県の一部も合併して現在の茨城県の姿になった。

コメの概況

　茨城県の総土地面積に対する耕地面積の比率は27.8％と、全国で最も高い。このうち、水田率は57.9％で全国平均を多少上回っている。水稲は、霞ヶ浦周辺、利根川、那珂川、鬼怒川、小貝川、久慈川などの流域で多くつくられている。

　水稲の作付面積の全国シェアは4.7％で全国順位は4位、収穫量は6位で、関東一の米どころである。収穫量の多い市町村は、①稲敷市、②筑西市、③つくば市、④常総市、⑤水戸市、⑥常陸太田市、⑦つくばみらい市、⑧行方市、⑨石岡市、⑩河内町の順である。県内におけるシェアは、トップの稲敷市でも8.3％にすぎず、稲作地帯は県央から県南、県西の各地に広がっている。ただ、中山間地の多い県北のシェアは全体としては低い。

　茨城県における水稲の作付比率は、うるち米97.4％、もち米2.5％、醸造用米0.1％である。作付面積の全国シェアをみると、うるち米は4.8％で

関東地方　81

全国順位が4位、もち米は3.0％で11位、醸造用米は0.3％で山梨県、高知県、熊本県と並んで29位である。

陸稲の作付面積の全国シェアは69.1％、収穫量は67.0％で、ともに7割近くを占め全国一である。

知っておきたいコメの品種

うるち米

（必須銘柄）あきたこまち、キヌヒカリ、コシヒカリ、チヨニシキ、つくばSD1号、とねのめぐみ、日本晴、ひとめぼれ、ミルキークイーン、夢ごこち、ゆめひたち

（選択銘柄）あきだわら、あさひの夢、一番星、笑みの絆、エルジーシー潤、LGCソフト、華麗舞、つくばSD2号、とよめき、和みリゾット、ハイブリッドとうごう3号、はえぬき、はるみ、姫ごのみ、ふくまる、ほしじるし、みつひかり、萌えみのり、ゆうだい21

　うるち米の作付面積を品種別にみると、「コシヒカリ」が最も多く全体の76.5％を占め、「あきたこまち」（11.3％）、「ゆめひたち」（3.7％）がこれに続いている。これら3品種が全体の91.5％を占めている。

- **コシヒカリ**　2015（平成27）年産の1等米比率は85.2％だった。県北、県央、県南・県西とも2016（平成28）年産の「コシヒカリ」の食味ランキングはAである。
- **あきたこまち**　8月下旬から収穫できる極早生品種の早場米で、主に県南、鹿行地区で栽培されている。2015（平成27）年産の1等米比率は89.0％だった。県南産の「あきたこまち」の食味ランキングはA'である。
- **ゆめひたち**　茨城県が「チヨニシキ」と「キヌヒカリ」を交配して1997（平成9）年に育成した。2015（平成27）年産の1等米比率は72.0％だった。群馬県にも広がっている。
- **ミルキークイーン**　2015（平成27）年産の1等米比率は91.1％と高かった。

もち米

（必須銘柄）ヒメノモチ、マンゲツモチ

（選択銘柄）こがねもち

もち米の作付面積の品種別比率は「マンゲツモチ」が全体の88.0%と大宗を占め、「ヒメノモチ」（8.0%）、「ココノエモチ」（4.0%）と続いている。

醸造用米

（必須銘柄）五百万石、ひたち錦、美山錦、山田錦、若水、渡船
（選択銘柄）なし

　醸造用米の作付面積の品種別比率は「五百万石」28.7%、「ひたち錦」24.6%、「美山錦」7.9%などである。これら3品種が全体の61.2%を占めている。

- **ひたち錦**　茨城県が「岐系89号」と「月の光」を交配し、2000年に育成した。茨城県が初めて育成した酒米品種である。茨城県農業総合センターは、美山錦や山田錦に比べ、いもち病抵抗性が優れているとしている。

知っておきたい雑穀

❶**小麦**

　小麦の作付面積の全国順位は10位、収穫量は9位である。栽培品種は「さとのそら」などである。作付面積が広いのは①筑西市（シェア22.3%）、②桜川市（14.7%）、③下妻市（11.6%）、④常総市（9.5%）、⑤八千代町（5.8%）などである。

❷**二条大麦**

　二条大麦の作付面積、収穫量の全国順位はともに10位である。栽培品種は「ミカモゴールデン」などである。主産地は筑西市で、県内における作付面積の51.0%を占めている。これに桜川市（12.1%）、稲敷市（11.5%）、結城市（8.2%）と続いている。

❸**六条大麦**

　六条大麦の作付面積、収穫量の全国順位はともに福井県、富山県に次いで3位である。全国シェアは作付面積が12.3%、収穫量が10.5%である。栽培品種は「カシマムギ」「マサカドムギ」などである。県内各地で広く栽培されている。作付面積が広いのは①筑西市（県全体の22.7%）、②桜川市（7.6%）、③八千代町（6.6%）、④那珂市（5.0%）、⑤境町（4.4%）の順である。

関　東　地　方　　83

❹はだか麦

はだか麦の作付面積の全国順位は17位、収穫量は15位である。栽培品種は「キラリモチ」などである。産地は筑西市、行方市などである。

❺トウモロコシ（スイートコーン）

トウモロコシの作付面積の全国順位は4位、収穫量は3位である。主産地は結城市、古河市、鉾田市、坂東市などである。

❻そば

そばの作付面積の全国順位は7位、収穫量は北海道に次いで2位である。主産地は筑西市、桜川市、古河市、那珂市などである。栽培品種はすべて「常陸秋そば」である。

❼大豆

大豆の作付面積の全国順位は14位、収穫量は15位である。県内のほぼ全域で栽培している。主産地は筑西市、桜川市、つくば市、那珂市、水戸市などである。栽培品種は「納豆小粒」などである。

❽小豆

小豆の作付面積の全国順位は17位、収穫量は12位である。主産地は大子町、常陸大宮市、常陸太田市、水戸市、笠間市などである。

コメ・雑穀関連施設

● **国立研究開発法人農業・食品産業技術総合研究機構（農研機構）中央農業総合研究センター「食と農の科学館」（つくば市）** 日本の農業や食に関連した新しい研究成果や技術を映像やパネルで紹介している。農業技術発達の歩みを学ぶため実際に使われてきた農具類も展示している。隣接するほ場の一角に作物見本園がある。

● **備前堀用水（水戸市）** 水戸市内を流れる桜川の柳堤水門から取水し、国道51号沿いに涸沼川まで流下している農業用水路である。延長は12km。1610（慶長15）年に、初代藩主の徳川頼房公の命により伊奈備前守忠次らによって築造された。下市地区や常澄地区への農業用水の導入と、千波湖の氾濫対策が目的だった。用水名は伊奈備前守忠次に由来する。

● **穴塚大池（土浦市）** 大池は、江戸時代以前に流入する河川のない台地上に築造され、水源は今も天水だけに頼っている。下流の谷津田や台地

下に広がる水田地帯40 ha を潤す貴重な水源である。池の周りには穴塚古墳群があちこちにみられる。国指定遺跡の上高津貝塚など旧石器時代後期からの遺跡が十数カ所あり、古くから人が暮らしていたことがわかる。

- 神田池（阿見町）　江戸時代、地元の集落民が谷津に堤を築き、周辺林からの湧水を溜めたものである。同時に、14 ha の新田を開発した。明治から大正時代にかけては、コイの養殖場として使われていた。その間も3年ごとに水門を開けて池流しを行ってきた。現在は周辺の水田の農業用水として利用されている。

- 福岡堰（つくばみらい市）　利根川水系一級河川の小貝川下流域に位置している。1722（享保7）年に、関東郡代伊奈半十郎忠治公が新田開発と並行して築造した。何度か改修工事を行い、現在のコンクリートの堰は1971（昭和46）年に完成した。つくばみらい市、常総市、取手市の2,800 ha の水田に農業用水を供給している。小貝川と堰から流れる水路の間の堤は桜の名所になっている。

コメ・雑穀の特色ある料理

- うな丼（龍ヶ崎市）　龍ヶ崎市はうな丼発祥の地である。江戸時代後期の芝居の金方（資金を出す人）だった大久保今助が、故郷の常陸太田に帰る途中の牛久沼の渡し場で蒲焼と丼めしを食べようとしたところ舟が出航した。船内ではご飯の上に蒲焼をのせ皿でふたをしておいた。対岸に着いて食べると美味だったため、今助が芝居小屋で出して広まったとされる。

- ハマグリご飯（鉾田市）　鹿島灘の砂底にすむハマグリは「鹿島灘ハマグリ」とよばれる。昔から鹿島灘でよくとれ、みそ汁や、塩味のうしお汁などによく使われてきた。ハマグリのむき身を食べやすい大きさに切って混ぜると、ハマグリの濃厚なだしがご飯にしっかりしみ込む。

- 枝豆とシラスのご飯　シラスはカタクチイワシやマイワシの稚魚で、茨城県の沿岸では、主に春と秋に漁獲される。シラス干しは茨城を代表する水産加工品の一つである。漁獲した直後に活け締めし、船上処理から冷凍まで鮮度を保持するためのスピードある一連の工程が確立されている。

- **むかごごはん**　むかごは「糠子（ぬかご）」ともいう。ヤマノイモなどの葉のつけ根にできる球状の脇芽で、食物繊維やビタミンＣを多く含む。コメをといで、むかご、塩、酒、水を入れてご飯をたく。自然の素材を活用した料理である。

コメと伝統文化の例

- **鹿島の祭頭祭**（鹿嶋市）　鮮やかな衣装をまとった囃人が樫棒（はやし）を組んだり、解いたりを繰り返しながら練り歩く。五穀豊穣などを願う祈年祭である。鹿島神宮境内の一斉囃は、祭頭囃と樫棒の組み合う音で盛り上がる。開催日は毎年３月９日。

- **綱火**（つくばみらい市）　綱火は、あやつり人形と、仕掛け花火を結合し、空中に張った綱を操作しながら、囃子に合わせて人形を操る伝統芸能である。常陸小張藩主・松下石見守重綱（おはり）が考案し、五穀豊穣などを祈願して奉納される小張松下流と、江戸時代初頭からの高岡流の２流派が伝わっている。開催は小張松下流が毎年８月24日、高岡流が８月下旬。

- **鍬の祭り**（桜川市）　今年の豊作を祈願する大国玉神社の田遊びの神事である。社殿の前庭にサカキの小枝で神田をつくり、翁の古面をつけた神職が、サカキでつくった鍬で田を起こし田植えまでのしぐさを行う。鎌倉時代の作とされる翁の面が代々用いられている。開催日は毎年１月３日。翌日は、大サカキを先頭に、氏子らが五穀豊穣などを願って神社周辺を巡る「さやど廻り祭」が行われる。

- **嵐除祭**（らんじょ）（常陸太田市）　嵐などの災害を防除し、穀物の成熟などを祈願するとともに、その年の吉凶を占う。まず、表面に方角と十二支を書いた護摩（ごま）もちの焼き方でその方角や月々の吉凶を占い、次にコメ、クリ、大豆などを煮た中に竹筒を入れて、それぞれの作物の出来高を占う。その後、田楽舞を奉納する。開催日は毎年旧暦の正月３日。

9 栃木県

地域の歴史的特徴

1682（天和2）年には戸板山が地震で崩れ、鬼怒川上流の男鹿川がせき止められて五十里湖ができた。国によって開削され、1885（明治18）年に完工した那須野ケ原の那須疏水などとともに、その後の米づくりに大きく貢献した。

1822（文政5）年には、二宮金次郎（尊徳）が小田原城主・大久保忠真の命で大久保家分家の宇津家桜町陣屋に到着した。「尊徳作法」によって農村の振興に努め、領内の収穫高を10年間で3倍にした。

1873（明治6）年6月15日には栃木県と宇都宮県が合併し、おおむね現在と同じ県域の栃木県が成立した。トチノキと実が豊富なことが県名の由来である。トチノキの実は古い時代から貴重な食物だった。同県は6月15日を「県民の日」と定めている。県庁は当時の栃木町に置かれた。県庁が栃木から宇都宮に移転したのは1884（明治17）年である。

栃木県の夏は日中は30℃を超えて暑い日が続くが、夜間は気温が下がり過ごしやすくなる。夜間に気温が下がるのは、栃木名物ともいえる雷を伴った夕立のためである。昼夜の温度差の大きいことが「とちぎ米」の味につながっている。

コメの概況

栃木県における水田率は78.0％で、関東地方では最も高い。水稲の作付面積は、関東地方で茨城県に次いで2位、収穫量は茨城県、千葉県に次いで3位である。米づくりは、那須野原や、鬼怒川、思川、渡良瀬川の流域地域などが中心である。

水稲の作付面積、収穫量の全国順位はともに8位である。収穫量の多い市町村は、①大田原市、②宇都宮市、③那須塩原市、④栃木市、⑤真岡市、⑥さくら市、⑦小山市、⑧高根沢町、⑨日光市、⑩芳賀町の順である。県

内におけるシェアは、大田原市12.1％、宇都宮市11.1％、那須塩原市8.1％、栃木市7.0％などで、県北から県南にかけて満遍なく広がっている。

栃木県における水稲の作付比率は、うるち米98.3％、もち米1.3％、醸造用米0.4％である。作付面積の全国シェアをみると、うるち米は4.0％で全国順位が8位、もち米は1.3％で19位、醸造用米は1.1％で岩手県、岐阜県と並んで19位である。

陸稲（おかぼ）の作付面積の全国シェアは24.6％、収穫量は26.9％で、ともに茨城県に次いで2位である。

県南部の栃木市、小山市、足利市などでは、コメを収穫した後の田を麦をつくる畑として活用する二毛作が行われている。これらの地域の水田は水を抜くとよく乾くため、湿った土がきらいな麦に適している。

知っておきたいコメの品種

うるち米

（必須銘柄）あさひの夢、コシヒカリ、なすひかり、ひとめぼれ、ミルキークイーン

（選択銘柄）あきだわら、ササニシキ、新生夢ごこち、とちぎの星、とねのめぐみ、にこまる、日本晴、ヒカリ新世紀、ほしじるし、みつひかり、ゆうだい21、夢ごこち、夢の華

うるち米の作付面積を品種別にみると、「コシヒカリ」が最も多く全体の69.2％を占め、「あさひの夢」（22.1％）、「なすひかり」（4.3％）がこれに続いている。これら3品種が全体の95.6％を占めている。

- **コシヒカリ**　2015（平成27）年産の1等米比率は89.7％だった。県北産の「コシヒカリ」の食味ランキングは最近では、2013（平成25）年産以降、最高の特Aが続いている。

- **あさひの夢**　愛知県が「あいちのかおり」と「月の光×愛知65号」を交配して1996（平成8）年に育成した。「旭米」の性質を受け継いだ、改良した人の夢が実現した品種であることに因んで命名された。県南部を中心に栽培されている。2015（平成27）年産の1等米比率は97.0％ときわめて高かった。県南産の「あさひの夢」の食味ランキングはA'である。

- **なすひかり** コシヒカリと「愛知87号」を交配し2004（平成16）年に育成した栃木オリジナルの早生品種である。県北地域で多く栽培されている。2015（平成27）年産の1等米比率は86.8％だった。県北産の「なすひかり」の食味ランキングは特Aだった年もあるが、2016（平成28）年産はAだった。
- **とちぎの星** 「栃木11号」となすひかりを交配し、育成した。2014（平成26）年に登場した。さまざまな災害にも打ち勝ち、さん然と輝く、栃木の星になってほしいという期待を込めて命名された。2015（平成27）年産の1等米比率は96.2％ときわめて高かった。県南産の「とちぎの星」の食味ランキングは特Aだった年もあるが、2016（平成28）年産はAだった。

もち米

（必須銘柄）ヒメノモチ、モチミノリ

（選択銘柄）きぬはなもち

　もち米の作付面積の品種別比率は「モチミノリ」が全体の84.6％と大宗を占めている。

- **モチミノリ** 栃木県の水稲もち米の奨励品種は1991（平成3）年から「モチミノリ」である。モチミノリは、縞葉枯病抵抗性や収量性が高く栽培しやすい品種と栃木県などは説明している。

醸造用米

（必須銘柄）五百万石、とちぎ酒14、ひとごこち

（選択銘柄）美山錦、山田錦

　醸造用米の作付面積の品種別比率は「山田錦」が最も多く全体の50.0％を占め、「五百万石」（25.0％）が続いている。この2品種が全体の75.0％を占めている。

知っておきたい雑穀

❶小麦

　小麦の作付面積の全国順位は14位、収穫量は12位である。主産地は、小山市、宇都宮市、真岡市、栃木市、さくら市などである。主にうどんに

関東地方　89

使われる。麦は乾燥した土地でよく育つ。栃木県で麦の生産が盛んなのは、冬、晴れて乾燥した日が続くためである。

❷二条大麦

二条大麦の作付面積の全国シェアは23.7％で佐賀県に次いで2位だが、収穫量は31.8％となり1位である。栽培品種は「スカイゴールデン」「とちのいぶき」「サチホゴールデン」などである。県内各地で広く栽培されている。作付面積が広いのは①栃木市（県全体の24.7％）、②小山市（13.8％）、③大田原市（10.6％）、④佐野市（10.4％）、⑤足利市（6.7％）の順である。長い間、ビールメーカーとの契約栽培が続いている。

❸六条大麦

六条大麦の作付面積、収穫量の全国順位はともに4位である。栽培品種は「シュンライ」などである。県内各地で広く栽培されている。作付面積が広いのは①壬生町（県全体の13.2％）、②鹿沼市（12.0％）、③益子町（10.0％）、④真岡市（8.4％）、⑤下野市（8.1％）の順である。

❹ハトムギ

ハトムギの作付面積の全国シェアは12.7％、全国順位は富山県、青森県に次いで3位である。収穫量の全国シェアは18.1％、全国順位は富山県に次いで2位である。栽培品種はすべて「あきしずく」である。小山市の作付面積が県全体の58.9％を占め、鹿沼市（22.6％）、佐野市（18.4％）と続いている。

❺そば

そばの作付面積の全国順位は8位、収穫量は秋田県と並んで6位である。主産地は日光市、小山市、鹿沼市、益子町、真岡市などである。

❻大豆

大豆の作付面積の全国順位は熊本県と並んで16位である。収穫量の全国順位は13位である。県内の全市町で栽培している。主産地は大田原市、栃木市、小山市、さくら市、宇都宮市などである。栽培品種は「タチナガハ」などである。

❼小豆

小豆の作付面積、収穫量の全国順位はともに10位である。主産地は栃木市、壬生町、大田原市、那須塩原市などである。

コメ・雑穀関連施設

- **那須疏水**（那須塩原市、大田原市）　安積疏水、琵琶湖疏水と並ぶ日本三大疏水の一つである。1885（明治18）年、矢板武、印南丈作らの手によって疎水本幹16.3kmが5カ月で開削された。那珂川を水源とし、現在は西岩崎頭首工から取水している。この上流に残る旧取水施設の東西の水門などは国の重要文化財に指定されている。水路開通後、那須疏水組合が組織され、水量割制が導入された。各開墾地の反別に応じ、引水権量が決まり、その量に応じて水路の維持管理費を負担し、引水権量内の開田は自由にした。

- **那須野ケ原用水**（那須塩原市、大田原市）　那須疏水に、蛇尾川を水源とする蟇沼用水、新・旧の木の俣用水を統合したものである。これらの用水路は、1967（昭和42）～94（平成6）年に実施された国営那須野原開拓建設事業によって施設が近代化し、統合によって相互利用されることになった。幹線、支線を合わせた用水路の延長は330kmに及ぶ。那須野ケ原の4万haを潤している。

- **佐貫頭首工**（塩谷町）　鬼怒川から取水するために塩谷町に築造した頭首工と、用水路は国営事業として9年かけて1966（昭和41）年に完工した。頭首工の全長は203m、幹線導水路（共用区間）の延長は5.5km、幹線水路（専用区間）の延長は14.9km、受益地域は塩谷町のほか、さくら市、高根沢町、芳賀町、市貝町、真岡市、宇都宮市の田畑8,941haである。

- **勝瓜頭首工**（真岡市）　1975（昭和50）年に、鬼怒川下流部の5用水を統合して完工した。用水は、右岸では田川などから水を補給し、左岸では大谷川の黒子堰で上流部の水田地帯から還元水を補給して再利用している。9,400haの田畑を潤している。最大取水量は毎秒19m^{3}である。

- **岡本頭首工**（宇都宮市）　鬼怒川中流部にあった8カ所の井堰を統合して1986（昭和61）年に建造され、翌年から運用を開始した。3,300haの畑地をかんがいするほか、上水道や工業用水も供給している。

コメ・雑穀の特色ある料理

- **カンピョウののり巻き**　カンピョウは、夕顔の果肉をひも状にむいて乾

燥させたものである。江戸時代に下野国壬生藩（現在の壬生町）の領主となった鳥居忠英が、前の領地だった近江国水口藩（現在は滋賀県甲賀市）から種を取り寄せ、栽培を奨励したのが始まりである。県の中央部から下野市を中心とした南部にかけて栽培され、国内生産量の90％以上を占めている。生産量が多いだけに消費量も多く、のり巻きのほか、卵とじなどにも使われる。

- **アユのくされずし**（宇都宮市）　那珂川、鬼怒川をはじめ、県内を流れる多くの川でその季節にアユやながかけられる。鬼怒川流域の宇都宮市上河内地区では、11月に行われる羽黒山神社の梵天祭に合わせてアユのくされずしをつくる。夏に獲れたアユを塩漬けしておき、祭りの1週間前に千切りのダイコンとご飯とともに漬け直す。

- **あっぷるカレー**（矢板市）　県内有数のリンゴの産地である矢板市で、商工会のまちおこし事業として県立矢板高校、矢板市との産学公連携で誕生した。甘酸っぱいリンゴとカレーの組み合わせが絶妙である。店ごとにアレンジしており、食べ比べも一興である。同市の「やいたブランド認証品」である。

- **五目めし**　かつては貴重だったカンピョウを使うため、祭りや農家の休日など特別な日につくられた。特産のカンピョウをはじめ、干しシイタケ、サヤインゲン、ニンジン、錦糸卵、刻みのりなど彩り豊かな材料を使う。渡良瀬川流域ではカモ肉の五目めしがごちそうだった。

コメと伝統文化の例

- **発光路の強飯式**（鹿沼市）　強飯は、人間界を訪れる神仏にごちそうを出してもてなす儀礼である。日光修験の名残を残す古典的な行事で、室町時代の延文年間（1356～61）から行われている。会場の発光路公民館では山伏と強力が、祭りの代表者や来賓に高盛飯を強いる。開催日は毎年1月3日。

- **鹿沼今宮神社祭の屋台行事**（鹿沼市）　江戸時代、鹿沼宿は、江戸と日光を結ぶ重要な街道にあり、氏子や職員たちはけんらん豪華な彫刻屋台を制作した。白木屋台は、文政、天保の改革の芝居の禁止によって、屋台を彫刻で飾る氏子たちの心意気がうかがえる。開催日は毎年10月第2土曜日と日曜日。

- **間々田の蛇祭り**（小山市）　田植えを前に五穀豊穣などを祈願する祭りである。子どもたちが、長さ15mを超える竜頭蛇体の巨大な蛇を担ぎ「ジャガマイタ」の掛け声とともに町なかを練り歩き、間々田八幡宮で祈禱を受ける。境内の池に飛び込む「水飲みの儀」は見どころである。蛇体は七つの自治会ごとに、わらと草木を使って大人の指導で作成する。開催日は毎年5月5日。

- **城鍬舞**（大田原市）　1545（天文14）年、大田原資清が築城する際、農民に工事をさせ、完工すると農民を招いて祝宴を開いた。藤兵衛はその席で、鋤や鍬を持って踊り、参加者も輪に加わった。これ以来、宴会は毎年開かれるようになり、即興だった踊りは次第に舞踊化して伝承された。今は上石上神社に奉納される。開催日は毎年10月17日。

- **強飯式**（日光市）　日光山に奈良時代から伝わる独特な儀式で、輪王寺で行われる。山伏姿の強飯僧が、強飯頂戴人に山盛りの飯を差し出して「75杯、残さず食べろ」と責め立てる「強飯頂戴の儀」、頂戴人が儀式で授かった福を分けるため福しゃもじなどの縁起物を参拝者にまく「がらまき」などで構成されている。開催日は毎年4月2日。

10 群馬県

地域の歴史的特徴

1世紀には現高崎市内で水稲耕作が開始されていたことが遺跡の発掘調査で明らかになっている。群馬県一帯は昔「毛野国」と呼ばれた。その後「上毛野国」を経て、奈良時代に「じょうもう」と改名された。「毛」は、稲、麦などの穂先を意味する芒を指すとされ、稲作の盛んな土地柄を示している。

12世紀頃には、前橋市上泉町から東村（現在は伊勢崎市）国定に至る全長約13kmのかんがい用水・女堀が開削された。1604（慶長9）年には総社藩主・秋元長朝が、渋川南部から高崎までの20kmにわたって利根川から水を引く天狗岩用水を完成させ、1万7,000石を開田した。1672（寛文12）年には代官・岡上景能が渡良瀬川の水を大間々で取水し赤城東南麓の笠懸野一帯に新田を開いた。

群馬県が誕生したのは1871（明治4）年10月28日で、このとき初めて「群馬県」の名称が使用された。県名の群馬はクル（曲流）付近の地を意味するとの説があるが、異説もある。直接には勢多郡の前橋と、群馬郡の高崎が県庁を争い、県名を群馬、県庁所在地を前橋にすることで決着した。その際、山田、新田、邑楽の東毛3郡は栃木県に編入された。群馬県は10月28日を「県民の日」と定めている。

その後、東毛3郡を編入してほぼ現在のかたちとなったのは1876（明治9）年である。

コメの概況

群馬県の北部と西部は山地が多いこともあって、県全体の耕地面積に占める水田の率は37.8％で、全国平均（54.4％）と比べてかなり低い。このため、農業産出額に占めるコメの比率は5.3％と、全国で低い方から6番目である。品目別にみた農業産出額の順位は6位である。

水稲の作付面積、収穫量の全国順位はともに33位である。収穫量の多い市町村は、①前橋市、②館林市、③板倉町、④高崎市、④太田市、⑥伊勢崎市、⑦邑楽町、⑧沼田市、⑨千代田町、⑩安中市の順である。県内におけるシェアは、前橋市12.8％、館林市10.2％、板倉町9.7％、高崎市と太田市9.5％などで、上位5市町のシェアに極端な開きはない。

群馬県における水稲の作付比率は、うるち米97.8％、もち米2.1％、醸造用米0.2％である。作付面積の全国シェアをみると、うるち米は1.1％で全国順位が静岡県と並んで32位、もち米は0.6％で愛知県、京都府、徳島県と並んで31位、醸造用米は0.1％で埼玉県、千葉県、奈良県、宮崎県と並んで36位である。

群馬県中央部や南部、東部の平野では、コメ収穫後の田で小麦や二条大麦をつくる二毛作が行われている。麦は5月下旬～6月上旬頃収穫し、6月下旬までには再び水田に変身する。

知っておきたいコメの品種

うるち米

（必須銘柄）朝の光、あさひの夢、キヌヒカリ、コシヒカリ、ゴロピカリ、さわぴかり、ひとめぼれ

（選択銘柄）あきだわら、とねのめぐみ、はいほう、ミルキークイーン、ミルキープリンセス、ゆめひたち、ゆめまつり

うるち米の作付面積を品種別にみると、「あさひの夢」39.2％、「コシヒカリ」24.9％、「ひとめぼれ」13.4％などで、これら3品種が全体の77.5％を占めている。

- **あさひの夢**　気象条件にかかわらず、安定して豊作をもたらすため、県内平坦地域に広く普及している。2015（平成27）年産の1等米比率は88.0％だった。東毛地区の「あさひの夢」の食味ランキングは A' である。
- **コシヒカリ**　JA 利根沼田の銘柄コシヒカリ「田んぼの王様」は、同名の JA 独自の専用肥料を使用し、刈り取り後は全生産者が食味検査を行っている。川場村雪ほたか生産組合の銘柄コシヒカリ「雪ほたか」も等級検査や食味計の検査などで基準に達しているものを3ランクに分けて出荷している。北毛地区の「コシヒカリ」の食味ランキングは特Aだ

関東地方　95

った年もあるが、2016（平成28）年産はAだった。

- **ゆめまつり**　愛知県が「あさひの夢」と「大地の風」を交配して2007（平成19）年に育成した。県内平坦地には「あさひの夢」が普及しているが、気象災害や病害虫被害などの危険分散をはかるため2010（平成22）年に奨励（認定）品種に採用された。2015（平成27）年産の1等米比率は91.7％と高かった。中毛地区の「ゆめまつり」の食味ランキングはAである。
- **ゴロピカリ**　群馬県が「月の光」と「コシヒカリ」を交配して1992（平成4）年に育成した。上州名物の雷から名付けた「ゴロピカリ」の名付け親は当時、高崎市在住の小学生だった。

もち米

（必須銘柄）群馬糯5号、まんぷくもち

（選択銘柄）なし

　もち米の作付面積の品種別比率は「群馬糯5号」が最も多く全体の60.1％を占め、「マンゲツモチ」（11.3％）、「まんぷくもち」（8.6％）と続いている。この3品種で80.0％を占めている。

- **群馬糯5号**　群馬県が「愛知37号C」（後の「青い空」）と「マンゲツモチ」を交配して育成した。縞葉枯病にきわめて強い。

醸造用米

（必須銘柄）五百万石、舞風、若水

（選択銘柄）改良信交、山酒4号

　醸造用米の作付面積の品種別比率は「若水」70.8％、「舞風」29.2％である。

- **若水**　愛知県が「あ系酒101」と「五百万石」を交配し、1983（昭和58）年に育成した。群馬県産の若水は、1991（平成3）年に関東地方で初めて酒造好適米として認定された。酒造好適米特有の心白が多いのが特徴である。
- **舞風**　群馬県が「サケピカリ」と「さがの華」を交配し、2008（平成20）年に育成した。群馬KAZE酵母との相性が良く、淡麗な仕上がりになる。2009（平成21）年産から群馬の必須銘柄。主産地はみどり

市などである。用途は醸造用が中心だが、一部はみその主原料や塩こうじの仕込みなどにも活用している。

知っておきたい雑穀

❶小麦

小麦の作付面積の全国順位は6位、収穫量は熊本県と並んで4位である。栽培品種は「さとのそら」「つるぴかり」などである。作付面積が広い市町村は①前橋市（シェア23.7%）、②伊勢崎市（21.0%）、③太田市（11.8%）、④高崎市（11.6%）、⑤玉村町（9.4%）の順である。

❷二条大麦

二条大麦の作付面積の全国順位は7位、収穫量は6位である。栽培品種は「あまぎ二条」「サチホゴールデン」「ミカモゴールデン」などである。市町村別の作付面積の順位は①邑楽町（シェア29.5%）、②館林市（27.7%）、③千代田町（21.1%）、④前橋市（12.7%）で、これら2市2町が県全体の9割以上を占めている。

❸六条大麦

六条大麦の作付面積、収穫量の全国順位はともに4位である。栽培品種は「シュンライ」「セツゲンモチ」「さやかぜ」などである。市町村別の作付面積の順位は①前橋市（シェア24.4%）、②高崎市（18.2%）、③館林市（16.9%）、④伊勢崎市（13.5%）、⑤千代田町（5.6%）で、これら4市1町が県全体の8割近くを占めている。

❹トウモロコシ（スイートコーン）

トウモロコシの作付面積の全国順位は5位、収穫量は4位である。主産地は昭和村、沼田市、伊勢崎市などである。

❺そば

そばの作付面積の全国順位は17位、収穫量は12位である。主産地は渋川市、みなかみ町、高山村、邑楽町などである。栽培品種は「常陸秋そば」「在来種」「キタワセ」などである。

❻大豆

大豆の作付面積の全国順位は35位、収穫量は34位である。県内のほぼ全域で栽培している。主産地は前橋市、高崎市、玉村町、片品村、みなかみ町などである。栽培品種は「タチナガハ」などである。

❼小豆

小豆の作付面積の全国順位は9位、収穫量の全国順位は6位である。主産地は昭和村、沼田市、前橋市、高崎市、みなかみ町などである。

コメ・雑穀関連施設

● **群馬用水**（前橋市、高崎市、渋川市、桐生市、伊勢崎市など）　赤城山、榛名山、子持山のすそ野に広がる5市1町2村の水田や畑地6,300haに最大毎秒12m³の水を供給している。群馬用水施設は当時の水資源開発公団（現水資源機構）が1964（昭和39）〜70（同45）年に工事を行った。これによってはるか下を流れる利根川の水を使って標高の高い土地でも稲作ができるようになった。

● **長野堰用水**（高崎市）　平安時代初期に上野国守長野康業により開削され、室町時代に長野信濃守業政が今日の長野堰の原形に整備した。1814（文化11）年にはサイホンを新設して、榛名白川を横断した。明治時代には、榛名山にトンネルを貫通させ、榛名湖の水も導水した。現在は一級河川烏川から最大毎秒6.8トンを取水している。

● **雄川堰**（甘楽町）　一級河川雄川から取水して甘楽町小幡地区を北流し、北方の水田地帯を潤している。開削の時期は不明だが、江戸時代初期の1629（寛永6）〜42（同19）年に工事や改修が行われ、現在の姿になった。大堰に3カ所の取水口を設け、小堰を武家屋敷内に網目状に張り巡らせ、かんがい用水や生活用水に使われている。

● **広瀬用水**（広瀬川）（前橋市、伊勢崎市、玉村町）　広瀬川は、渋川市で利根川から分かれ、前橋市、伊勢崎市の県央穀倉地帯を潤し、再び利根川に合流している。利根川は現在の広瀬川付近を流れていたが、1539（天文8）年と43（同12）年の大氾濫によって流路を変えたため、旧河道を利用して造成された。

コメ・雑穀の特色ある料理

● **力もち**（安中市）　安中市の安政遠足マラソンは、江戸時代後期の1855（安政2）年に当時の安中藩主・板倉勝明公が藩士の鍛練のために碓氷峠の熊野権現まで7里余りの中山道を徒歩競走させたのが始まりである。その際、若武士たちをねぎらい、体力のもととなったのが手づくりの力

もちで、今も碓氷峠の名物である。

- **釜めし**（安中市）　「おぎのや」は1885（明治18）年から当時の国鉄横川駅で駅弁を販売していた。1958（昭和33）年には、益子焼の土釜に、鶏肉、タケノコ、シイタケ、ゴボウなど9種類の山の幸を入れた「峠の釜めし」を発売した。
- **かつ丼**（下仁田町）　特産のネギとコンニャクに続く名物は「下仁田のかつ丼」である。一般のかつ丼と違って、卵でとじない和風のしょうゆだれが特徴である。加盟店によって、肉質やたれの味が微妙に異なる。注文を受けてから、かつを揚げるといったこだわりの店が多い。
- **ダムカレー**（みなかみ町）　県最北部で利根川の源流のあるみなかみ町は五つのダムが立地する「ダムの聖地」である。この町の名物料理が「ダムカレー」。ご飯の盛り方に工夫してつくるダムと、ダム湖に見立てたカレーの盛り方には、重力式、アーチ式、ロックフィル式の3種類の形がある。

コメと伝統文化の例

- **春駒祭り**（川場村）　川場村門前地区の吉祥寺境内の金甲稲荷神社の祭日に行われる。踊りを奉納した後、女装した若者たちが地区内の家々を回り、五穀豊穣や家内安全を祈願する。一行は、「おっとう」、「おっかあ」各1人、娘2人の4人1組で、女性役は化粧をして、日本髪のかつらや着物を身に着ける。娘役は「春駒の唄」に合わせて伝統の舞を披露する。開催日は毎年2月11日。
- **春鍬祭り**（玉村町）　樋越神明宮の春鍬祭りは、その年の豊作を予祝して行う田遊びの神事で、1798（寛政10）年にはすでに行われていた。榊や樫の枝にもちをつけて鍬に見立てた「鍬持ち」が拝殿の前であぜをつくる仕種などをし、禰宜が「春鍬よーし」と叫ぶと、一同が「いつも、いつも、もも世よーし」と唱和する。開催日は毎年2月11日。
- **鳥追い祭**（中之条町）　伊勢宮での神事の後、「鳥追いだ。鳥追いだ。唐土の鳥を追いもうせ」の掛け声とともに、太鼓を叩き、町を練り歩く。鳥追い太鼓は11個あり、1763（宝暦13）年、1858（安政5）年製といった古いものが多く、群馬県の重要有形民俗文化財に指定されている。開催日は毎年1月14日。

関 東 地 方　99

- **にぎりっくら**（片品村）　越本武尊神社に地区の「ふかし番」が献じた炊きたての赤飯を、素手で握って参拝者が奪い合うようにして食べる。五穀豊穣、無病息災を願う村に伝わる伝統行事である。赤飯を奪い合うときにこぼれるほど豊作といわれる。子どもや高齢者専用のおひつも用意される。開催日は毎年11月3日。
- **やっさ祭り**（みなかみ町）　若宮八幡宮の五穀豊穣と水害よけを祈願する400年の伝統をもつ裸祭りである。下帯姿の裸の若者たちが、数珠つなぎになって「ヤッサ、モッサ、シンジュロウ」と声を掛け合いながら境内や社殿を回り、最後に"人柱"をつくって社殿入り口の大鈴のひもをもぎ取る。その際、ひもと鈴が一緒に取れるとその年は豊作とされる。村が水害に襲われたとき、シンジュロウという若者が、村人を腰ひもにつかまらせて助けたという言い伝えがある。開催日は毎年9月最終土曜日の夜。

11 埼玉県

地域の歴史的特徴

1621（元和7）年に関東郡代の伊奈忠治が大規模な利根川の治水事業に着手し、利根川の流れを渡良瀬川につないだ。1727（享保12）年には紀州の井沢弥惣兵衛が見沼代用水工事を開始した。翌年完成し、見沼新田を開発した。

1871（明治4）年11月14日に埼玉県が誕生した。県名の由来については、①上野（こうずけ）からこの地を経て、国府の所在地だった多摩に入るのが古代の順路だったためサキ（前）タマ、②サキ（前）とタマ（曲流地、湿地帯域）の前方、の二つの説がある。直接には、行田市付近の古名である埼玉郷からとっている。

同県は11月14日を「埼玉県民の日」と定めている。ただ、当時の埼玉県は荒川の東側の地域だけで、西側は入間県だった。1873（明治6）年に入間県は群馬県と合併して熊谷県の一部になった。1876（明治9）年には、熊谷県を廃止し、旧入間県を埼玉県に合併し、現在とほぼ同じ形になった。

豊かな米作地帯だった草加では、昔からコメを団子にして干し、保存食にする習慣があり、江戸時代からせんべいが売られていた。大正時代、天皇に献上したことで草加せんべいの名が全国に知られるようになった。

コメの概況

埼玉県の耕地面積に占める水田の比率は55.4％で、全国平均をわずかに上回っている。埼玉県における米づくりのスタイルは地域ごとに異なる。加須市、久喜市、羽生市などの東部地域は、4月に田植えをして8月に出荷する早場米地帯である。利根川と荒川に挟まれたこの地域では台風や秋の長雨で水害にあったことがあり、それを避けるためにこの方式を導入している。これ以外は普通栽培地域である。普通栽培地域のうち、行田市、熊谷市などの北部地域は、小麦の収穫後、7月上旬までに田植えをして10

関東地方

月にコメを収穫する二毛作が行われている。

水稲の作付面積の全国順位は18位、収穫量は19位である。収穫量の多い市町村は、①加須市、②久喜市、③鴻巣市、④行田市、⑤熊谷市、⑥羽生市、⑦川越市、⑧春日部市、⑨さいたま市、⑩幸手市の順である。県内におけるシェアは、加須市15.0％、久喜市6.1％、鴻巣市6.0％、行田市6.0％、熊谷市5.9％などで、渡良瀬遊水池に面するトップの加須市以外のベスト5都市のシェアは似通っている。

埼玉県における水稲の作付比率は、うるち米99.4％、もち米0.5％、醸造用米0.1％である。作付面積の全国シェアをみると、うるち米は2.2％で全国順位が長野県、滋賀県、兵庫県、熊本県と並んで14位、もち米は0.3％で長崎県と並んで39位、醸造用米は0.1％で群馬県、千葉県、奈良県、宮崎県と並んで36位である。

陸稲の作付面積の全国順位は6位である。収穫量は新潟県と並んでやはり6位である。

知っておきたいコメの品種

うるち米

（必須銘柄）あかね空、あきたこまち、朝の光、キヌヒカリ、コシヒカリ、彩のかがやき、彩のみのり、日本晴、ミルキークイーン
（選択銘柄）あきだわら、あさひの夢、五百川、彩のきずな、彩のほほえみ、新生夢ごこち、とねのめぐみ、みつひかり、ゆうだい21

うるち米の作付面積を品種別にみると、「コシヒカリ」39.7％、「彩のかがやき」29.8％、「キヌヒカリ」10.2％などで、これら3品種が全体の79.7％を占めている。

● **コシヒカリ**　2015（平成27）年産の1等米比率は35.0％だった。県東地区の「コシヒカリ」の食味ランキングはAである。主産地は加須市、久喜市、羽生市などである。

● **彩のかがやき**　埼玉県が「祭り晴」と「彩の夢」を交配して2002（平成14）年に育成した。いもち病、縞葉枯病など病害虫複合抵抗性をもち、農薬の使用を低減したい栽培に適している。2015（平成27）年産の1等米比率は89.9％だった。県東地区の「彩のかがやき」の食味ランキング

は A である。主産地は加須市、久喜市、羽生市などである。

- **キヌヒカリ** 主産地は熊谷市、羽生市などである。
- **彩のきずな** 埼玉県が「ゆめまつり」と「埼455」を交配して2011（平成23）年に育成した。埼玉県の愛称は「彩の国」である。「手塩にかけて栽培した埼玉県の生産者と新たな絆を結んでください」との思いを込めて命名した。県内産の他の品種に比べ、アマロース含有率が低いため、ご飯が粘り強く、なめらかな食感になるという特徴がある。県北地区の「彩のきずな」の食味ランキングは A である。

もち米

（必須銘柄）峰の雪もち

（選択銘柄）なし

　もち米の作付品種は全量が「峰の雪もち」である。

- **峰の雪もち** 農水省（現在は農研機構）が「奥羽302号」と「ヒメノモチ」を交配して1992（平成4）年に育成した。

醸造用米

（必須銘柄）さけ武蔵

（選択銘柄）五百万石

　醸造用米の作付品種は全量が「さけ武蔵」である。

- **さけ武蔵** 埼玉県が開発した初めてのオリジナルの酒米である。「改良八反流」と「若水」を交配して2004（平成16）年に育成した。「五百万石」の孫にあたる。

知っておきたい雑穀

❶小麦

　小麦の作付面積の全国順位は8位、収穫量は6位である。栽培品種は「あやひかり」「さとのそら」などである。作付面積が広い市町村は、①熊谷市（シェア32.1％）、②深谷市（9.6％）、③行田市（8.2％）、④鴻巣市（6.5％）、⑤美里町（5.9％）の順である。

❷二条大麦

　二条大麦の作付面積の全国順位は11位、収穫量は8位である。栽培品種

関東地方　103

は「みょうぎ二条」「はるな二条」「彩の星」などである。市町村別の作付
面積の順位は①行田市（シェア45.7％）、②熊谷市（22.6％）、③加須市（13.0
％）で、この県北3市が県全体の8割以上を占めている。

❸六条大麦

六条大麦の作付面積の全国順位は14位、収穫量は12位である。栽培品
種は「すずかぜ」などである。市町村別の作付面積の順位は①熊谷市（シ
ェア45.5％）、②深谷市（18.2％）、③行田市（14.8％）で、この県北3市が
県全体の8割近くを占めている。

❹はだか麦

はだか麦の作付面積の全国順位は12位、収穫量は9位である。栽培品種
は「イチバンボシ」「ユメサキボシ」などである。熊谷市の作付面積は県
全体の92.3％と大宗を占めている。

❺アワ

アワの作付面積の全国順位は12位である。収穫量は四捨五入すると1ト
ンに満たず統計上はゼロで、全国順位は不明である。栽培品種は「モチア
ワ」（県内作付面積の66.7％）と「埼玉アワ」（33.3％）である。産地は小
川町と横瀬町で、作付面積の割合は50％ずつである。

❻キビ

キビの作付面積の全国順位は18位である。収穫量は四捨五入すると1ト
ンに満たず統計上はゼロで、全国順位は不明である。栽培品種は「モチキ
ビ」（県内作付面積の62.5％）と「タカキビ」（37.5％）である。産地は小
川町（県内作付面積の62.5％）と横瀬町（37.5％）である。

❼トウモロコシ（スイートコーン）

トウモロコシの作付面積の全国順位は9位、収穫量は7位である。主産
地は深谷市、上里町、熊谷市、本庄市などである。

❽アマランサス

アマランサスの作付面積の全国順位は4位である。収穫量は四捨五入す
ると1トンに満たず統計上はゼロで、全国順位は不明である。統計による
と、埼玉県でアマランサスを栽培しているのは小川町だけである。

❾エン麦

エン麦の作付面積の全国順位は4位である。収穫量は四捨五入すると1
トンに満たず統計上はゼロで、全国順位は不明である。統計によると、埼

玉県でエン麦を栽培しているのはさいたま市だけである。

❿そば

　そばの作付面積の全国順位は21位、収穫量は16位である。産地は秩父市、加須市、北本市、久喜市などである。栽培品種は「常陸秋そば」「秩父在来」「キタワセ」などである。

⓫大豆

　大豆の作付面積、収穫量の全国順位はともに29位である。主産地は熊谷市、加須市、久喜市、行田市、秩父市などである。栽培品種は「タチナガハ」「青山在来」「行田在来」「さとういらず」「黒大豆」などである。

⓬小豆

　小豆の作付面積の全国順位は13位、収穫量は19位である。主産地は秩父市、深谷市、さいたま市などである。

コメ・雑穀関連施設

- **見沼代用水**（行田市他）　江戸時代中期の1727（享保12）年に井澤弥惣兵衛為永が紀州流の土木技術を駆使して当時の見沼を干拓し、見沼に代わる水源を利根川に求め、見沼代用水を半年余で完成させた。これによって見沼たんぼが開発され、沿岸の新田開発も進み、かんがい面積は1万5,000haに達した。現在、用水は行田市の利根大堰から取水しており、幹線水路の延長は本支線を含め85kmである。

　「山田の中の1本足のかかし」で知られる唱歌「案山子（かかし）」は、浦和市（現さいたま市）出身の武笠三（むかさ）が作詞した。かつて1,200haの沼だった見沼は江戸中期に干拓され、田園となった。稲穂が実る豊かな田園風景が武笠の感性を育んだ。

- **間瀬堰堤（まぜ）**（本庄市）　利根川水系間瀬川の上流域をせき止め、1937（昭和12）年に完工した東日本に現存する最古の農業用重力式コンクリートダムである。堤長は126m、堤高は27.5m、総貯水量は53万m³である。農業用水は児玉用水路を通じて、本庄市と美里町のかんがい用に使われている。貯水池は間瀬湖とよばれ、景勝地として知られる。

- **葛西用水**（羽生市、加須市、久喜市、幸手市、杉戸町、春日部市、越谷市）　江戸時代中期の1719（享保4）年に完成した。その後、何度も改修が行われ、現在は、利根川からの取水口が合口され、埼玉用水路から

関東地方　105

分岐している。中流地域は全域がパイプライン化されている。かんがい面積は、埼玉県東部の7,900haである。

● **備前渠用水**（本庄市、深谷市、熊谷市）　1604（慶長9）年に、幕府の命を受けた関東郡代・伊奈備前守忠次が開削した埼玉県最古の用水路である。用水は北武蔵農業の生命線となった。総延長は23km、受益面積は利根川右岸一帯の1,400haである。先人の工事に手を加えていない素掘りの区間もあり、一部に当時の面影を残している。

コメ・雑穀の特色ある料理

● **黄金めし**（秩父市）　飛鳥時代の708（和銅元）年に武蔵国秩父郡（現在の秩父市）で、日本で初めて銅が掘り出され、奈良の都にこれを運んだ男たちがアワ、ヒエ、キビなどを食べていたところ、天皇が通りかかり「その食べ物は何じゃ」と聞かれた。これを差し上げると、「おいしい黄金のめしじゃのう」と言われたため、秩父地方で黄金めしがつくられるようになったという言い伝えがある。

● **かてめし**　コメが貴重だった頃、かさを増すために煮た野菜を混ぜたのが始まり。節句や七夕などの際、県内一帯でよく食べられた。混ぜる野菜は地域ごとに違い、特徴がある。

● **くわいご飯**　埼玉県東部の草加市、越谷市周辺は湿気の多い土地が多く、古くからクワイの生産が盛んだった。この埼玉特産のクワイ、鶏もも肉などを材料にしたのがくわいご飯である。クワイは、平安時代に中国から日本に伝わり、大きな芽が出るため縁起が良いとされ、正月のおせち料理にもその煮物が入る。

● **いがまんじゅう**（羽生市など）　クリのいがのように、周りを赤飯でおおったあん入りのまんじゅうである。羽生市など北埼玉地域に伝わる祝い事や祭りなどハレの日のごちそうである。客への土産にも使われる。

コメと伝統文化の例

● **秩父夜祭**（秩父市）　江戸時代の寛文年間（1661〜72）から続き、京都祇園祭、飛騨高山祭とともに三大曳山祭の一つとされる。山車が出る前に馬を神にささげる儀式があり、その毛並みによって翌年の天候や作物の出来を占う。開催日は毎年12月2日〜3日。

- **金谷のもちつき踊り**（東松山市）　昔、岩殿山に住む悪竜を退治した坂上田村麻呂に感謝して、踊りながらもちをついたのが始まりとされ、約300年の伝統がある。五穀豊穣を祈念して、東松山市上野本金谷の氷川神社で行われる。踊りの始めに「練り唄」、終わりに「仕上げつきの唄」が歌われる。開催日は11月23日だが、開催されない年もある。

- **裸祭り**（神川町）　有氏神社の盤台行事である。白はちまき、下帯姿の氏子たちが赤飯の入った盤台を神輿のようにもみあげ、「上げろ下げろ」の掛け声とともに盤台の赤飯を参詣者に向かってまき散らす。赤飯が妊婦の体に当たると、お産が軽くなるという言い伝えがある。開催日は毎年11月19日。

- **オビシャ**（川口市）　川口市赤井の氷川神社で行われる江戸時代からの伝承行事である。鬼うちと一升飯からなる。ビシャは歩射の意味である。鬼うちは、たたみ1畳ほどの紙に、墨で鬼の絵を描き、鬼の目をねらって矢を入り鬼を退治する。一升飯は、神社の御祭神であるスサノオノ命がここで鬼退治をした際、腹がすいて一度に1升の飯を食べた伝承に基づく。開催日は毎年3月8日。

- **椋神社御田植祭**（秩父市）　春の農作業に先駆けて、神社境内を神田に見立て、烏帽子に白装束をまとった氏子代表の12人の神部が、田植え唄や祝い唄を披露しながら稲作の動作を演じ、一年の豊穣を願う。833（天長10）年には演じられていた記録もある古い神事芸能である。開催日は毎年3月第1日曜日。

12 千葉県

地域の歴史的特徴

1世紀には、現在の茂原市宮ノ台で農耕集落が営まれていたことが遺跡発掘調査で判明している。1783（天明3）年には利根川の洪水と浅間山の噴火による降灰で農作物が大きな被害を受けた。

九十九里平野の北部、旭市、匝瑳市、東庄町にかけての低湿地帯にはかつて海水が湾入しており、椿海、椿湖とよばれる湖があった。その面積は7,200haで東京の山手線内側の面積を多少上回る広さだった。江戸時代に、この干拓が計画され、苦難の末、工事は1671（寛文11）年に完成した。これによって、18カ村が生まれ、2,741町歩（約2,741ha）の水田が整備された。

1873（明治6）年6月15日には、木更津県と印旛県が合併して千葉県が誕生した。県名の由来については、①茅（チ、チガヤ）と生（ブ、生い茂ること）で、チブの音韻変化、②崩壊地、浸食地を意味するツバの転、の二つの説がある。同県は6月15日を「県民の日」と定めている。合併に伴い、県庁を当時の千葉町に移した。

コメの概況

千葉県の耕地率は24.5％と全国で茨城県に次いで高い。耕地面積に占める水田の比率は58.8％で全国平均より多少高い。主な生産地は利根川沿いの地域や、九十九里平野を中心とした地域である。千葉県における水稲の作付面積は関東地方では、茨城県、栃木県に次いで3位、収穫量は茨城県に次いで2位である。

水稲の作付面積、収穫量の全国順位はともに9位である。収穫量の多い市町村は、①香取市、②旭市、③匝瑳市、④成田市、⑤山武市、⑥市原市、⑦印西市、⑧茂原市、⑧東金市、⑩君津市の順である。県内におけるシェアは、香取市11.5％、旭市6.3％、匝瑳市5.3％、成田市5.3％などで、利根

川に面する香取市が断トツである。九十九里に近い都市がベスト10の半数を占めている。

千葉県における水稲の作付比率は、うるち米96.4％、もち米3.6％、醸造用米0.0％である。作付面積の全国シェアをみると、うるち米は3.8％で全国順位が9位、もち米は3.5％で山形県と並んで9位、醸造用米は0.1％で群馬県、埼玉県、奈良県、宮崎県と並んで36位である。

千葉県は8月中旬頃から収穫の始まる早場米地帯である。秋の長雨や台風と重ならないように、温暖な気候を利用して早めに田植えを行い、早めに収穫している。県も早期に収穫できる早生品種を開発して、応援している。

陸稲の作付面積の全国シェアは3.3％、収穫量は3.7％で、ともに3位である。

知っておきたいコメの品種

うるち米

（必須銘柄）あきたこまち、コシヒカリ、ひとめぼれ、ふさおとめ、ふさこがね、ミルキークイーン、ゆめかなえ、夢ごこち

（選択銘柄）あきだわら、いただき、五百川、とねのめぐみ、にこまる、ヒカリ新世紀、みつひかり、ミルキーサマー、ゆうだい21

うるち米の作付面積を品種別にみると、「コシヒカリ」が最も多く全体の68.9％を占め、「ふさこがね」（14.5％）、「ふさおとめ」（11.2％）がこれに続いている。これら3品種が全体の94.6％を占めている。

- コシヒカリ　千葉県の主力品種である。早場米の産地のため、コシヒカリは8月末に収穫が始まり、9月上旬には新米が出回る。2015（平成27）年産の1等米比率は92.1％と高かった。県北、県南地区とも「コシヒカリ」の食味ランキングはAである。

- ふさこがね　千葉県が育成した。8月中旬に収穫が始まる早生品種である。2015（平成27）年産の1等米比率は83.7％だった。県北、県南地区とも「ふさこがね」の食味ランキングはAである。

- ふさおとめ　千葉県が独自に育成した早生品種で、1998（平成10）年にデビューした。2015（平成27）年産の1等米比率は88.3％だった。県北、

県南地区とも「ふさおとめ」の食味ランキングは A' である。

● **あきたこまち**　2015（平成27）年産の1等米比率は80.5%だった。

もち米

（必須銘柄）ヒメノモチ

（選択銘柄）ツキミモチ、ふさのもち、マンゲツモチ、峰の雪もち

　もち米の作付面積の品種別比率は「ヒメノモチ」が最も多く全体の57.7%を占め、「ふさのもち」（16.5%）、「マンゲツモチ」（5.5%）と続いている。この3品種で79.7%を占めている。

● **ふさのもち**　千葉県が「ココノエモチ」と「白山もち」を交配して2010（平成22）年に育成した。いもち病に強く、倒伏しにくい。2011（平成23）年から千葉県の選択銘柄。

醸造用米

（必須銘柄）五百万石、総の舞

（選択銘柄）雄町

　醸造用米の作付品種は全量が「総の舞」である。

● **総の舞**　千葉県が「白妙錦」と「中部72号」を交配し、2000（平成12）年に育成した。大粒で、くず米が少ない。

知っておきたい雑穀

❶小麦

　小麦の作付面積、収穫量の全国順位はともに21位である。栽培品種は「農林61号」などである。主産地は、野田市、八街市、神崎町、横芝光町、香取市などである。

❷六条大麦

　六条大麦の作付面積、収穫量の全国順位はともに18位である。栽培品種は「カシマムギ」などである。野田市の作付面積は県全体の65.2%を占めている。

❸キビ

　キビの作付面積の全国順位は13位である。統計では収穫量が不詳のため、収穫量の全国順位は不明である。産地は君津市（県内作付面積の53.5

％）といすみ市（46.5％）である。

❹ヒエ

ヒエの作付面積の全国順位は6位である。統計では収穫量が不詳のため、収穫量の全国順位は不明である。統計によると、千葉県でキビを栽培しているのは木更津市だけである。

❺トウモロコシ（スイートコーン）

トウモロコシの作付面積、収穫量の全国順位はともに北海道に次いで2位である。主産地は山武市、銚子市、旭市、横芝光町などである。

❻そば

そばの作付面積の全国順位は31位、収穫量は30位である。産地は千葉市、成田市、市原市などである。栽培品種は「常陸秋そば」「在来種」「信濃1号」などである。

❼大豆

大豆の作付面積の全国順位は26位、収穫量は28位である。主産地は野田市、神崎町、長南町、香取市、横芝光町などである。栽培品種は「フクユタカ」などである。

❽小豆

小豆の作付面積の全国順位は20位、収穫量は17位である。主産地は南房総市、市原市、八街市、君津市、千葉市などである。

コメ・雑穀関連施設

- **大原幽学記念館**（旭市）　大原幽学は、江戸時代後期の1835（天保6）年に当時の長部村（現旭市）を訪れたのがきっかけでこの地を拠点に、房総の各地や信州などで農民の教化と農村改革運動を指導した。特に、道徳と経済の調和を基調とした性学を説いた。1991（平成3）年に幽学関係の資料が国の重要文化財に指定されたのを受けて、旧干潟町（現旭市）が1996（平成8）年に開館した。

- **両総用水**（東金市、茂原市、香取市など14市町村）　水源に恵まれなかった九十九里地域と、冠水被害に悩まされた県北東部の利根川沿岸の両地域が、昭和初期の大かんばつを契機に一体となって運動を起こし、1943（昭和18）年に農地開発営団事業として着工された。その後、国営事業として引き継がれ、1965（昭和40）年に国営幹線や排水機場な

どが完成した。両総用水によって両総地域は県でも有数の農業地帯に変貌した。受益面積は1万8,000haである。

- **大利根用水**（匝瑳市、旭市、東庄町、横芝光町）　1924（大正13）年の大かんばつを契機に利根川から引水する計画が立てられ、1935（昭和10）年に着工、50（同25）年に完工した。用水はその後、全面改修された。受益農地は7,300haである。旭市の旧干潟町付近はかつて「干潟八萬石」とよばれていたが、用水が完成するまで何度もかんばつに苦しめられていた。

- **熊野の清水**（ゆや）（長南町）　弘法大師が全国行脚の途中、この地に立ち寄り、水がなくて農民が苦労しているのを見て法力で水を出したという由緒ある湧き水である。この清水は、弘法大師にちなんで「弘法の霊泉」とよばれる。湧出量は毎分48ℓで、飲料水のほか、農業用水に使われ、良質のコメが生産されている。

コメ・雑穀の特色ある料理

- **太巻き**（ふと）　「祭りずし」「花ずし」という別名がある。のりか卵焼きの上に酢飯を延ばし、味付けした干ぴょう、シイタケ、ニンジン、ホウレン草、漬物などを芯にして巻いて横に切ると、断面が花や文字などを描き出す。かつては冠婚葬祭など人が集まるときのごちそうだった。

- **とりどせ**　ぞうすいの一種で、漢字では鳥雑炊と書く。鶏の骨をよくたたいてだんごにして使う伝統的な郷土食で、正月、祭り、集会など寒い季節の食事に供される。木枯らしの吹く夜も体が芯から温まる。昔はどこの農家も鶏を飼育していたため、行事のときはそれを活用した。

- **まご茶**（勝浦市）　カツオやアジの身をそぎ切りにし、しょうゆをつけてご飯の上にのせ、熱いお茶か熱湯をそそぐという簡単な漁師料理である。名前の由来には、①忙しい漁の合間にまごまごせず、急いで食べるから、②孫にも食べさせたいほど美味だから、の2説がある。

- **性学もち**（香取、海匝地域）　別名はつきぬきもちである。うるち米でつくるしんこもちの一種である。つまり、うるち米を粉にしないで、そのつど、米状のままもちにするため、製粉や保存の手間が省ける。江戸時代末期の農民指導者である大原幽学（かいそう）が伝え、香取、海匝地域を中心に伝承されている。好みであんこもち、みたらしだんごなどに。

コメと伝統文化の例

- **和良比はだか祭り**（四街道市）　別名、「どろんこ祭り」。五穀豊穣など
  を祈念する和良比皇産霊神社の伝統行事である。ふんどし姿の裸衆がお
  祓いを受け、泥投げ、騎馬戦、1歳未満の幼児の額に泥を塗る幼児祭礼と、
  泥だらけの祭りである。観衆にも泥が飛んでくるから要注意。開催日は
  毎年2月25日。

- **ひげなで祭り**（香取市）　鎌倉時代の1214（建保2）年に始まったとさ
  れる五穀豊穣を祈念する伝統行事である。香取市大倉の側高神社の神前
  で、氏子の当番が西と東に分かれて交互に酒を飲み合う。紋付き羽織袴
  姿で立派なひげをはやした年番がひげをなでると「もっと飲め」を意味
  し、相手は断れないしきたりという。開催日は毎年1月第2日曜。

- **筒粥**（袖ヶ浦市）　袖ヶ浦市飯富の飽富神社に伝わる神事である。神職
  たちが鍋でかゆをつくりアシの束を入れて煮詰めた後、アシの中に詰ま
  ったカユの量でコメや大麦、大豆などの今年の作柄を占う。これに先立
  ち、地元の若者たちが水を浴びて身を清め、ヒノキの板と棒で火をおこ
  して火種をいろりに移す。開催日は毎年1月14日夜〜15日未明。

- **吉保八幡のやぶさめ**（鴨川市）　鴨川市吉保地区の八幡神社で鎌倉時代
  から続く伝統行事である。210mの馬場を疾駆しながら、三つの的をめ
  がけて矢を放ち、それを3回繰り返す。五穀豊穣を祈願し、農作物の収
  穫の豊凶を占うことを最大の目的にした。このため、放った矢の当たり
  外れによって天からのお告げがわかるように、的までの距離をとってい
  るのが特徴である。開催日は毎年9月最終日曜日。

- **香取神宮の御田植祭**（香取市）　稲作の豊穣を祈願する同神宮の御田植
  祭は、すでに室町時代には行われていた。大阪・住吉大社、三重・伊勢
  神宮と並ぶ日本三大田植祭の一つである。1日目は拝殿前で鎌、鍬、鋤
  などを使って田を耕す耕田式、2日目は早乙女手代が田植え唄を歌いな
  がら神田で植え初めをする田植式を行う。開催日は毎年4月第1土曜日
  と翌日の日曜日。午年は日曜日のみ。

関東地方　113

13 東京都

地域の歴史的特徴

　徳川家康が征夷大将軍に任じられて江戸幕府を開いたのは1603（慶長8）年である。1621（元和7）年に、幕府は直轄地からの年貢米や買上げ米を貯蔵するため、浅草御蔵とよばれた米蔵を浅草橋付近の隅田川沿いに建てた。米蔵の敷地は12万m²、米蔵は51棟、258戸という大規模なものだった。米蔵の前の一画、蔵前は火除明地とされ、一部に米蔵を管理する役人の住宅や町屋が点在した。

　1653（慶安6）年には玉川清右衛門・庄右衛門兄弟が玉川上水敷設工事に着手し、翌年完成した。1654（慶安7）年には伊奈忠克が江戸湾にそそいでいた利根川流路を鬼怒川水系に結び、銚子に流すようにした。1725（享保10）年には武蔵野台地が開墾され、多摩郡、入間郡などに武蔵野新田が開かれた。

　1868（明治元）年には江戸城が開城され、江戸が東京府となった。この年、天皇が東京に着いて、江戸城が皇居となった。東京は、京都に対し東の京の意味である。

　府県などの地方制度は1878（明治11）年の府県会規則や、1888（明治21）年の府県制などの法令によって形づくられた。1889（明治22）年には東京府の中に東京市が誕生した。しかし、東京市はその誕生直前に施行された市制特例によって市民の市政参加が大きく制限されていた。市民の運動によって1898（明治31）年に市制特例は廃止され、同年10月1日に市会によって選ばれた市長をもつ新しい東京市が誕生した。この歴史を忘れないために定めたのが10月1日の「都民の日」である。

コメの概況

　耕地面積の減少が続く東京都の耕地率は3.2%と全国で最も低い。これには、宅地化に加え、農業者の高齢化、後継者不足、相続税支払いのため

の耕地の売却といったさまざまな背景がある。耕地面積に占める水田の比率は3.8％と、沖縄県に次いで低い。東京の耕地が、火山灰の降り積もった関東ローム層で覆われ、稲作に適さない地域に分布していることなどが影響している。

　水稲の作付面積、収穫量の全国順位はともに47位である。収穫量の比較的多い市町村は、①八王子市、②府中市、③町田市、④あきる野市、⑤青梅市、⑥国立市、⑦日野市、⑧稲城市、⑨昭島市、⑩羽村市の順である。都におけるシェアは、八王子市23.4％、府中市14.2％、町田市12.9％、あきる野市12.6％などで、この4市で6割を超えている。

　陸稲の作付面積の全国順位は静岡県、宮崎県と並んで11位である。収穫量の全国順位も11位である。

知っておきたいコメの品種

　生産量が農林統計に出てこないため不明。

知っておきたい雑穀

❶小麦

　小麦の作付面積の全国順位は44位、収穫量は42位である。産地は、東久留米市、瑞穂町、小平市、東村山市などである。

❷二条大麦

　二条大麦の作付面積の全国順位は秋田県と並んで21位である。収穫量は23位である。産地は日野市などである。

❸そば

　そばの作付面積の全国順位は44位、収穫量の全国順位は43位である。産地は瑞穂町、町田市、あきる野市、青梅市などである。

❹大豆

　大豆の作付面積、収穫量の全国順位はともに46位である。産地は瑞穂町、立川市などである。栽培しているのは豆の中で最も品種の多い黄大豆である。複数の品種が少量ずつ作付けされていて代表的な品種は特定できない。

コメ・雑穀関連施設

● 東京農業大学「食と農」の博物館（世田谷区）　全国の校友などから寄

関東地方　115

贈された3,600点の古農具を収蔵しており、大学の誇る学術遺産である。普段は、その一部を展示しており、農家の古民家を再現したジオラマをはじめ、古農具の一部などをみることができる。羽根板を踏んで板を回転させ揚・排水を行った「踏車」、大正時代の回転式脱穀機のもとになった「足踏み脱穀機」などもある。

- **府中用水**（国立市、府中市）　江戸時代初期に開削された。武蔵野台地と多摩川の間に広がる沖積低地を流れる延長6kmの農業用水である。現在は多摩川の左岸、日野橋の下流から取水され、武蔵野台地西部の崖線からの湧水と合流し、再び多摩川に戻っている。受益面積は30haである。

- **向島用水**（日野市）　一級河川浅川の右岸、万願寺歩道橋の上流から取水され、程久保川に至る幹線延長1.5kmの農業用水である。受益面積は5haである。用水の途中には水車小屋もある。

- **ママ下湧水群**（国立市）　多摩川が武蔵野の台地を浸食して形成した河岸段丘の一つである青柳崖線のほぼ中央に位置する。ママは、がけを意味する古語である。一般に崖線は、そのがけ下に多くの湧水を生んでいる。「上のママ下」は、この地域の湧水の代表的な存在で、渇水期にも涸れることはない。湧水群から流れ出る清水川は、府中用水の支流である谷保分水と合流する。

- **お鷹の道・真姿の池湧水群**（国分寺市）　国分寺崖線の各所から湧出した水は、真姿の池、元町用水路を経て野川にそそいでいる。用水路はお鷹の道に沿って流れる。お鷹の道は、江戸時代に国分寺の村々が尾張徳川家の御鷹場だったことに由来する。真姿の池には、重い病に苦しむ絶世の美女・玉造小町が池で身を清めとの霊示を受けて快癒した伝説がある。

- **次太夫堀公園での田植え、稲刈り**（世田谷区）　次太夫堀は、江戸時代初期に用水奉行を務めた小泉次太夫が取り組んだ狛江市から世田谷区を経由して大田区に至る全長23.2kmの六郷用水の通称である。高度経済成長期に遮断された一部を復活させ、区立公園になっている。ここには1,400m²の水田があり、毎年5月に千数百人の保育園児や小学生らが参加して田植えが、10月には稲刈りが行われる。

コメ・雑穀の特色ある料理

- **深川丼**（江東区）　アサリ、油揚げ、ネギなどをみそで煮込み、どんぶりのごはんにかけたものである。深川飯は材料は同じだが、しょうゆ味で炊き込んだものである。江戸時代、深川（現在の江東区）は海に面しており、貝の好漁場だった。その頃、漁師が船上で手早く食べるための手頃な昼食だった。

- **柳川丼**　江戸時代の東京では、川や水田などでドジョウがよく獲れた。生命力が強く、江戸っ子は精がつくと、好んで食べてきた。その伝統は今日に伝わっている。開いたドジョウとささがきにしたゴボウを煮て、卵でとじたものをご飯にのせて丼ものに仕立てる。

- **江戸前ずし**　江戸前ずしは江戸時代後期に江戸で生まれた握りずしである。江戸城の前の海（現在の東京湾）であがった生きの良い魚をすし飯にのせて、握りたてを手づかみで口に運んだのが始まりである。大阪ずしなどと違い魚などを加工せず、生のまま使うのが特徴である。

- **べっこうずし**（伊豆諸島）　しょうゆに漬けた刺し身の色が鼈甲を連想することからその名前が付いた。ネタの魚にしょうゆや酒で下味をつけた握りずしである。もともとは八丈島の郷土料理だったが、伊豆諸島や小笠原諸島にも広がっている。別名は島ずしである。

- **親子丼**（中央区）　鶏肉を割り下などで煮ながら卵でとじ、ご飯の上にのせる親子丼は人形町の「玉ひで」の5代目山田秀吉の妻とくが1891（明治24）年に考案した。ただ、当初は、汁かけご飯は品がなく格が落ちるとされ、出前だけだった。

コメと伝統文化の例

- **徳丸北野神社の田遊び**（板橋区）　昔、北野神社周辺には徳丸田んぼが広がっていた。田遊びは豊作を田の神に祈る行事である。太鼓の皮を張った銅の部分を田んぼに見立て、種まき、田植え、刈り取りのしぐさをして唱え言葉とともに踊る。開催日は毎年2月11日。

- **深川の力持ち**（江東区）　江戸時代、大名の藩米を扱っていた浅草蔵前の札差の穀倉が佐賀町の川沿いに並んでいた。そこで働く仲仕たちが、仕事の余技として米俵などを自慢し合ったのが始まりである。19世紀

関　東　地　方　　117

初めの文化・文政（1804〜30）の頃には、興行として行われるほど盛んになった。演技には米俵のほか、臼、小桶、枡なども使われる。

- **鳳凰の舞**（日の出町）　江戸の要素を含む奴の舞と、上方の鳳凰の舞の二庭で構成される珍しい民俗芸能である。春日神社の祭りに合わせ、五穀豊穣などを祈願して奉納される。昔は雨乞いの意味もあった。「下平井の鳳凰の舞」として国の重要無形民俗文化財の指定を受けている。開催日は毎年9月29日に近い土曜日と日曜日。
- **五穀豊穣春祭・雹祭**（西東京市）　昔、田無（現西東京市）の町に農作物に甚大な被害を与えるほどの大粒の雹が降り注いだ。雹への畏怖と天災の恐れから農家が中心となって田無神社で雹祭が開催されるようになり、その後、豊作への祈りと感謝をささげる祭りに広がった。開催日は毎年4月28日。

⑭ 神奈川県

地域の歴史的特徴

「かながわ」は武蔵国久良岐郡（現在の横浜市神奈川区）の地域をいい、神奈河、神名川、上無川などと書かれたこともあった。横浜開港に伴い、1859（安政6）年に神奈川奉行所を置いたことが県名のきっかけになった。維新政府は1867（慶応3）年に神奈川奉行所を接収し、翌年、県庁の前身となる横浜裁判所とし、3カ月後には名前を神奈川府に変更した。1868（明治元）年には神奈川県となった。

その後、1871（明治4）年の廃藩置県、1876（明治9）年の足柄県の編入、1893（明治26）年の多摩3郡の東京府への移管を経て、現在の神奈川県域が確定した。

東京府との境界が多摩川に確定し、現在の神奈川県域が定まったのは1912（大正元）年である。

コメの概況

神奈川県の耕地率は8.0％で平均（12.0％）より低い。耕地に占める水田の比率も19.5％と全国で4番目に低い。このため、コメの農業産出額は全農業産出額の3.6％にすぎない。これは全国で3番目に低く、品目別農業産出額では8位である。

水稲の作付面積、収穫量の全国順位はともに45位である。収穫量の比較的多い市町村は、①平塚市、②厚木市、③小田原市、④伊勢原市、⑤海老名市、⑥横浜市、⑦開成町、⑧南足柄市、⑨藤沢市、⑩秦野市の順である。県内におけるシェアは、平塚市18.3％、厚木市14.4％、小田原市14.3％、伊勢原市11.1％などで、この4市で6割近くを生産している。

神奈川県における水稲の作付比率は、うるち米96.3％、もち米2.5％、醸造用米1.1％である。作付面積の全国シェアをみると、うるち米は0.2％で全国順位が45位、もち米は0.1％で奈良県と並んで44位、醸造用米は

関 東 地 方　119

0.2％で長崎、大分両県と並んで33位である。

陸稲（おかぼ）の作付面積、収穫量の全国順位はともに5位である。

知っておきたいコメの品種

うるち米

（必須銘柄）キヌヒカリ、コシヒカリ、さとじまん、はるみ

（選択銘柄）なし

うるち米の作付面積を品種別にみると、「キヌヒカリ」が最も多く全体の69.7％を占め、「さとじまん」（15.3％）、「はるみ」（8.3％）がこれに続いている。これら3品種が全体の93.3％を占めている。

- さとじまん　農研機構が「関東175号」と「越南154号」を交配し、育成した。10月に収穫する中生種である。「わが里自慢」ということで命名された。2005（平成17）年度から神奈川県で奨励品種に採用されている。
- はるみ　JA全農営農・技術センターが「コシヒカリ」と「キヌヒカリ」を交配して開発し、2014（平成26）年に品種登録された。品種名は、育成地である神奈川県・湘南地域の「晴れた海」に由来する。県央、湘南、県西地区の「はるみ」の食味ランキングは、2016（平成28）年産に初めて最高の特Aに輝いた。

もち米

（必須銘柄）喜寿糯

（選択銘柄）なし

もち米の作付面積の品種別比率は「喜寿糯」79.7％、「マンゲツモチ」13.9％などである。

- 喜寿糯　愛知県が「錦糯×糯千本」と「幸風」を交配して1970（昭和45）年に育成した。神奈川県では一時銘柄設定から外れたが、2009（平成21）年産から再設定され、必須銘柄である。

醸造用米

（必須銘柄）若水

（選択銘柄）山田錦

醸造用米の作付面積の品種別比率は「山田錦」57.1％、「若水」17.1％などである。

● **若水**　愛知県が「あ系酒101」と「五百万石」を交配し1983（昭和58）年に育成した。

知っておきたい雑穀

❶小麦

小麦の作付面積の全国順位は42位、収穫量は40位である。栽培品種は「農林61号」「ユメシホウ」「あやひかり」などである。ユメシホウはパン用の品種である。産地は秦野市、座間市、伊勢原市、藤沢市、相模原市などである。

❷そば

そばの作付面積の全国順位は43位、収穫量は高知県と並んで44位である。産地は秦野市などである。

❸大豆

大豆の作付面積の全国順位は43位、収穫量は41位である。産地は相模原市、厚木市、秦野市、藤沢市などである。栽培品種は「津久井在来」などである。

❹小豆

小豆の作付面積の全国順位は徳島県と並んで39位である。収穫量の全国順位は41位である。主産地は相模原市、秦野市、中井町などである。

コメ・雑穀関連施設

● **荻窪用水**（小田原市）　隣接する箱根町を流れる早川の水を塔之沢付近でせきとめ、旧東海道に沿った多くのトンネルを通って小田原市荻窪につながる。全長は10.3kmである。江戸時代後期に小田原藩の水利事業として開削され、新田が開発された。今も野生のメダカが生息しており、童謡「めだかの学校」の作詞は、童話作家の茶木滋が同用水付近で息子と交わした会話がヒントになっている。

● **二ケ領用水**（川崎市）　川崎市のほぼ全域を流れる神奈川県内で古い人工用水の一つである。用水名は、江戸時代の川崎領と稲毛領にまたがっ

て流れていたことに由来する。取水口は多摩川の上河原堰と宿河原堰の2カ所にある。1941（昭和16）年には、久地円筒分水が建設された。川崎堀、六ケ村堀、久地堀、根方堀にそれぞれのかんがい面積に合わせて均等に分水する施設である。

- **相模川左岸用水**（相模原市、座間市、海老名市、寒川町、藤沢市、茅ヶ崎市）　1930（昭和5）年に当時の望月珪治海老名村長が近郷7町村で相模川左岸普通水利組合を設立し、1932（昭和7）年に起工、40（同15）年に完成させた。相模川左岸の相模原市磯部に頭首工を築造した。用水の延長は支線を含め24kmである。これによって2,200haの耕地が水害と干ばつから救われた。1947（昭和22）年の大洪水で取水不良となったが、翌年復旧した。

- **文命用水**（南足柄市、開成町、松田町、大井町、小田原市）　地域を流れる酒匂川は洪水がひん発する“暴れ川”だった。江戸時代以降、堤防や水門を築いてきたが、1923（大正12）年の関東大震災で破損した。この復旧に合わせ、いくつかの用水路を整理、統合して1933（昭和8）年に完成した。文命という名前は、治水工事に尽力したとされる中国の皇帝にちなんでいる。

コメ・雑穀の特色ある料理

- **しらす丼**（湘南地域）　湘南海岸沖では、しらす漁が盛んである。これを使ったしらす丼には、生のしらすでつくる生しらす丼と、塩湯でゆであげた釜あげしらす丼がある。生しらす丼は漁が行われる3月〜12月に地元でしか味わえない。もともとは、漁師が船上でつくって食べた手軽な名物料理である。

- **海軍カレー**（横須賀市）　明治時代、調理が簡単で栄養バランスの良いイギリス海軍のカレーシチューに日本海軍が注目し、これにとろみをつけて日本人好みの味にしてご飯にかけて食べるようにしたのが始まりである。日本のカレーのルーツともいわれる。

- **アジずし**（相模湾沿岸）　祭りや祝い事のたびにつくられてきた伝統の握りずしである。この地域では、アジずしだけは自分で握るという家庭が残っている。アジを三枚におろし、塩や酢でしめることで、うま味を引き出す。おろしショウガや刻んだ青ネギなどを薬味にする。

- **江ノ島丼**（藤沢市）　刻んだサザエを卵でとじてご飯にのせたご当地丼である。親子丼の鶏肉がサザエに替わった感じの料理である。サザエのコリコリした感触が楽しめる。漫画『孤独のグルメ』（久住昌之原作、1997年、扶桑社）に登場して話題になった。

コメと伝統文化の例

- **貴船祭り**（真鶴町）　貴船神社の例大祭としての貴船祭りは17世紀中頃から続く伝統ある祭りである。神社のご神体を神輿に乗せて船で港を渡る海上渡御はメインイベントである。4種7隻の船で構成され、そのうち2隻は多くの提灯や豪華な彫刻で飾り付けられた小早船である。その後、町内を豊漁、豊作などを祈願しながら回る。国の重要無形民俗文化財である。開催日は毎年7月27、28日。

- **チャッキラコ**（三浦市）　小正月に、豊作、豊漁などを祈願して三崎の仲崎・花暮地区や海南神社で行われる女性だけで踊る民俗芸能である。少なくとも江戸時代中期から伝承されてきた。年配の女性10人ほどが歌い、5〜12歳くらいの少女20人ほどが晴れ着姿で踊る。ユネスコの無形文化遺産である。開催日は毎年1月15日。

- **相模の大凧まつり**（相模原市）　相模の大凧は、江戸時代の天保年間（1830〜43）頃からといわれ、本格的に大凧になったのは明治時代中期頃からである。初めは子どもの誕生を祝って個人的に揚げていたものが次第に広がりをもつようになり、豊作祈願や若者の希望などを題字に込めるようになった。会場は相模川新磯地区河川敷の4カ所である。開催日の基本は5月4日〜5日だが、風の状況によって変更されることもある。

- **相模国府祭**（大磯町）　寒川（寒川町）、川匂（二宮町）、比々多（伊勢原市）、前鳥（平塚市）、総社六所（大磯町）各神社と、平塚八幡宮（平塚市）を相模国6社という。国府祭はこの6社が集う祭りである。相模国の国司が五穀豊穣や天下泰平を神々に祈願したのが起源である。646（大化2）年の大化の改新以前に大磯より東に相武国、西に磯長国があり、両国が合併して相模国が成立した。前者には寒川神社、後者には川匂神社があり、合併にあたってどちらが大きいかを決めることになり、論争が起こった。これを儀式化し、神事として伝わっているのが座問答である。最後に比々多神社の宮司が「いずれ明年まで」と言って論争は収ま

るが、「いずれ明年まで」が1,000年以上続く。開催日は毎年5月5日。

● **鶴岡八幡宮の流鏑馬**（鎌倉市）　流鏑馬は、騎乗の射手が馬を走らせながら的を射る競技である。1187（文治 3）年に源頼朝が始めたと伝えられている。境内に特設した長さ約 250m の馬場に 3つの的が設けられる。昔は、1から 3までの的の当たり外れで、早生、中生、晩生の出来を占った。流鏑馬神事としての開催日は毎年 9月16日だが、鎌倉祭りの 4月第 3日曜日にも。

15 新潟県

地域の歴史的特徴

712（和銅5）年には出羽郡が分かれて出羽国となった。1886（明治19）年には福島県から東蒲原郡が編入され、現在の新潟県の県域となった。県名の由来については、①新しい干潟にできた集落、②新しいセキコ（潟湖）の呼び名で、その周辺にできた集落、の2説がある。

江戸時代、新潟県の平野部には広大な低湿地が広がっていた。新潟県が全国一の米どころになったのは、多くの人たちが劣悪な条件のなかで、水と戦いながら米づくりを行い、環境を改善する努力を続けたからである。新田開発はその切り札だった。

戊辰戦争に敗れ焦土と化した長岡藩に、1870（明治3）年、三根山藩（現在の新潟市西蒲区峰岡）から米百俵が届いた。「米を分けろ」と詰め寄る藩士たちに藩参事の小林虎三郎は「この米を食いつぶして何が残るのか。この百俵は、今でこそただの百俵だが、後年には1万俵になるか、百万俵になるか、はかり知れないものがある」（山本有三『米百俵』）と教育の大切さを説き、コメを売ってその代金を国漢学校の書籍や用具の購入に当てた。長岡市の目抜き通りの国漢学校跡地には「米百俵の碑」が立つ。

村上市は田んぼダム発祥の地である。田んぼダムは、大雨が降ったときに一時的に田に水を貯め、時間をかけてゆっくり流すことで洪水の被害を軽減する取り組みで、同市で2002（平成14）年から始まった。同市の旧神林村は、低い平地が広がっているため、昔から水害の多い地域だった。

コメの概況

新潟県は日本を代表するコメの生産地である。耕地面積に対する水田率は88.7％で、全国で5番目に高い。米づくりの中心地は、信濃川や阿賀野川の流れる越後平野と、高田平野である。新潟県のコメの生産は安定している。稲の育つ5月～8月に晴天が多く、冷害や台風の心配が少ないため

北陸地方　125

である。

水稲の作付面積の全国シェアは7.9％、収穫量は8.4％で、ともに全国1位の米どころである。収穫量の多い市町村は、①新潟市、②長岡市、③上越市、④新発田市、⑤佐渡市、⑥阿賀野市、⑦村上市、⑧南魚沼市、⑨三条市、⑩燕市の順である。県内におけるシェアは、新潟市22.3％、長岡市10.8％、上越市8.9％、新発田市6.9％などで、新潟、長岡両市で新潟産米の3分の1を生産している。

新潟県における水稲の作付比率は、うるち米92.1％、もち米5.9％、醸造用米2.0％である。作付面積の全国シェアをみると、うるち米は7.7％で全国1位、もち米は12.1％で北海道に次いで2位、醸造用米は11.2％で兵庫県に次いで2位である。

陸稲（おか ぼ）の作付面積の全国順位は青森県、福島県と並んで8位、収穫量は埼玉県と並んで6位である。

知っておきたいコメの品種

うるち米

（必須銘柄）こしいぶき、コシヒカリ、ゆきの精、ゆきん子舞
（選択銘柄）あきたこまち、あきだわら、いのちの壱、えみのあき、笑みの絆、縁結び、亀の蔵、華麗舞、キヌヒカリ、越路早生、春陽、新之助、千秋楽、つくばSD1号、トドロキワセ、どんとこい、和みリゾット、なごりゆき、農林1号、はえぬき、ヒカリ新世紀、ひとめぼれ、みずほの輝き、みつひかり、ミルキークイーン、夢ごこち

うるち米の作付面積を品種別にみると、「コシヒカリ」が最も多く全体の74.2％を占め、「こしいぶき」（18.3％）、「ゆきん子舞」（3.2％）がこれに続いている。これら3品種が全体の95.7％を占めている。

● コシヒカリ　2015（平成27）年産の1等米比率は78.9％だった。魚沼地区産の「コシヒカリ」の食味ランキングは、1989（平成元）年産以降一貫して最高の特Aが続いている。佐渡地区産の「コシヒカリ」も1989（平成元）年産以降で数回とぎれたものの、ほぼ特Aが続いている。中越地区産の「コシヒカリ」は2011（平成23）年産以降、上越地区産の「コシヒカリ」は2013（平成25）年産以降、それぞれ特Aが続いている。

岩舟地区産の「コシヒカリ」は特Aだった年もあるが、2016（平成28年）産はAだった。下越地区産の「コシヒカリ」はAである。

● **こしいぶき**　新潟県が「ひとめぼれ」と「どまんなか」を交配して2000（平成12）年に育成した。玄米の形、大きさはコシヒカリ並みである。2015（平成27）年産の1等米比率は88.4％だった。県内産「こしいぶき」の食味ランキングはAである。

● **新之助**　新潟県が「新潟75号」と「北陸190号」を交配して育成し、2016（平成28）年に新潟県の奨励品種に指定された。高温耐性が強いうえ、収穫期前の暑さを避けられる晩生の品種である。冷めても硬くなりにくく、味が落ちないと地元が期待を寄せている。

● **ゆきん子舞**　新潟県が「どまんなか」と「ゆきの精」を交配して2004（平成16）年に育成した。2015（平成27）年産の1等米比率は77.6％だった。

もち米

（必須銘柄）こがねもち、わたぼうし

（選択銘柄）ゆきみのり

　もち米の作付面積の品種別比率は「こがねもち」と「わたぼうし」が50.0％ずつである。

醸造用米

（必須銘柄）五百万石

（選択銘柄）一本〆、菊水、越神楽、越淡麗、たかね錦、八反錦2号、北陸12号、山田錦

　醸造用米の2位以下の品種はうるち米に含まれているため、統計上、1位の「五百万石」が100％である。

知っておきたい雑穀

❶小麦

　小麦の作付面積の全国順位は39位、収穫量は島根県と並んで38位である。産地は、新潟市、長岡市、佐渡市などである。

❷六条大麦

　六条大麦の作付面積、収穫量の全国順位はともに13位である。市町村

北陸地方　127

別の作付面積の順位は①長岡市（シェア49.2%）、②胎内市（22.5%）、③村上市（13.8%）で、これら3市が県全体の85.5%を占めている。

❸そば

そばの作付面積の全国順位は11位、収穫量は10位である。主産地は十日町市、小千谷市、上越市、佐渡市、魚沼市などである。

❹大豆

大豆の作付面積の全国順位は山形県と並んで7位である。収穫量の全国順位も7位である。主産地は新潟市、長岡市、上越市、燕市、三条市、新発田市などである。栽培品種は「エンレイ」「青大豆」「岩手みどり」「さといらず」「黒大豆」などである。

❺小豆

小豆の作付面積の全国順位は12位、収穫量の全国順位は13位である。主産地は上越市、佐渡市、長岡市などである。

コメ・雑穀関連施設

- **新潟県立歴史博物館**（長岡市）　米どころの県立歴史博物館らしく、米づくりを常設展示のテーマの一つにしている。いくつかのコーナーがあり、例えば「米どころ新潟の誕生」では、江戸時代以降のかんがい用水工事や低湿地の干拓など新田開発の様子を紹介している。
- **上江用水路**（上越市、妙高市）　農民の労力と資金によって、安土桃山時代の1573（天正元）年から3期130年にわたって掘り継がれ、江戸時代中期の1781（安永10）年に全線通水した。第2期は清水又左衛門、第3期は下鳥富次郎が中心となった。日払いの賃金が払われるほど難度の高い危険な工事だったトンネルもわずかな誤差で貫通した。世界かんがい施設遺産である。
- **西野谷用水路**（妙高市）　関川水系万内川の中流域に位置し、治水堰堤である万内川七号堰堤と一体的に築かれたかんがい施設である。1926（大正15）年度に建設された。治水機能とかんがい機能を一体化した利水施設として国の登録有形文化財に指定されている。農業用水は、下流域のかんがいに広く利用され、大事な役割を果たしている。
- **朝日池**（上越市）　江戸時代初期の1646（正保3）年に、高田藩の中谷内新田の開発に伴って造成された農業用のため池である。現在も276ha

の水田を潤している。池の周辺地域では、コミュニティ活動も盛んである。2006（平成18）年には、外来魚を駆除するための大地引き網漁が50年ぶりに復活した。五穀豊穣を祈る「八社五社」や「米大舟」も受け継がれている。

コメ・雑穀の特色ある料理

- **笹ずし**（頸城地域）　クマザサの葉の上にすし飯をのせ、川魚や山菜などの身近な食材を具に使った押しずしで、頸城地域に伝わる郷土料理である。酢飯と笹の葉の抗菌作用で保存がきくため、かつては携行食でもあった。戦国時代、上杉謙信が武田信玄との合戦の際、器の代わりに抗菌作用のあるクマザサの葉を用いたことが発端という。

- **けんさ焼き**　白いご飯を焼きおにぎりにし、えごまみそや、ショウガみそを塗って、さっと焼いたものである。そのまま食べたり、茶わんに入れ、熱い湯をかけて食べたりする。湯をかけると香ばしい香りや、みその風味が出る。正月の夜食や、祝い膳の最後に出される。

- **ちまき**　笹の葉にもち米を入れて、包み込み、三角に形づくりいぐさで結わえる。これを一晩水につけてから1、2時間ゆで、きなこや砂糖じょうゆをつけて食べる。笹の葉は殺菌効果があるとされ、食べ物が痛みやすい時期などにつくるもちに使うことが多い。

- **タイ茶漬け**（柏崎市）　新鮮なタイの刺し身をたっぷりのせ、ワカメ、ゴマ、ワサビなどを添えた茶漬けである。県内有数のタイの漁獲量を誇る柏崎らしいご当地丼である。旅館などでは古くから提供していたが、今は飲食店でも気軽に味わえる。

コメと伝統文化の例

- **青海の竹のからかい**（糸魚川市）　青海の本町通りで、東町と西町の若者などが東西に分かれて、2本の竹を引き合い、その年の豊作、豊漁を占う。竹が引かれたり、折れたりした方が負けで、勝った方は豊作、豊漁になるとされる。開催日は毎年1月15日。

- **稲虫送り**（三条市）　三条市北五百川集落の行事である。子どもたちが叩く太鼓を先頭に、参加者が「五穀豊穣虫送り」と書いた紙を付けた笹を持って集落を巡る。北五百川には、「日本の棚田百選」に選ばれた棚

田がある。開催日は毎年7月中旬の日曜日。

- **糸魚川けんか祭り**（天津神社春大祭、糸魚川市）　市内の押上、寺町2地区の氏子たちが五穀豊穣を祈って神輿を担ぎ、激しくぶつかり合い、渡り合う。激突で壊れてきてもかまわず続ける。最後は決められた位置から走り出し、勝敗を決める。寺町区が勝てば豊作、押上区が勝てば豊漁とされる。神輿の後に奉納される舞楽は、国の重要無形民俗文化財である。開催日は毎年4月10日〜11日。
- **関山神社火祭り**（妙高市）　松引きと棒術などが奉納される。松引きは、ホウの小枝に扇形の「オノサ」、その下に「コノサ」とよぶ幣を取り付けた若松に、火打ち石の火をつけて祝い唄を歌いながら境内を引き回す。南の方が早く燃えだせば豊作、北の方だと不作とされる。棒術は山伏姿の若者が武技の型を演じる。開催日は毎年7月第3土曜日と日曜日。
- **鬼太鼓**（佐渡市）　江戸時代の安永年間（1772〜81）に金銀山で働く坑夫たちが、鉱石を掘り出すのに使うタガネを持って舞ったのが始まりである。ただ、奈良時代に中国から伝わった獅子舞が変形したという説もある。鬼太鼓は佐渡各地の春と秋の祭りに登場する。春祭りは田植え前に豊作を祈念して、秋祭りでは実りを神に感謝して舞う。いくつかの流派があり、100を超える保存会によって受け継がれている。祭りの日程は地域によって異なる。

16 富山県

地域の歴史的特徴

7世紀末には、越国が越前、越中、越後3国に分かれた。702（大宝2）年には越中国の頸城郡など4郡が越後国に編入された。

奈良時代の757（天平宝字元）年には越中国が羽咋、能登、鳳至、珠洲4郡を分離し、ほぼ現在の県域となった。

1883（明治16）年5月9日には、石川県から分離して越中全域が富山県となり、県庁所在地が富山に定められた。県名の由来については、①富山市西部の呉羽丘陵の外山、②ト（高くなった所）の山、の二つの説がある。富は当て字である。同県は5月9日を「県民ふるさとの日」と定めている。

魚津は、江戸時代から越中東部の政治、経済の中心地だった。大正年間（1912～26）には、1万5,000人の人口を擁し、北海道や樺太へのコメの積み出しで栄えた大町海岸には米倉庫が立ち並んでいた。1918（大正7）年7月23日、北海道へのコメの輸送船「伊吹丸」が大町海岸に寄港したとき、米価高騰に苦しんでいた漁師の主婦ら数十人が同海岸の十二銀行（現北陸銀行）の米倉庫前で「県外にコメを持っていけば魚津にコメがなくなる」と気勢をあげ、米の搬出が中止された。

この運動は各地に広がり、群衆が米穀商や精米会社などを襲撃する全国的な米騒動に発展した。寺内正毅内閣は、軍隊を出動させ鎮圧したが、内閣は総辞職した。

コメの概況

富山県は耕地のほとんどが水田として利用されており、水田率は95.6％と、全国1位である。農業産出額に占めるコメの比率は65.5％で、これも全国1位である。米づくりの中心地は富山平野である。富山平野には、北アルプスからの雪解け水が水量の豊富な河川となって流れており、江戸時代から多くの水田が開かれた。

北陸地方 131

水稲の作付面積、収穫量の全国順位はともに12位である。収穫量の多い市町村は、①富山市、②南砺市、③高岡市、④砺波市、⑤入善町、⑥射水市、⑦小矢部市、⑧立山町、⑨黒部市、⑩氷見市の順である。県内におけるシェアは、富山市21.1％、南砺市13.1％、高岡市9.4％、砺波市8.1％などで、富山、南砺両市で3分の1を生産している。

富山県における水稲の作付比率は、うるち米94.0％、もち米3.1％、醸造用米2.9％である。作付面積の全国シェアをみると、うるち米は2.6％で全国順位が12位、もち米は2.1％で12位、醸造用米は5.3％で4位である。

富山県は全国有数の種もみの産地である。種もみはおいしいコメを実らせる稲の種子である。各地から受託生産し、42都府県に出荷している。富山県には種子場（種もみを育てる田）が、砺波市庄川・中野、富山市日方江、富山市新保、黒部市前沢、入善町の5カ所にある。

いずれも風がよく吹き抜け、病害虫の発生しにくい場所にある。江戸時代には、置き薬で有名な富山の薬売りが、薬と一緒に種もみも届けていた。

知っておきたいコメの品種

うるち米

（必須銘柄）コシヒカリ、てんこもり、てんたかく、とがおとめ、日本晴、ハナエチゼン、ひとめぼれ、フクヒカリ

（選択銘柄）赤むすび、あきさかり、あきたこまち、あきだわら、おわら美人、黒むすび、春陽、つくばSD1号、どんとこい、花キラリ、みつひかり、ミルキークイーン、夢ごこち

うるち米の作付面積を品種別にみると、「コシヒカリ」が最も多く全体の80.1％を占め、「てんこもり」（6.6％）、「やまだわら」（0.6％）がこれに続いている。これら3品種が全体の87.3％を占めている。

- **コシヒカリ** 2015（平成27）年産の1等米比率は94.2％とかなり高かった。県内産「コシヒカリ」の食味ランキングは特Aだった年もあるが、2016（平成28）年産はAだった。
- **てんこもり** 富山県が「来夢36」と「と系1000」を交配して2005（平成17）年に育成した。成熟期が「コシヒカリ」より7日ほど遅い晩生品種である。富山の清らかな水、肥沃な大地、生産者の情熱などを詰め込

んだお米を連想させ、最高のおもてなしという意味も表現できるとして命名された。先発のブランド米である「てんたかく」とシリーズになる名称である。2015（平成27）年産の1等米比率は97.1％ときわめて高かった。県内産「てんこもり」の食味ランキングは2016（平成28）年産で初めて最高の特Aに輝いた。

- **やまだわら**　農研機構が業務加工用向きの多収水稲として育成した。栽培適地は関東、北陸以西である。
- **てんたかく**　富山県が「ハナエチゼン」と「ひとめぼれ」を交配して2002（平成14）年に育成した。出穂期、成熟期がコシヒカリより12日早い早生品種である。2015（平成27）年産の1等米比率は79.1％だった。県内産「てんたかく」の食味ランキングはAである。

もち米

（必須銘柄）こがねもち、新大正糯、とみちから、らいちょうもち

（選択銘柄）カグラモチ

　もち米の作付面積の品種別比率は「新大正糯」が最も多く全体の69.0％を占め、「とみちから」（15.8％）、「らいちょうもち」（4.3％）と続いている。この3品種で89.1％を占めている。

- **新大正糯**　富山県が「大正糯」と「農林32号」を交配して1961（昭和36）年に育成した。北陸3県に普及している。

醸造用米

（必須銘柄）雄山錦、五百万石、富の香

（選択銘柄）美山錦、山田錦

　醸造用米の作付面積の品種別比率は「五百万石」84.3％、「雄山錦」10.5％、「富の香」5.2％である。

- **雄山錦**　富山県が「ひだほまれ」と「秋田酒33号」を交配し1997（平成9）年に育成した。名前の雄山は雄大な立山連邦、錦は山々が錦繍に染まる頃に収穫されることを表している。ふくらみのある、まろやかな酒に仕上がり、大吟醸向きである。
- **富の香**　富山県が「山田錦」と「雄山錦」を交配し2008（平成20）年に育成した。大粒で、心白が発現しやすい。大吟醸など高級酒向けであ

北　陸　地　方　133

る。

知っておきたい雑穀

❶小麦

小麦の作付面積の全国順位は38位、収穫量は37位である。産地は、高岡市、砺波市などである。

❷六条大麦

六条大麦の作付面積の全国シェアは18.8％、収穫量は21.3％で、ともに福井県に次いで2位である。栽培品種は、2000（平成12）年までは「ミノリムギ」が中心だった。現在は大粒で収量の安定した「ファイバースノウ」が中心である。市町村別の作付面積の順位は①南砺市（シェア22.3％）、②射水市（16.0％）、③砺波市（14.5％）、④富山市（10.3％）、⑤高岡市（10.0％）で、これら5市が県全体の73.1％を占めている。

❸ハトムギ

ハトムギの作付面積の全国シェアは31.3％、収穫量は41.0％でともに全国順位は1位である。栽培品種はすべて「あきしずく」である。主産地は小矢部市、高岡市、氷見市などである。

❹キビ

キビの作付面積の全国順位は7位だが、統計では収穫量が不詳のため収穫量の全国順位は不明である。主産地は黒部市（県内作付面積の54.6％）と朝日町（45.4％）である。

❺そば

そばの作付面積の全国順位は15位、収穫量は17位である。産地は南砺市、富山市、黒部市などである。

❻大豆

大豆の作付面積の全国順位は青森県と並んで9位である。収穫量の全国順位は11位である。ほぼ県内全市町で栽培している。主産地は砺波市、富山市、入善町、南砺市、高岡市、射水市などである。栽培品種は「エンレイ」などである。

❼小豆

小豆の作付面積、収穫量の全国順位はともに38位である。主産地は富山市、氷見市、南砺市などである。

コメ・雑穀関連施設

- **東山円筒分水槽**（魚津市）　円筒分水は、農業用水などを一定の割合で正確に分配するための利水施設である。魚津市東山地区の天神野、青柳、東山の3用水に公平に水を分配している。分水槽は直径9.12mの円筒形である。各水路へ分配される水の分配量は円筒の円周の長さで決められている。水は、対岸の貝田新分水槽から片貝川をサイフォンで横断し水路のトンネルを流れてくる。円筒から流れる、水の落差が大きく独特の景観を形成している。1955（昭和30）年に完成した。

- **赤祖父ため池**（南砺市）　赤祖父川には数多くの取水口があり、水争いが絶えなかった。ため池は、1932（昭和7）年に着工したものの、戦時の労働力不足から工事は進まず、完成したのは1945（昭和20）年だった。1953（昭和28）年には、円筒分水槽が完成し、長年の水争いは解消した。受益面積は砺波平野の440haである。

- **常西合口用水**（富山市）　常願寺川左岸の洪水対策を主目的に、オランダ人技師ヨハネス・デ・レイケの指揮で工事を進め、1893（明治26）年に完成した。当時、左岸には12の取水口があり、それが水勢を左岸に導くことになり、氾濫を繰り返していた。このため、左岸の取水口を合併して合口化することにし、合口用水が誕生した。用水の延長は13km、かんがい面積は3,300haである。

- **十二貫野用水**（黒部市）　天保の大飢饉が続くなか、加賀藩の命を受けた椎名道三が藩の直営事業として開削した。水源は黒部川支流の尾の沼谷で、用水の全長は23km。黒部の台地の開拓で、水路は断崖絶壁を縫う難工事だった。2004（平成16）年度に完成した県営かんがい排水事業で全長は19kmにショートカットされた。受益面積は233haである。

- **十二銀行（現北陸銀行）のコメ倉**（魚津市）　1918（大正7）年7月、この倉の前で、地元の主婦たちが米価の高騰を阻止しようと気勢をあげ、全国的な米騒動の発端となった。米騒動の起こった現場に当時の建物が現存する例は珍しい。

コメ・雑穀の特色ある料理

- **マスずし**　円形の器に笹を敷き、酢飯と、塩漬け後に味付けをしたマス

の切り身をのせて詰め、笹で包み込んで重石をする。1717（享保2）年に、越中米と神通川のアユでつくったのが始まりである。藩主前田利興行が第8代将軍吉宗に献上したところ食通の吉宗をうならせたという話もある。マスを使うようになったのはその後である。

- **カブラずし**　なれずしの一種である。カブラはカブのことである。切り込みを入れて塩漬けしたカブに、やはり塩漬けしたブリやサバの薄切りを挟み、細く切ったニンジン、コンブなどと一緒に麹で漬けて重石をのせ、数日間、発酵させてつくる。

- **とろろ昆布おむすび**（富山市）　富山は江戸時代から北前船の寄港地として栄え、北海道から運ばれた昆布を使った多様な郷土料理が生まれている。このおにぎりもその一つである。のりでなくとろろ昆布を巻くため、磯の香りが独特の風味をもたらす。富山市は全国有数のとろろ昆布消費地である。

- **山菜おこわ**　五箇山の深山に自生する山の幸をふんだんに使ったおこわである。祭りのときなどに客をもてなすためつくられる。もち米を蒸し、ゼンマイ、クグミ、ススタケ、ニンジン、マイタケ、ナメコなどを煮たものを煮汁と一緒に混ぜる。

コメと伝統文化の例

- **おわら風の盆**（富山市）　富山市八尾町で行われる。稲の出穂期にあたる二百十日の風の厄日に風神鎮魂を願って行う風祭りと、先祖の霊を供養する盆の行事が一つになった行事で、1702（元禄15）年頃に始まった。開催地域の旧町地域は昔ながらの風情を残す坂の町である。開催日は毎年9月1日～3日。

- **利賀の初午**（南砺市）　江戸時代の文化年間（1804～18）から利賀地区に伝わる豊作などを祈る子どもだけで行う行事。子どもたちは、神主、午方、馬もち、太鼓叩きなどに扮し、家々を回る。神主は祝詞を奉上し、2人の子どもによる午が初午の唄と太鼓に合わせて舞う。開催日は1月15日に近い日曜日。

- **つくりもんまつり**（高岡市）　300余年前、地元で収穫された野菜や穀物をお地蔵様に供えて五穀豊穣や土地の守護を祈った「地蔵祭り」が起源である。近年は世相を反映し、趣向をこらした作品も多い。会場は同

市福岡町の中心商店街や周辺の家々である。開催日は毎年9月23日～24日。

- **こきりこ祭り**（南砺市）　五箇山上梨地区の白山宮で行われる祭りである。こきりこは、農作業で歌われた豊穣を祈る田楽を由来とする古代民謡である。奉納こきりこ踊りをはじめ、五箇山民謡などの舞台競演会、こきりこ総踊りなどが催される。開催日は毎年9月25日～26日。
- **ごんごん祭り**（氷見市）　氷見市朝日本町・上日寺の朝日観音の祭礼である。1663（寛文3）年、氷見地方一帯が大干ばつに見舞われたとき、僧侶と住民が雨乞いをしたところ成就し、大喜びで上日寺の鐘を撞きならしたのが始まりである。50kgある丸太を1分間に何回撞けるかを競う「ゴンゴン鐘つき大会」も催される。開催日は毎年4月17日～18日。

17 石川県

地域の歴史的特徴

紀元前100年頃には邑知潟を臨む吉崎・次場で、20haと北陸最大級の農耕集落が営まれていたことが遺跡の発掘調査で明らかになっている。

江戸時代に加賀藩は金沢平野で新田の開発に力を入れたため、平野部のほぼ全域が水田地帯になった。

1651（慶安4）年には、藩主前田利常が「改作仕法」とよぶ農政の大改革に着手し、6年かけて完成させた。これは豊凶にかかわらず税率を一定にして藩財政の安定をめざしたものだった。

1811（文化8）年には銭屋五兵衛が金沢近郊の港町に北前船を使ってコメの廻送を開始した。

1871（明治4）年には金沢県と大聖寺県ができたものの、数カ月後、大聖寺県を金沢県に併合した。1872（明治5）年に石川県と改称した。

県名の由来については、①海浜堆積地を意味するイシチャーの音韻変化、②手取川が豪雨のたびに氾濫し、石を押し流した川、の二つの説がある。

1883（明治16）年には石川県から越中が分離し、富山県になり、現在の石川県の姿になった。

コメの概況

石川県の耕地率は10.0％である。耕地の83.3％は水田で、水田率は全国で7番目である。米づくりの中心地は、金沢平野のある加賀地方である。古くからの水田開発の蓄積もあって、コメの農業産出額全体に占める比率は50.6％と、全国で6番目に高い。

水稲の作付面積、収穫量の全国順位はともに22位である。収穫量の多い市町村は、①白山市、②小松市、③加賀市、④金沢市、⑤七尾市、⑥羽咋市、⑦志賀町、⑧能美市、⑨津幡町、⑩中能登町の順である。県内におけるシェアは、白山市13.8％、小松市11.9％、加賀市9.9％、金沢市8.6％、

七尾市7.3%などで、この5市で半分以上を生産している。

　石川県における水稲の作付比率は、うるち米95.3%、もち米8.4%、醸造用米1.3%である。作付面積の全国シェアをみると、うるち米は1.7%で全国順位が福井県と並んで22位、もち米は1.5%で広島県と並んで17位、醸造用米は1.6%で青森県と並んで14位である。水稲の刈り取り最盛期は9月中旬の前半である。

知っておきたいコメの品種

うるち米

（必須銘柄）コシヒカリ、ゆめみづほ
（選択銘柄）あきたこまち、あきだわら、石川65号、春陽、どんとこい、にこまる、日本晴、能登ひかり、ハナエチゼン、花キラリ、ひとめぼれ、ヒノヒカリ、ほほほの穂、ほむすめ舞、みつひかり、ミルキークイーン、夢ごこち

　うるち米の作付面積を品種別にみると、「コシヒカリ」が最も多く全体の72.6%を占め、「ゆめみづほ」（19.5%）、「能登ひかり」（2.6%）がこれに続いている。これら3品種が全体の94.7%を占めている。

- **コシヒカリ**　2015（平成27）年産の1等米比率は90.3%と高かった。県内産「コシヒカリ」の食味ランキングは特Aだった年もあるが、2016（平成28年）産はAだった。

- **ゆめみづほ**　石川県が「ひとめぼれ」と「越南154号」を交配して2002（平成14）年に育成した。おにぎりや弁当にしてもおいしさが長持ちする。2015（平成27）年産の1等米比率は84.6%だった。県内産「ゆめみづほ」の食味ランキングはA'である。

- **能登ひかり**　石川県が「フクヒカリ」と「越路早生」を交配して1985（昭和60）年に育成した。主に能登の中山間地で栽培されている。

- **ひゃくまん穀**　石川県が「北陸211号」と「能登ひかり」を交配して育成した。平成27年に品種登録を出願した。稲刈りの適期はコシヒカリより13日遅い。

北陸地方　139

もち米

（必須銘柄）石川糯24号、カグラモチ、白山もち

（選択銘柄）新大正糯、峰の雪もち

　もち米の作付面積の品種別比率は「カグラモチ」が最も多く全体の49.0％を占め、「白山もち」（26.6％）、「石川糯24号」（12.2％）と続いている。この3品種で87.8％を占めている。

- **カグラモチ**　農林省（当時、現在は農研機構）が「F3 249」と「六平糯」を交配して1963（昭和38）年に育成した。玄米は中粒である。北陸3県に普及している。
- **白山もち**　石川県が「関東107号」と「ヒメノモチ」を交配して1987（昭和62）年に育成した。玄米はやや細長く、カグラモチよりやや大きい。

醸造用米

（必須銘柄）五百万石

（選択銘柄）石川門、北陸12号、山田錦

　醸造用米の作付面積の品種別比率は「五百万石」が最も多く全体の88.9％を占め、「石川酒52号」（8.4％）などが続いている。この2品種が全体の97.3％を占めている。

知っておきたい雑穀

❶小麦

　小麦の作付面積の全国順位は35位、収穫量は32位である。産地は、小松市、白山市などである。

❷六条大麦

　六条大麦の作付面積、収穫量の全国順位はともに5位である。栽培品種は「ファイバースノウ」などである。県内各地で比較的広く栽培されている。作付面積が広いのは①小松市（シェア24.4％）、②能美市（14.5％）、③白山市（13.9％）、④川北町（10.8％）、⑤志賀町（6.8％）の順である。

❸ハトムギ

　ハトムギの作付面積の全国順位は6位、収穫量は5位である。栽培品種はすべて「あきしずく」である。主産地は宝達志水町（県内作付面積の

52.7％）、羽咋市（31.5％）、能美市（15.8％）などである。

❹アワ

アワの作付面積の全国順位は奈良県と並んで10位である。収穫量は四捨五入すると1トンに満たず統計上はゼロで、全国順位は不明である。統計によると、石川県内でアワを栽培しているのは輪島市だけである。

❺キビ

キビの作付面積の全国順位は10位である。収穫量は四捨五入すると1トンに満たず統計上はゼロで、全国順位は不明である。主産地は輪島市、穴水町などで、作付面積は半々である。

❻そば

そばの作付面積の全国順位は25位、収穫量は28位である。産地は志賀町、白山市、小松市、加賀市、津幡町などである。栽培品種は「信濃1号」などである。

❼大豆

大豆の作付面積の全国順位は23位、収穫量は21位である。県内の全市町で栽培している。主産地は白山市、小松市、加賀市、津幡町、能美市、内灘町などである。栽培品種は「エンレイ」などである。

❽小豆

小豆の作付面積、収穫量の全国順位はともに16位である。主産地は珠洲市、輪島市、能登町、七尾市などである。

コメ・雑穀関連施設

- **国営河北潟干拓と土地改良事業**（金沢市、かほく市、津幡町、内灘町）　干拓前の河北潟は2,200ha以上に及び、蓮が大量に自生するためは蓮湖ともよばれていた。陸地は潟に向かって緩やかに傾斜する低い土地のため、水害とぬかるみのような湿田との闘いが続いた。1963（昭和38）年から86（同61）年まで続いた農林水産省による河北潟干拓事業とその周辺の土地改良事業により排水機場や排水路、湖岸堤防などがつくられたため、乾田となり、県内有数の穀倉地帯に生まれ変わった。

- **七ケ用水**（白山市、金沢市、野々市市、川北町）　白山を源とする手取川右岸から取水していた7用水をオランダ人技師ヨハネス・デ・レーケの指導で、1903（明治36）年に最上流の取水口に合口した。工事には

北陸地方

延べ10万人が投入された。その後、1937（昭和12）年の発電所建設に伴い、取水口は白山堰堤に変更されている。平成に入ってからは、親水護岸への改修などが行われた。受益面積は5,000 ha である。

- **漆沢の池**（七尾市）　1725（享保10）年に築造された周囲2 km と能登では最大級のため池である。江戸時代、農民のまとめ役として加賀藩独特の制度である十村役を務めた北村源右衛門平内が漆沢の谷間に堤を築くことを決断して実現した。完成後は新田開発が進み、コメの収穫が大幅に増えた。今も50 ha の水田を潤している。地元では親しみを込めて「お池」とよんでいる。

- **片野鴨池**（加賀市）　室町時代頃に築造された約10 ha の小さなため池で、周辺の6 ha の農地を潤している。地元では単に鴨池ともいう。国指定天然記念物のマガンなどが飛来し、野鳥の越冬地として知られ、ラムサール条約の湿地として登録されている。餌場を訪れたカモのふんを肥料に、減農薬で「ともえ米」を生産している。

- **大野庄用水**（金沢市）　鞍月用水、長坂用水と並ぶ金沢疎水群の一つである。金沢の二大河川の一つである犀川・桜橋の上流右岸で取水し、武家屋敷跡のある長町などを流れ、金石の港につながっている。かんがい、物資の輸送、防火、融雪などの機能をもつ多目的用水である。1583（天正11）年に前田利家が金沢城に入場して間もなく開通しており、金沢の用水では最も古い。1592（文禄元）年から始まった金沢城の改修工事では木材の運搬に使われた。全長は10.2 km である。

コメ・雑穀の特色ある料理

- **カブラずし**　冬の日本海の寒ブリを塩漬けにし、季節のカブラに切れ目を入れて挟んで麹に漬けたなれずしの一種である。カブラは根菜のカブの別名である。北陸の厳しい寒気で発酵が抑えられ、徐々に熟成するカブラずしは、江戸時代から続く冬の金沢の味覚である。富山県にも同様のカブラずしがある。

- **ダイコンずし**　カブラずしとよく似ていて、カブラではなくダイコン、ブリではなくみがきニシンを麹に漬けたなれずしの一種である。ただ、ニシンはダイコンに挟むのではなく、両者を交互に漬け込む。ダイコンずしはニシン漬けともいう。北海道と大阪を結んだ北前船の寄港がもた

らした伝統的な郷土料理である。

- **柿の葉ずし**　押しずしの一種である。柿の葉の上にしめサバとすしめしをのせ、上にサクラエビ、ごま、針ショウガ、青藻などをかけ、もう1枚の葉をかぶせて押してつくる。その年の収穫に感謝する秋祭りの定番のごちそうである。

- **笹ずし**　柿の葉ずし同様、押しずしの一種である。酢飯と魚を柿の葉ではなく、クマザサの葉で包む。魚はサバのほか、サケ、マス、シイラなどを使う。秋祭りや祝いのために家庭でもつくることが多い。笹の葉は殺菌作用がある。

コメと伝統文化の例

- **横江の虫送り**（白山市）　西日本一帯にウンカが大発生した1732（享保17）年の享保の大飢饉の後、始まった。夕方、宇佐八幡神社を太鼓や松明とともに出発し、田んぼを回って火縄アーチに点火し、「虫送」と描いた文字を燃え上がらせる。開催日は7月の海の日前日の日曜。

- **奥能登のあえのこと**（能登地方）　あえのことは稲作を守る田の神様に祈り、感謝する能登地方の代表的な民俗行事で、ユネスコの無形文化遺産に登録されている。12月5日に収穫を終えた田から夫婦神である田の神様を迎え、ごちそうでもてなす。冬を家族と一緒に過ごし2月9日に田に送られる。

- **能登キリコ祭り**（能登半島一帯）　豊年を祈願し、自然の恩恵に対する感謝を込めた祭りである。キリコは巨大な灯籠をいう。高さは10mほどあり、長い担ぎ棒がつき、山車のように動かすこともできる。子どもも担げる笹キリコや、武者絵を描いたもの、金箔や漆で装飾したものなどさまざまである。開催は7月～10月頃で、地域によって異なる。

- **青柏祭**（七尾市）　五穀豊穣や天下太平などを祈念する大地主神社の春祭りである。神饌を青い柏に葉に盛って供える儀式から名前がついた。呼び物はデカ山である。七尾市内の鍛冶町、府中町、魚町から3台の曳山が奉納され、その豪壮な姿を競う。曳山は高さ12m、重さ20トン、車輪の直径は2mである。開催日は毎年5月3日～5日。

- **ぞんべら祭**（輪島市）　輪島市門前地区の鬼屋神明神社で行われる五穀豊穣を祈る伝承芸能である。神社の拝殿の一角を水田に見立てて、昔な

北陸地方　143

がらの農作業の様子を13の場面で演じる「なり祝い」という芸能を奉納する。途中、豊かを意味する「ぞんぶり」という言葉が繰り返されることからぞんべら祭とよばれるようになった。開催日は毎年2月6日。

18 福井県

地域の歴史的特徴

敦賀市吉河遺跡から1世紀頃と思われる水田経営を行う大規模な農耕集落が見つかっている。

1664（寛文4）年には、郡奉行・行方久兵衛が三方五湖の排水工事である浦見坂開削を完成させた。これによって河岸の水害を防ぎ、90余haの新田を開発した。

1855（安政2）年には大野藩が藩政改革のため、直営の物産販売の店「大野屋」を大坂に開設した。

現在の福井県は、昔の越前国と若狭国からなる。1871（明治4）年には福井県（のち足羽県）と敦賀県が誕生し、1873（明治6）年に足羽県と敦賀県が統合し敦賀県となったが、1876（明治9）年に嶺北7郡が石川県に、越前国のうち敦賀郡と若狭国全域が滋賀県に統合され、敦賀県は消滅した。これらが石川、滋賀両県から分割編入し、再び統合し現在の福井県が成立したのは1881（明治14）年2月7日である。同県は2月7日を「ふるさとの日」に制定している。

福井という県名の由来については、①福と居、つまり幸福なまち、②井は生活に利用できる川水で、城下を流れる足羽川を「福の川」とみた、の二つの説がある。

1918（大正7）年8月には、富山県魚津で勃発した米騒動が福井に波及した。

コメの概況

福井県の耕地率は9.7％と全国平均（12.0％）より低いものの、その90.6％は水田である。水田率は全国で4番目に高く、農業は米作が中心であることを示している。米づくり中心地は福井平野である。福井平野の海沿いは砂丘や丘陵になっており、川の水が海に流れにくく、低湿地帯で水もち

が良い。全国的に評価の高いコシヒカリは1956（昭和31）年に福井県で生まれた。

水稲の作付面積、収穫量の全国順位はともに23位である。収穫量の多い市町村は、①福井市、②坂井市、③大野市、④越前市、⑤あわら市、⑥鯖江市、⑦若狭町、⑧勝山市、⑨小浜市、⑩越前町の順である。県内におけるシェアは、福井市21.7％、坂井市17.0％、大野市10.9％、越前市9.7％などで、この4市で6割近くを生産している。

福井県における水稲の作付比率は、うるち米94.4％、醸造用米3.1％、もち米2.5％である。作付面積の全国シェアをみると、うるち米は1.7％で全国順位が石川県と並んで22位、醸造用米は3.8％で8位、もち米は1.1％で兵庫県、島根県と並んで23位である。

知っておきたいコメの品種

うるち米

（必須銘柄）あきさかり、イクヒカリ、キヌヒカリ、コシヒカリ、日本晴、ハナエチゼン、ひとめぼれ、ミルキークイーン
（選択銘柄）越南291号、つくばSD1号、はえぬき、花キラリ、フクヒカリ、ほむすめ舞、みつひかり、夢いっぱい、夢ごこち

うるち米の作付面積を品種別にみると、「コシヒカリ」が最も多く全体の59.0％を占め、「ハナエチゼン」（26.0％）、「あきさかり」（10.1％）がこれに続いている。これら3品種が全体の95.1％を占めている。

- **コシヒカリ** 2015（平成27）年産の1等米比率は89.8％だった。県内産「コシヒカリ」の食味ランキングは、2012（平成24）年以降、最高の特Aが続いている。
- **ハナエチゼン** 福井県が「越南122号」と「フクヒカリ」を交配して、1991年（平成3）年に育成した。普及予定地の旧国名にちなみ、また美しく実る優れた早生品種であることをハナ（華）で表現した。2015（平成27）年産の1等米比率は81.6％だった。県内産「ハナエチゼン」の食味ランキングはAである。
- **あきさかり** 福井県が「あわみのり」と「越南173号」を交配して育成した。2008（平成20）年度に品種登録した。2015（平成27）年産の1等

米比率は87.9％だった。県内産「あきさかり」の食味ランキングは、2015（平成27）年以降、最高の特Aが続いている。

- 越南291号　福井県が①おいしい、②つくりやすい、③環境にやさしいの三つを目標に、ポストコシヒカリとして技術の粋を込めて6年をかけて開発した新品種である。2018（平成30）年度から本格的な生産、販売を開始する。

もち米

（必須銘柄）カグラモチ、タンチョウモチ、恵糯

（選択銘柄）新大正糯

　もち米の作付面積の品種別比率は「カグラモチ」60.0％、「タンチョウモチ」40.0％である。

- タンチョウモチ　農林省（当時、現在は農研機構）が「桜糯1号」と「コトブキモチ」を交配して1960（昭和35）年に育成した。耐倒伏性が強く、葉いもち病にも強い。米菓子加工に優れている。

醸造用米

（必須銘柄）五百万石

（選択銘柄）おくほまれ、九頭竜、越の雫、神力、山田錦

　醸造用米の作付面積の品種別比率は「五百万石」が最も多く全体の90.3％を占め、「越の雫」と「山田錦」がともに3.2％である。この3品種が全体の96.7％を占めている。

- 越の雫　「美山錦」と「兵庫北錦」を交配しJAテラル越前が2000（平成12）年に育成した。製成酒はまろやかで、風味が良い。

知っておきたい雑穀

❶小麦

　小麦の作付面積の全国順位は30位、収穫量は28位である。産地は、福井市、永平寺町などである。

❷六条大麦

　六条大麦の作付面積の全国シェアは29.1％、収穫量は28.9％で、ともに1位である。水稲の転換作物として急増し、県内各地で広く栽培されてい

る。栽培品種は「ファイバースノウ」などである。作付面積が広いのは①坂井市（シェア28.5％）、②福井市（18.0％）、③あわら市（12.1％）、④大野市（11.9％）、⑤越前市（8.8％）の順である。

❸そば

そばの作付面積、収穫量の全国順位はともに5位である。主産地は坂井市、福井市、大野市、あわら市などである。栽培品種は「大野在来」「丸岡在来」などである。

❹大豆

大豆の作付面積は21位、収穫量の全国順位は17位である。県内の全市町で栽培している。主産地は坂井市、福井市、あわら市、鯖江市、大野市などである。栽培品種は「エンレイ」「おおだるま」「岩手みどり」などである。

❺小豆

小豆の作付面積の全国順位は32位、収穫量は宮崎県と並んで34位である。主産地は福井市、坂井市、大野市などである。

コメ・雑穀関連施設

- **足羽川用水**（福井市）　福井市南東部一円800haの農地にかんがいする用水である。延長は30kmである。江戸時代初期には、九頭竜川水系足羽川に設けた5カ所の堰により、取水し、かんがいしていた。福井市南東部の槇山地区を流れる農業用水・徳光下江用水は足羽用水の一角を担っている。

- **疋田舟川用水**（敦賀市）　用水の水源は、滋賀県境に源を発する五位川で、同市南部の疋田を経て笙の川に合流する用水路である。江戸時代後期に、若狭と京、近江を結ぶ交易路の一部として小浜藩によって開削された。当時は、海産物などの物資を積載した舟が往来していた。農業用水としての受益地は疋田地区の7.5haである。

- **新江用水**（坂井市）　1625（寛永2）年に、加賀の浪士・渡辺泉龍と、丸岡藩の村人によって4年かけて完成させた。坂井市丸岡町の鳴鹿堰堤から取水した用水は山すそを流れ、一級河川竹田川沿いの集落の水田をかんがいしている。全長は約10kmである。これによって荒れ地だった地域約300haに水田を拓くことができた。

- **十郷用水**（坂井市）　九頭竜川の鳴鹿堰堤で取水し、8.5kmの水路で同河川右岸に展開する3,500haの水田地帯にかんがい用水を供給している。新江用水、福井市を流れる光明寺用水、芝原用水とともに、九頭竜川下流域の4用水とされる。九頭竜川に十郷大堰を築造して最初に十郷用水が開削されたのは、平安時代の1110（天永元）年である。当時は越前平野で最大の水路だった。

コメ・雑穀の特色ある料理

- **ぼっかけ**　ゴボウ、ニンジン、糸コンニャク、油揚げなどを煮て、しょうゆで薄めに味付けしたのがぼっかけ汁である。福井平野の北部一帯では、結婚式や正月三が日の夕食に、たきたてのご飯にこの汁をかけて食べる。ご飯に汁を「ぶっかける」がなまって、ぼっかけという名が付いたという。
- **ほおば飯**　昔、県内各地の農家で田植えの終わった祝いにつくった。熱いご飯にきなこをまぶし、ホオノキの葉2枚を十文字に重ねて包み、わらで結わえる。きなこを稲の花粉に見立て、豊作を祈って食べた。
- **ニシンずし**（敦賀市）　北前船が盛んに往来していた時代、敦賀の港には北海道からの身欠きニシンが大量に荷揚げされていた。ニシンずしは、これを使って生まれたなれずしの一種である。敦賀祭りの宵宮や正月の御馳走である。ニンジンを入れて漬け込むと彩りが良くなる。
- **サバずし**（小浜市、勝山市、大野市）　サバが多く獲れた福井県ではお盆や祭りなどにサバずしがつくられる。海に面した小浜市は水揚げされたばかりの生のサバをしめて使う。山間部の勝山市、大野市などでは、塩サバを塩抜きして、腹にご飯や米麹を詰め重石をして姿ずしにする。

コメと伝統文化の例

- **敦賀西町の綱引き**（敦賀市）　長さ50m、太さ25cmほどの大綱を農業関係者の大黒方と、水産関係者の夷子方に分かれて引き合い、その年の豊作、豊漁を占う敦賀の冬の風物詩である。大黒方が勝てば豊作、夷子方が勝てば大漁とされる。会場は敦賀市相生町の旧西町通り。国指定の重要無形民俗文化財である。開催日は毎年1月の第3日曜日。
- **忽田正月十七日講**（越前市）　豊作や地域の繁栄を願って、越前市国中

北 陸 地 方　149

町で300年以上続く伝統行事である。男性だけで、ゴボウ料理を調理しておかずに食べるしきたりで「ゴボウ講」ともいわれる。神主の祝詞（のりと）の後、筒上に高く盛ったご飯と、ゴボウ料理ののった朱塗りのお膳が運び込まれる。開催日は毎年2月17日。

● **沓見のお田植祭り**（敦賀市）　沓見公会堂を出発した行列が、信露貴彦神社（男宮）、久豆弥神社（女宮）を渡御して、玉の舞、獅子舞、田植式を演じる。玉の舞は、豊作などを祈願し、鼻高面をつけた男子が鉾を持って一人で舞い、奉納する芸能である。中世に京の都から伝わり、約800年続いている。開催日は毎年5月5日。

● **睦月神事**（むつき）（福井市）　約800年前から福井市の加茂神社に伝わる五穀豊穣や天下泰平を祈願する神事である。神輿渡御行列（みこしとぎょ）の後、睦月神事会館のコメ俵の上に戸板を載せた独特の舞台で、少年たちが「ささら」や「ささいや」などを舞う。国の重要無形文化財である。開催日は4年ごとの2月第3日曜日。

● **玉の舞**（若狭町、敦賀市、小浜市、美浜町、高浜町）　中世に京都から若狭路に伝わった芸能である。鼻高面をつけた男子が鉾（ほこ）を持って一人で舞う。豊作・豊漁と人々の安寧を祈願して、16カ所の神社の例祭で奉納される。中世の芸能がこれだけ残っているのは、福井県の若狭地域だけである。開催日は4月が10カ所、5月が4カ所、7月と10月が各1カ所。

19 山梨県

地域の歴史的特徴

1607（慶長12）年には、京都の豪商・土木家の角倉了以が富士川舟路を開いた。これによって、甲府盆地から駿河国までの水運によって年貢米の廻米などが可能になった。1648（正保5）年には清右衛門と十右衛門が私財をなげうって塩川の水を引く浅尾堰や用水路を築いた。

1871（明治4）年11月20日に甲府県を山梨県と改称した。同県は11月20日を「県民の日」と定めている。当時の甲斐国の中心であった甲府が属していた山梨郡を県名にした。ヤマナシの意味については、①山と、岸壁や裾を意味する那智（ナチ）で、八ヶ岳や南アルプスの裾、②山成しで、山々の中に成された集落、の二つの説がある。

コメの概況

山梨県は森林面積の割合が高く、総土地面積に占める耕地率は5.4％で全国で4番目に低い。耕地面積に占める水田率は33.3％で全国で7番目に低く、コメの生産量は多くない。このため、品目別にみた農業生産額で、コメはブドウ、桃に次いで3位にとどまっている。

水稲の作付面積の全国順位は44位、収穫量は43位である。収穫量の比較的多い市町村は、①北杜市、②韮崎市、③南アルプス市、④甲府市、⑤中央市、⑥甲斐市、⑦都留市、⑧富士吉田市、⑨市川三郷町、⑨富士川町の順である。県内におけるシェアは、北杜市39.9％、韮崎市15.3％、南アルプス市7.9％、甲府市5.9％などである。北杜市のシェアが飛び抜けて高いのは、2004（平成16）年に田んぼの多い7町村が合併して市制を施行し、06（同18）年に小淵沢町を編入合併したためである。この結果、面積は県都である甲府市の2.8倍と山梨県の市町村では最も広くなった。

山梨県における水稲の作付比率は、うるち米96.3％、もち米2.3％、醸造用米1.3％である。作付面積の全国シェアをみると、うるち米は0.3％で

甲信地方 151

44位、もち米は0.2％で大阪府、和歌山県と並んで41位、醸造用米は0.3％で茨城県、高知県、熊本県と並んで29位である。

知っておきたいコメの品種

うるち米

（必須銘柄）あさひの夢、コシヒカリ、ひとめぼれ

（選択銘柄）五百川、農林48号、花キラリ、ヒノヒカリ、ミルキークイーン

　うるち米の作付面積を品種別にみると、「コシヒカリ」が最も多く全体の72.4％を占め、「ヒノヒカリ」（6.3％）、「あさひの夢」（5.8％）がこれに続いている。これら3品種が全体の84.5％を占めている。

● **コシヒカリ**　2015（平成27）年産の1等米比率は93.4％と高かった。峡北地区産「コシヒカリ」の食味ランキングは2012（平成24）年産以降、最高の特Aが続いている。

もち米

（必須銘柄）なし

（選択銘柄）朝紫、こがねもち

　もち米の作付面積の品種別比率は「マンゲツモチ」41.4％、「こがねもち」20.7％、「コトブキモチ」5.2％である。これら3品種が全体の67.3％を占めている。

醸造用米

（必須銘柄）なし

（選択銘柄）吟のさと、玉栄、ひとごこち、山田錦、夢山水

　醸造用米の作付面積の品種別比率は「夢山水」45.5％、「ひとごこち」27.3％、「玉栄」10.6％である。これら3品種が全体の83.4％を占めている。

● **夢山水**　愛知県が「山田錦」と「中部44号」を交配し1997（平成9）年に育成した。

● **ひとごこち**　長野県が「白妙錦」と「信交444号」を交配し1994（平成6）年に育成した。

●玉栄　愛知県が「山栄」と「白菊」を交配し1965（昭和40）年に育成した。

知っておきたい雑穀

❶小麦

　小麦の作付面積の全国順位は36位、収穫量は33位である。栽培品種は「きぬの波」「シラネコムギ」「農林61号」などである。産地は北杜市、身延町、韮崎市などである。

❷六条大麦

　六条大麦の作付面積、収穫量の全国順位はともに19位である。栽培品種は「ファイバースノウ」などである。北杜市が県全体の97.3％を栽培している。

❸アワ

　アワの作付面積の全国順位は13位である。統計では収穫量が不詳のため収穫量の全国順位は不明である。

❹キビ

　キビの作付面積の全国順位は11位である。収穫量の全国順位は岡山県と並んで6位である。

❺キヌア

　統計によると、キヌアの生産地は全国で山梨県だけである。作付面積は150a である。統計では収穫量は不詳である。有機でのキヌア栽培に力を入れている上野原市は、キヌア栽培の就農セミナーを開くなどキヌアでの地域おこしに取り組んでいる。キヌアは南米が原産で、栄養価が高い。

❻トウモロコシ（スイートコーン）

　トウモロコシの作付面積の全国順位は6位、収穫量は5位である。主産地は甲府市、中央市、笛吹市などである。

❼モロコシ

　モロコシの作付面積の全国順位は6位である。統計では収穫量が不詳のため収穫量の全国順位は不明である。

❽そば

　そばの作付面積の全国順位は28位、収穫量は23位である。北杜市が作付面積で県内の90.2％、収穫量で91.4％を占めている。ほかに忍野村、上

甲信地方　153

野原市などで生産している。

❾大豆

　大豆の作付面積の全国順位は38位、収穫量は35位である。主産地は北杜市、身延町、富士吉田市などである。栽培品種は「あやこがね」などである。

❿小豆

　小豆の作付面積の全国順位は滋賀県と並んで26位である。収穫量の全国順位は27位である。主産地は北杜市、甲府市、大月市、上野原市などである。

コメ・雑穀関連施設

- **村山六ケ村堰疏水**（北杜市）　八ヶ岳南麓の六ケ村（現在は合併して北杜市）のかんがいや生活用水として開削された。平安時代中期頃にできたとされる。水源は川俣川の上流にあたる東沢泥洑湧水（千条の滝）である。疏水は、八ヶ岳赤岳の南西地獄谷の下を起点とし、480haの農地にかんがい用水を供給している。

- **月見ケ池**（上野原市）　河川からの取水が困難な河岸段丘上の水田かんがい用水池として、1931（昭和6）年に築造された。1919（大正8）年に整備された8.7kmの幹線水路から導水した水を貯め、末端の農地に配水している。ため池完成時に、弁財天の社（江の島神社）が祀られている。7月には月見ケ池弁財天祭りが行われる。

- **信玄堤**（甲斐市）　甲斐市竜王町の釜無川と御勅使川の合流地点に戦国時代の武将、武田信玄が築いた堤防である。甲府盆地中央部を流れていた釜無川は大雨が降ると田畑や家屋が流されるなど大きな被害を受けた。そこで、信玄は堤防を計画し、1541（天文10）年に着工し、57（弘治3）年に完工した。

- **武川民俗資料館**（北杜市）　旧白州町から御勅使川までの釜無川右岸地域で産出する米を武川米という。この地域は一時、関東でも名高いコメの産地だった。同市武川町の武川民俗資料館は、こうした米づくりに直結した明治初期以降の農機具類や馬具などを多く展示している。

- **八ヶ岳南麓高原湧水群**（北杜市）　同市長坂町、小淵沢町には大滝湧水、三分一湧水をはじめ、いくつかの湧水がある。中心となる大滝湧水は日

量2万2,000トンの水を湧出し、3系統の用水路で150haに送水している。江戸時代に甲府代官が湧水後背地の滝山を買い上げ、御留林（おとめりん）として水源の保全をはかった。三分一湧水は、日量8,500トンを湧出している。

コメ・雑穀の特色ある料理

● **煮貝めし**　煮貝は、冷蔵や冷凍の設備や技術が発達していなかった江戸時代に、甲斐（現在の山梨県）の名物となった。駿河（現在の静岡県中部）の魚問屋がアワビを日もちがするようにしょうゆにつけ、たるに詰めて運んだのが始まりである。山道を揺られるうちに熟成し独特の風味を生み出した。現在は、塩水でさっとゆでたアワビやトコブシをしょうゆ、みりんなどを煮立てた調味液に漬け込んでつくる。これをご飯と混ぜる。

● **巻きずし**　お祭りなどハレの日を代表する料理の一つである。具には、ズイキ、厚焼き卵、干しシイタケ、カンピョウ、オボロ、ゴボウなどを使う。巻きずしを巻くことや、重箱に詰めることに、共同で行う農耕のイメージが重なっている。

● **あべかわ（もち）**　柔らかいつきたてのもちに、黒みつをかけ、きなこをまぶしたものである。お盆には県内各地でお供えとして、県北部の水田地帯では田植えの始まりや終わった時期にもつくり、豊作を祈る。信玄もちの原型となった菓子である。

● **小豆ほうとう**　小麦粉でつくった平打ち太めん（ほうとう）を小豆でつくった汁粉で煮たもので、通常のほうとうとは異なる。北杜市の三輪神社では毎年7月30日に「ほうとう祭り」が行われる。参詣者には、小豆ほうとうが振る舞われ、ほうとう祭りという名前の由来にもなっている。

コメと伝統文化の例

● **火祭り**（南部町）　盆の送り火、川で溺れた人の霊を供養し川で捕れた魚介類の霊を祭る川施餓鬼、稲作を病害虫から守る虫送りを兼ねた行事である。江戸中期の元禄時代（1688～1704）頃から富士川下流域の各地で行われてきたがすたれたなかで、南部町では大規模に伝承されている。開催日は毎年8月16日。

● **日吉神社筒粥（かゆ）の神事**（北杜市）　神事では①当夜の月の出と入りの位置

甲　信　地　方　155

によってその年の天候、②筒粥によって農作物の豊凶、景気、入会山の状況など、③筒粥によって個人の願い事、④ヌルデの木の燃焼によって月ごとの天候の4通りの占いが行われる。筒の中に入ったかゆの量で占うのは②③である。使用する枡には「元禄十五午年、樫山村」の銘があり、1702（元禄15）年以前から行われていることを示している。開催日は毎年陰暦の正月14日。

- **八朔祭**（都留市）　生出神社の秋の例祭として行われ、地元では「おはっさく」とよばれている。実りの秋を迎えて作物が台風の被害を受けないように、神を迎え豊穣を祈る祭りである。江戸の浮世絵師による豪華な飾幕で飾られた4屋台の巡行、お囃子の競演、江戸の衣装に身を飾った大名行列などが行われる。開催日は毎年9月1日。

- **天津司舞**（甲府市）　天津司神社に古くから伝わる日本最古の人形芝居ともいわれる伝統芸能である。全国的に珍しい傀儡田楽で、御神体である9体の人形が天津司神社から諏訪神社まで渡御し、舞が奉納される。国の重要無形民俗文化財である。開催日は毎年4月10日前の日曜日。

- **おみゆきさん**（甲斐市）　釜無川の信玄堤付近で執り行われる神事である。825（天長2）年に大雨によって御勅使川と釜無川との合流地点で洪水が起き、田畑が水浸しになるなど甲府盆地全体が水害に見舞われた後、神事を行ったのが始まりである。女装して神輿を担ぐ。開催日は毎年4月15日。

20 長野県

地域の歴史的特徴

1876（明治9）年には筑摩県と長野県が合併して、今日の長野県が誕生した。県名の由来については、①長く延びる野で、善光寺門前町の名が直接県名になった、②長い傾斜地の村里、の二つの説がある。

1957（昭和32）年に長野県農試飯山試験地の松田順次技師が水稲室内育苗法を開発した。雪国の飯山では残雪が障害となり、田植えは6月になった。このため、降雪期の苗作りを可能にする育苗法として開発された。

コメの概況

長野県は山地が多く、平坦な土地が少ない。総土地面積に占める耕地率は8.0%と全国平均の12.0%をかなり下回っている。ただ、水田率は49.5%で、全国平均を多少下回る程度である。品目別の農業産出額でも、レタスを上回り1位である。

水稲の作付面積の全国順位は16位、収穫量は13位である。収穫量の多い市町村は、①安曇野市、②佐久市、③松本市、④伊那市、⑤長野市、⑥上田市、⑦大町市、⑧飯山市、⑨茅野市、⑩松川村の順である。県内におけるシェアは、安曇野市9.7%、佐久市9.4%、松本市8.9%、伊那市6.1%などである。長野県は市町村数が多いため、市町村ごとのシェアは他県に比べ低い。

長野県における水稲の作付比率は、うるち米94.7%、醸造用米3.2%、もち米2.1%である。作付面積の全国シェアをみると、うるち米は2.2%で全国順位が埼玉、滋賀県、兵庫県、熊本県と並んで14位、醸造用米は5.0%で5位、もち米は1.2%で青森県、静岡県と並んで20位である。

甲信地方 157

知っておきたいコメの品種

うるち米

（必須銘柄）あきたこまち、キヌヒカリ、コシヒカリ、ひとめぼれ、ミルキークイーン

（選択銘柄）あきだわら、いのちの壱、縁結び、風さやか、きらりん、きんのめぐみ、天竜乙女、ほむすめ舞、夢ごこち、ゆめしなの

　うるち米の作付面積を品種別にみると、「コシヒカリ」が全体の80.3％と大宗を占め、「あきたこまち」（12.1％）、「風さやか」（3.3％）がこれに続いている。これら3品種が全体の95.7％を占めている。

- **コシヒカリ**　2015（平成27）年産の1等米比率は97.9％ときわめて高かった。北信地区産「コシヒカリ」の食味ランキングは、2014（平成26）年産以降、最高の特Aが続いている。東信、南信地区産「コシヒカリ」は特Aだった年もあるが、2016（平成28年）産はAだった。中信地区産「コシヒカリ」はAである。
- **風さやか**　長野県が「北陸178号」と「ゆめしなの」を交配して育成した。倒伏しにくく、高温耐性をもつ。2013（平成25）年から長野県が選択銘柄に設定している。
- **あきたこまち**　2015（平成27）年産の1等米比率は94.2％とかなり高く、生産県の中で岩手県に次いで2位だった。

もち米

（必須銘柄）もちひかり

（選択銘柄）ヒメノモチ、モリモリモチ

　もち米の作付面積の品種別比率は「もちひかり」が全体の52.4％を占めている。

- **もちひかり**　長野県が「みすずもち」と「トドロキワセ」を交配して1984（昭和59）年に育成した。玄米の粒形は、みすずもちより大きく、光沢や粒がそろっていることはみすずもちを上回る。

醸造用米

（必須銘柄）ひとごこち、美山錦
（選択銘柄）金紋錦、しらかば錦、たかね錦

醸造用米の作付面積の品種別比率は「美山錦」68.8％、「ひとごこち」21.9％などである。これら2品種が全体の90.7％を占めている。

- **美山錦**　長野県産美山錦は、同県の酒造好適米として消費者に知られ、作付面積では7割近くを占めている。県内の酒造メーカーを中心に広く使用されている。

- **ひとごこち**　長野県が「白妙錦」と「信交444号」を交配し1994（平成6）年に育成した。耐冷性が強く、心白発現率が高い。長野県のほか、栃木県、山梨県などにも広がっているが、主産地は長野県で全体の8割強を占めている。

知っておきたい雑穀

❶小麦

小麦の作付面積の全国順位は15位、収穫量は14位である。栽培品種は「シラネコムギ」「しゅんよう」「ハナマンテン」などである。ハナマンテンはパンや中華めん用の品種である。主産地は安曇野市（県内作付面積のシェア29.5％）と松本市（24.0％）である。これに上田市、伊那市、長野市などが続いている。

❷二条大麦

二条大麦の作付面積の全国順位は愛知県と並んで23位である。収穫量の全国順位は秋田県と並んで20位である。

❸六条大麦

六条大麦の作付面積の全国順位は8位、収穫量は7位である。栽培品種は「ファイバースノウ」「シュンライ」などである。市町村別の作付面積の順位は①松本市（シェア33.0％）、②安曇野市（14.6％）、③塩尻市（13.0％）、④駒ヶ根市（12.6％）、⑤千曲市（8.5％）で、これら5市が県全体の8割以上を占めている。栽培品種は「ファイバースノウ」が全体の61.9％、「シュンライ」が38.1％である。品種ごとの主な産地は、ファイバースノウは上伊那郡、松本市、シュンライは松本市、長野市などである。

甲信地方　159

❹ハトムギ

ハトムギの作付面積の全国順位は17位である。収穫量の全国順位は熊本県と並んで13位である。統計によると、長野県でハトムギを栽培しているのは筑北村だけである。

❺アワ

アワの作付面積、収穫量の全国順位はともに岩手県、長崎県に次いで3位である。主産地は長野市、栄村などで、それぞれ県内作付面積の33.3%程度を占める。長野県南信農試は「あわ信濃2号」、当時の中信農試は「信濃あわたち」をそれぞれ育成している。

❻キビ

キビの作付面積、収穫量の全国順位はともに4位である。主産地は佐久市（県内作付面積の29.6%）、長野市（22.2%）、小川村（7.4%）などである。長野県農試拮梗ケ原分場（当時）は「黍信濃1号」、長野県南信農試は「きび信濃2号」をそれぞれ育成している。

❼アマランサス

アマランサスの作付面積、収穫量の全国順位はともに岩手県に次いで2位である。主産地は飯綱町、小川村などで、両産地の作付面積は半々である。

❽トウモロコシ（スイートコーン）

トウモロコシの作付面積の全国順位は3位、収穫量は6位である。主産地は伊那市、松本市、塩尻市、原村、箕輪町などである。

❾そば

そばの作付面積の全国順位は北海道、山形県に次いで3位である。収穫量の全国順位は北海道、茨城県に次いで3位である。県内のほぼ全域で生産している。主産地は松本市、安曇野市、伊那市、木曽町、長野市などである。栽培品種は「信濃1号」「しなの夏そば」「長野S8号」などである。

❿大豆

大豆の作付面積の全国順位は19位、収穫量の全国順位は18位である。主産地は松本市、上田市、安曇野市、長野、千曲市などである。栽培品種は「ナカセンナリ」「くらかけ豆」などである。

⓫小豆

小豆の作付面積の全国順位は7位、収穫量の全国順位は11位である。主

産地は長野市、伊那市、飯山市、駒ヶ根市などである。

コメ・雑穀関連施設

- **五郎兵衛用水**（佐久市）　1631（寛永8）年頃、現在の佐久市浅科の不
  毛の原野を水田開発するために築いた用水である。蓼科山の山中の湧水
  を水源とし、その水を細小路川と湯沢川の合流点（現在の同市春日）で
  取水、そこから全長22kmの用水路を開削して矢嶋原（後の五郎兵衛新
  田）まで引いた。1960（昭和35）年頃から約10年かけて大改修工事が
  行われ、近代的な用水に生まれ変わった。

- **五郎兵衛記念館**（佐久市）　五郎兵衛用水を開削し、五郎兵衛新田を開
  発した市川五郎兵衛真親の開拓の偉業を顕彰し、関係資料を整理、保管
  するとともに、学術研究に寄与することを目的として、1973（昭和48）
  年に開館した。五郎兵衛新田や五郎兵衛用水に関する古文書と周辺地域
  の古文書、各3万点を収蔵し、一部を展示している。

- **滝之湯堰・大河原堰**（茅野市）　坂本養川が高島藩に請願して開削が実
  現した農業用水路である。江戸時代中期の1785（天明5）年に滝之湯堰
  10.4km、92（寛政4）年に大河原堰12.5kmが完成した。坂本養川が計
  画した繰越堰は、複数の河川を用水路で結び、比較的水量が多い河川の
  余った水を不足している地帯へ送る水利体系である。

- **拾ケ堰**（安曇野市、松本市）　一級河川奈良井川より取水し、複合扇状
  地の中央を等高線に沿って横切り、旧豊科町、旧堀金村、旧穂高町に広
  がる1,000haの水田を潤している。幹線水路の延長は15kmである。
  1816（文化13）年に開削された。堰名は、当時のかんがい範囲が旧村
  で10カ村に及んでいたことに由来する。

- **千人塚城ケ池**（飯島町）　戦国時代の北山城の空堀を利用して1934（昭
  和9）年に国のかんがい事業としてつくられた。与田切水系を水源とす
  る七久保用水、横沢用水から導水した水を温めて流す農業用の温水ため
  池である。下流の200haの水田を潤している。戦国時代の1582（天正
  10）年、織田信忠（織田信長の嫡男）軍による武田軍への伊那路攻略の
  際、北山城は落ち、戦死者や武具いっさいを埋めて塚としたのが千人塚
  の由来である。

甲信地方　161

コメと雑穀の特色ある料理

- **五平もち**（飯田、下伊那、木曽地方）　米が貴重だった江戸時代中期に、同地方で、祭りなどのささげ物としてつくったのが始まりである。炊いたご飯をすりこ木などでつき、串に練り付けて形を整え、焼く。名前の由来については、①神道において神にささげる「御幣」の形から、②最初に考えた五平または五兵衛と人物の名前から、という二つの説がある。

- **笹ずし**（県北部）　戦国時代から伝わる押しずしである。かつて信越国境の人々が川中島と春日山を往復する上杉謙信に送ったため、「謙信ずし」の別名がある。謙信はこれを携帯し、保存食にした。笹の葉の上にすし飯を置き、ゼンマイ、シイタケ、オニグルミ、大根のみそ漬けの油炒めなどを具にする。その上に、笹、すし飯、具を何度か同じように重ねて並べ、軽く手で押さえてつくる。

- **クルミおはぎ**（東御市）　東御市は日本有数のクルミの産地である。大正天皇の即位を記念して、クルミの苗木を各家庭に配布したことが大産地形成のきっかけになった。クルミおはぎは、特産のクルミ、しょうゆ、砂糖で味付けしたクルミだれを付けて食べる。

- **めし焼きもち**　余ったご飯をつぶして同量の小麦粉を加えて混ぜ、丸めて平たく延ばし、中に甘味噌を入れる。両目をこんがり焼き、蒸し器にかけ中まで火を通す。残したご飯を活用できるのがみそだ。かつてご飯が貴重だった頃は、めし焼きもちは主食の量を増やしてくれる役割を果たした。

コメと伝統文化の例

- **岳の幟**（上田市）　室町時代の永正年間（1504～20）に始まった雨乞いの神事である。青竹に色とりどりの反物をくくりつけた幟の行列が天神岳から別所温泉街までを練り歩き、笛や太鼓に合わせてささら踊りや三頭獅子舞を奉納する。開催日は毎年7月15日に近い日曜日。

- **田立の花馬祭り**（南木曽町）　同町の五宮神社で行われる五穀豊穣に感謝する江戸時代から伝わる祭りである。竹ひごに5色の色紙を付けた365本の"花"で飾った3頭の木曽馬が田立駅前から五宮神社まで練り歩く。花は虫よけとしてあぜに、厄除けとして家の入り口に挿す。開催日

は毎年10月第1日曜日。

- **豊作祈願祭・お田植祭り**（木島平村）　神官、巫女、早乙女らによる行列行進、豊作祈願の神事、根塚遺跡周辺での早乙女による田植えなどが行われる。開催日は5月下旬〜6月上旬の日曜日か土曜日。

- **火とぼし**（茅野市）　茅野市の無形民俗文化財に指定されている上古田（かみふった）の火とぼしは、田植え後の虫追いや雨乞いなどの行事である。会場は秋葉神社前など小泉山の4カ所である。あらかじめ松の枝などを積み上げておき、夕方、子どもたちが中心になり松明（たいまつ）を持って山に登り、順に火を点け「火とぼしチョーイチョイ」とはやしたてる。開催日は毎年6月18日と同月24日。茅野市内では、下古田、御作田、大日影などでも同様の行事が行われる。

- **新野（にいの）の雪祭り**（阿南町）　雪を豊年の吉兆とみて田畑の実りを祈願する祭りである。伊豆神社境内で、田楽（でんがく）、舞楽、神楽（かぐら）、猿楽、田遊びなどが徹夜で繰り広げられる。当日雪が降ると豊年になるという言い伝えがあり、新野に雪のないときは峠まで取りに行って、神前に供える。開催日は毎年1月14日夕方〜15日朝。

甲　信　地　方　163

㉑ 岐阜県

地域の歴史的特徴

大垣市の今宿遺跡から1世紀頃と思われる小さく区画に分けられた水田の跡が発掘されている。8世紀には、現在の岐阜県南部に美濃国、北部に飛騨国が置かれた。

織田信長が1567（永禄10）年に入城して岐阜城と名付けた。その意味については、①岐（深く入り込む）阜（岡）、つまり深く入り込んだ丘陵地、②岐（木曽川）陽（北）阜（丘陵）で、岐陽阜を後、岐阜に改めた、の二つの説がある。

1876（明治9）年には、飛騨3郡を岐阜県に併合して今日の岐阜県が誕生した。

コメの概況

岐阜県は北部に山地が多いため、耕地率は5.3％で、全国で3番目に低い。ただ、耕地面積に占める水田率は76.5％で、全国平均（54.4％）を大きく上回っている。コメは、濃尾平野、高山盆地、県の南東部を中心に生産されている。特に、木曽川、長良川、揖斐川の木曽三川の流れる濃尾平野は昔からの米どころである。

水稲の作付面積、収穫量の全国順位はともに26位である。収穫量の多い市町村は、①高山市、②海津市、③中津川市、④岐阜市、⑤大垣市、⑥恵那市、⑦養老町、⑧郡上市、⑨羽島市、⑩関市の順である。県内におけるシェアは、高山市8.1％、海津市7.2％、中津川市6.7％、岐阜市6.6％、大垣市6.5％などと続き、格別高い自治体はなく、平準化されている。

岐阜県における水稲の作付比率は、うるち米94.0％、もち米5.0％、醸造用米1.0％である。作付面積の全国シェアをみると、うるち米は1.5％で全国順位が大分県、鹿児島県と並んで25位、もち米は1.9％で滋賀県と並んで13位、醸造用米は1.1％で岩手県、栃木県と並んで19位、である。

164

知っておきたいコメの品種

うるち米

（必須銘柄）あきたこまち、あさひの夢、コシヒカリ、ハツシモ、ひとめぼれ

（選択銘柄）あきさかり、いのちの壱、LGCソフト、縁結び、キヌヒカリ、金光、日本晴、はなの舞い、ヒノヒカリ、みつひかり、ミネアサヒ、みのにしき、ミルキークイーン、夢ごこち、夢の華

　うるち米の作付面積の品種別比率は「ハツシモ」38.6％、「コシヒカリ」34.5％、「ひとめぼれ」7.3％などである。これら3品種が全体の80.4％を占めている。

- **ハツシモ**　岐阜県が育成し、1943（昭和18）年以来「東山50号」の系統名で岐阜県内に普及した。1950（昭和25）年に「ハツシモ」の名で品種登録され、同年、岐阜県の奨励品種に採用された。収穫時期が遅く、初霜が降りる10月下旬ころに収穫が始めるのが命名の由来である。他の県ではほとんど生産されていないため、「幻のコメ」ともいわれる。ハツシモは美濃地区でだけ栽培されており、作付面積でみると、西濃地域が県全体の70％を占めている。大粒で冷めてもおいしく食べられる。美濃地区産「ハツシモ」の食味ランキングは、1995（平成7）年産以来21年ぶりに最高の特Aに輝いた。
- **コシヒカリ**　2015（平成27）年産の1等米比率は65.2％だった。飛騨地区産「コシヒカリ」の食味ランキングは、2014（平成26）年産以降、最高の特Aが続いている。美濃地区産「コシヒカリ」は、2015（平成27）年産以降、最高の特Aが続いている。
- **あさひの夢**　2015（平成27）年産の1等米比率は92.0％と高かった。
- **あきたこまち**　恵那市などでは特別栽培米を生産している。
- **縁結び**　病気に強く、茎も太く丈夫と地元が期待を寄せている新品種である。

もち米

（必須銘柄）たかやまもち、モチミノリ

東 海 地 方　　165

（選択銘柄）きねふりもち、ココノエモチ

　もち米の作付面積の品種別比率は「たかやまもち」が最も多く全体の70.1％を占め、「モチミノリ」（18.9％）、「ココノエモチ」（3.8％）と続いている。この3品種で92.8％を占めている。

● **たかやまもち**　岐阜県が育成したオリジナル品種である。1973（昭和48）年に岐阜県の奨励品種になり、飛騨地域を中心に栽培されている。もち、赤飯、おこわのほか、あられ、和菓子、みりんなどの原材料としても使われている。

醸造用米

（必須銘柄）五百万石、ひだほまれ
（選択銘柄）なし

　醸造用米の作付品種は全量が「ひだほまれ」である。

● **ひだほまれ**　岐阜県が「ひだみのり」「フクノハナ」の交配種と「フクニシキ」を交配し、1981（昭和56）年に育成した。ひだみのりの耐冷性の弱さを克服した。飛騨地域や恵那地域の中山間地域で主に栽培され、飛騨地域を中心に、県内各地の酒造メーカーで使用されている。

知っておきたい雑穀

❶小麦

　小麦の作付面積の全国順位は12位、収穫量は11位である。栽培品種は「イワイノダイチ」「さとのそら」などである。主産地は県内作付面積の31.0％を占める海津市である。これに垂井町、養老町、揖斐川町などが続いている。

❷六条大麦

　六条大麦の作付面積の全国順位は12位、収穫量は14位である。市町村別の作付面積の順位は①中津川市（シェア28.0％）、②揖斐川町（18.0％）、③郡上市（14.8％）、④高山市（8.4％）で、これら4市町が県全体の7割近くを占めている。

❸キビ

　キビの作付面積の全国順位は12位である。統計では収穫量が不詳のため収穫量の全国順位は不明である。統計によると、岐阜県でキビを栽培し

ているのは飛騨市だけである。

❹そば

そばの作付面積の全国順位は23位、収穫量は20位である。産地は高山市、中津川市、郡上市などである。

❺大豆

大豆の作付面積の全国順位は15位、収穫量は19位である。県内の全市町村で栽培している。主産地は海津市、養老町、揖斐川町、池田町、神戸町などである。栽培品種は「黒大豆」「フクユタカ」などである。

❻小豆

小豆の作付面積の全国順位は長崎県と並んで29位である。収穫量の全国順位は佐賀県と並んで25位である。主産地は中津川市、高山市、恵那市、下呂市、飛騨市などである。

コメ・雑穀関連施設

● **輪中と堀田**（海津市）　輪中は、洪水から集落や耕地を守るため、周囲に堤防を巡らした低湿地域や、その共同村落組織をいう。木曽、長良、揖斐の3河川の合流地域などに江戸時代につくられたものが多い。海津地域は輪中のなかでも低位部に属し、湛水（溜まり水）に苦しんだ。堀田は、湿地の土を掘り上げて造成した田である。掘り跡の溝は水路にした。現在は、土地改良事業が進みみられないが、海津市歴史民俗資料館は前庭に堀田を復元している。

● **曾代用水**（関市、美濃市）　長良川上流の曾代地区から導水した全長17kmの用水路である。尾張の浪人喜田吉右衛門、林幽閑兄弟と豪農柴山伊兵衛が私財を投げ打って築いた。1663（寛文3）年から約10年かけて完成させた。用水の開通によって、荒れ地が豊かな水田に生まれ変わった。農民は3人の遺徳をしのんで井神社を建立し、毎年8月1日に例大祭を行っている。用水は、今日まで何度も改修されてきた。

● **席田用水**（本巣市）　席田用水は古い歴史をもち、平安時代中・後期にはこの地域で米作が行われていたとされる。根尾川の山口頭首工から取水している真桑用水と席田用水はこれを4対6の割合で分け合っている。寛永時代（1624～44）、たび重なる水争いに頭を痛めた役人が火柱を立てて、これに抱きついたら6割分水すると告げ、席田の仏生寺小左衛門

東海地方　167

が抱きついて以来の慣行という。

- **瀬戸川用水**（飛騨市） 1585（天正13）年、豊臣秀吉の命を受けた戦国武将金森長近が飛騨に攻め入り翌年には飛騨国主となり、増島城を中心とした城下町の形成に力を入れた。長近は、町民に開田させるため、城を取り巻く堀の水を引いて石積みの堀川を築いた。このとき、工事を監督した瀬戸屋源兵衛にちなんで瀬戸川とよばれるようになった。

- **萩原中央用水**（下呂市） 大正時代、下呂市萩原地区に耕地整理組合が設立され、飛騨川から取水する萩原中央用水の建設を含む事業が実施された。事業が完成した1924（大正13）年には、地域の水田面積が3倍に拡大した。現在、水路の延長は11km、受益面積は104haである。

コメ・雑穀の特色ある料理

- **アユ雑炊** 県南部の木曽川、長良川などでは初夏から秋にかけてアユ漁が行われる。特に、長良川では鵜匠が鵜にアユを飲み込ませて獲る鵜飼が奈良時代から続いている。アユ雑炊はアユ料理の最後や真夏の食欲のないときに食べる。アユは焼いて身をほぐして入れる。

- **レンコン蒲焼丼** 長良川流域の湿地帯はレンコンの産地である。レンコン蒲焼丼は、海苔の上にレンコンのすり身をのせて油で揚げ、秘伝のたれをかけて蒲焼風に仕上げたものである。モチッとした食感が楽しめる。レンコンを薄切りしたチップを添えることもある。

- **芭蕉元禄いなりすし**（大垣市） 西濃地域の大豆の作付面積は岐阜県の75％を占めている。いなりすしは、あげのほか、西美濃産の大豆、大垣の水、国産菜種油、シイタケ、ゴマ、ヨモギなどを具の材料に使っている。

- **へぼめし**（中津川市、恵那市、多治見市など） へぼは地蜂のクロスズメバチである。地中に巣をつくり、体長は1.5cmほどである。このハチの成虫や幼虫をご飯と一緒に炊くのがへぼめしである。へぼを食べる文化は、岐阜だけでなく、長野県、愛知県の山間地域に広がっている。へぼの甘露煮などもある。

コメと伝統文化の例

- **田の神祭り**（下呂市） 下呂市森の森水無八幡神社に伝わる神事芸能で、

中世以来の田楽がもとになっている。色鮮やかな花笠を着用して踊るため、「花笠祭り」の別名がある。古式の祭りを現代に伝えており、国の重要無形民俗文化財である。開催日は毎年2月7日〜14日、本楽祭は14日。

- **米かし祭り**（本巣市）　春日神社の祭神と、席田用水開削に貢献した人たちへ感謝し、五穀豊穣を祈願する仏生寺地区の祭事である。1日目は未明に、ふんどし、はちまき、白たび姿の6人の若者がコメ4升ずつが入った桶をかついで席田用水の取水口に。浅瀬で、コメをとぎ（かし）、地区に戻って神社の境内を練り歩いた後、「燈元」宅へ。ここで、コメを蒸し上げ、型で抜いて「おみごく」をつくり、床の間に供える。2日目は、燈元宅に神社の宮司が訪れて神事を行った後、神社に供える。開催日は毎年春分の日とその前日。

- **ひんここ祭り**（美濃市）　五穀豊穣を祈願する人形劇で、大矢田神社の祭礼当日、お旅所のある小山も山腹で演じられる。麦まきをしている農民を大蛇が襲いかかって飲み倒そうとしたところに須佐之男命が現れて蛇を退治する物語である。開催日は毎年4月第2土曜日の翌日の日曜日と、11月23日。

- **南宮大社御田植神事と例大祭**（垂井町）　美濃国一宮である南宮大社で初日に御田植神事、翌日に例大祭が行われる。御田植神事では、3〜5歳の少女が、苗に見立てた松葉を囃し方の田植え歌に合わせ植え付ける。例大祭では、南宮大社から御旅神社まで2kmを3基の神輿が通い、神行式、蛇山神事、還幸舞などが奉納される。開催日は毎年5月4日と5日。

- **杵振り祭り**（中津川市）　中心となる杵振り踊りは、稚児、鬼、おかめ、ひょっとこ、杵振り、お囃子、蝿追い、大獅子が列を組んで2kmの道のりを踊り歩き、五穀豊穣を祈って安弘見神社に奉納される。派手な衣装に、穀物をつく杵と、臼を思わせる笠に特徴がある。開催日は毎年4月16日直近の日曜日。

東海地方　169

22 静岡県

地域の歴史的特徴

2～3世紀頃には安倍川下流域で住居や高床倉庫からなる集落が存在し、畦畔によって区画された水田が営まれていたことが登呂遺跡の発掘調査で明らかになっている。

江戸時代は駿河府中だったが不忠と音が同じため、1869（明治2）年に藩名を静岡と改めた。その際、名勝・賤機山にちなんで賤ケ丘の案が出たが、賤という字を嫌い静岡となった。

1871（明治4）年には廃藩置県によって、駿河が静岡県、遠江が浜松県、伊豆韮山代官領が足柄県となった。1876（明治9）年8月21日に静岡県と浜松県が合併し、ほぼ現在の姿の静岡県が成立した。同県は8月21日を「県民の日」と定めている。

コメの概況

静岡県の土地は山地と台地が多く、水田率は33.5％と全国で8番目に低い。このため、品目別の農業生産額では、コメはミカン、茶に次いで3位にとどまっている。

水稲の作付面積の全国順位は32位、収穫量は31位である。収穫量の多い市町村は、①浜松市、②磐田市、③掛川市、④袋井市、⑤焼津市、⑥御殿場市、⑦菊川市、⑧富士宮市、⑨富士市、⑩島田市の順である。県内におけるシェアは、浜松市13.5％、磐田市11.1％、掛川市9.0％、袋井市8.5％などで、この4市で4割強を生産している。

静岡県における水稲の作付比率は、うるち米94.2％、もち米4.5％、醸造用米1.4％である。作付面積の全国シェアをみると、うるち米は1.1％で全国順位が群馬県と並んで32位、もち米は1.2％で青森県、長野県と並んで20位、醸造用米は1.0％で京都府と並んで22位である。

陸稲の作付面積の全国順位は東京都、宮崎県と並んで11位、収穫量は

宮崎県と並んで12位である。

知っておきたいコメの品種

うるち米

（必須銘柄）あいちのかおり、あさひの夢、キヌヒカリ、きぬむすめ、コシヒカリ、にこまる、ひとめぼれ、ヒノヒカリ、ミルキークイーン

（選択銘柄）あきたこまち、いのちの壱、LGCソフト、きんのめぐみ、吟おうみ、つくばSD1号、なつしずか、ふくのいち、みつひかり

　うるち米の作付面積を品種別にみると、「コシヒカリ」が最も多く全体の45.7％を占め、「あいちのかおり」（16.3％）、「きぬむすめ」（13.3％）がこれに続いている。これら3品種が全体の75.3％を占めている。

● **コシヒカリ**　2015（平成27）年産の1等米比率は81.3％だった。県内産「コシヒカリ」の食味ランキングはAである。特別栽培農産物のブランドとして浜松市の「やら米か」、森町の「遠州森町産究極のこしひかり」などがある。

● **きぬむすめ**　コシヒカリに次ぐ静岡県産第2ブランド米として、2012（平成24）年に静岡県の奨励品種になった。東部、中部、西部産「きぬむすめ」の食味ランキングはAである。

● **にこまる**　静岡県では、高温耐性品種と位置づけ、平坦地での普及を想定している。東部、中部、西部産「にこまる」の食味ランキングはAである。

● **ふくのいち**　「いのちの壱」が栽培されている水田から突然変異で発見された新品種である。登録出願中で、コシヒカリの約1.5倍の大きな粒と地元が期待を寄せている。

もち米

（必須銘柄）するがもち、峰の雪もち

（選択銘柄）葵美人

　もち米の作付面積の品種別比率は「するがもち」48.8％、「峰の雪もち」34.4％、「ヒヨクモチ」16.8％である。

東海地方　171

醸造用米

（必須銘柄）五百万石、誉富士、山田錦
（選択銘柄）若水

　醸造用米の作付面積の品種別比率は「山田錦」67.1%、「誉富士」29.2%、
「五百万石」3.7%である。

● **誉富士**　静岡県が山田錦に放射線処理を施して2006（平成18）年に育
　成した。タンパク質含有量は山田錦並みに低く、収量性は山田錦を上回
　る。

知っておきたい雑穀

❶小麦

　小麦の作付面積の全国順位は22位、収穫量は23位である。栽培品種は「イ
ワイノダイチ」「農林61号」などである。主産地は県内作付面積の61.1%
を占める袋井市である。これに掛川市、磐田市、菊川市などが続いている。

❷二条大麦

　二条大麦の作付面積の全国順位は20位である。収穫量の全国順位は長
野県と並んでやはり20位である。栽培品種は「ミカモゴールデン」など
である。主産地は小山町（作付面積のシェアは40.0%）、御殿場市（20.0%）
などである。

❸六条大麦

　六条大麦の作付面積の全国順位は23位、収穫量は22位である。栽培品
種は「シュンライ」などである。産地は御殿場市などである。

❹そば

　そばの作付面積の全国順位は33位、収穫量は34位である。産地は御殿
場市、裾野市などである。

❺大豆

　大豆の作付面積、収穫量の全国順位はともに36位である。産地は主産
地である袋井市を中心に、磐田市、掛川市、浜松市、伊豆市などである。
栽培品種は「フクユタカ」などである。

❻小豆

　小豆の作付面積の全国順位は高知県と並んで41位である。収穫量の全

国順位は42位である。主産地は浜松市、掛川市、伊豆市などである。

コメ・雑穀関連施設

- **大井川用水**（島田市、焼津市、掛川市、藤枝市、袋井市、御前崎市、菊川市、牧之原市、吉田町）　大井川周辺の8市1町に水を供給する大規模用水。中部電力川口発電所に併設して大井川からの取水工を設け、水はトンネルによって島田市の分水工に送られ、大井川平野への幹線水路と、小笠地域への幹線水路に分けられる。小笠地域への幹線水路は、大井川水路橋によって大井川を渡り、牧之原台地をトンネルで通している。受益面積は、水田6,861 ha、畑589 ha、合わせて7,450 ha である。

- **深良用水**（裾野市、長泉町、御殿場市）　神奈川県の芦ノ湖を水源とし、1666（寛文6）年に着工し、70（同10）年に完工、通水した全長1,280 m のトンネルである。芦ノ湖の水門から湖尻付近の地下を通り、県境を越えて黄瀬川支流の深良川にそそいでいる。当時は機械もなく、ノミやタガネで上流と下流から少しずつ掘削した。事業は、深良村名主が幕府と小田原藩の許可のもと、箱根権現の理解と江戸商人の協力で実現した。

- **深良地区郷土資料館**（裾野市）　郷土の歴史的遺産である上記の深良用水が学べる資料館で、裾野市深良支所が管理している。開削の歴史や用水の大切さなどを解説し、事業に大きな役割を果たした大庭源之丞、友野与右衛門らの偉業を紹介している。トンネルの縦断面の模型なども展示している。

- **三方原用水**（浜松市）　三方原は、静岡県西部の天竜川西岸浜名平野と浜名湖との間に広がる台地である。天竜川から台地に引水する大事業は、1958（昭和33）年の国営事業着手から、1990（平成2）年度の県営事業の完了まで32年を費やして完成した。受益面積は5,750 ha で、三方原と周辺の水田地帯の農業を支え、一大農業地帯に変貌させた。

- **源兵衛川**（三島市）　16世紀に三島の有力者である寺尾源兵衛が、中郷地域の11村の耕地にかんがいするために建設した水路である。JR三島駅前の楽寿園の小浜池湧水を源として、三島市街地を流れて温水池にそそぐ。延長は1.5 km である。この用水によって周辺は豊かな水田地帯に生まれ変わった。

コメ・雑穀の特色ある料理

- **げんなりずし**（東伊豆町） 東伊豆町稲取地区では、結婚式や七五三などの祝い事のときにこれをつくって近所や親戚に配り、ともに祝ってもらう。押しずしの一種で5個で1組である。1個のすしに茶碗2杯分のすし飯が使われるため、1個でげんなりする、つまりお腹がいっぱいになるのが名前の由来である。

- **クチナシめし**（藤枝市、掛川市） 黄色いおこわで、染飯、黄飯ともいう。クチナシの実を水につけておき、黄色くなった水でもち米を色付けして蒸す。クチナシは、疲れをとり、足腰を強くするとされ、江戸時代の宿場町で旅人に人気があった。

- **カツオめし** 具のない醤油風味のさくら飯を炊き、さいの目に切って煮込んだカツオと混ぜ合わせる。駿河湾の西側先端に位置する御前崎の沖合は黒潮にのってやってくる近海カツオの好漁場として知られる。春から夏にかけて北上する初ガツオと、秋に南下する戻りガツオと、年間2回の旬の時期が鮮度も良く、カツオめしのシーズンである。

- **ぼくめし**（湖西市） 湖西市新居町では、1891（明治24）年からウナギの養殖が行われている。養殖場では、太りすぎて売り物にならなくなったウナギがぼっくい（太い棒の杭）に似ているため「ぼく」とよんで、仕事の合間に「ぼくめし」をつくって食べた。ウナギは白焼きにし、臭みをとるためゴボウと一緒に煮、サンショウの芽やシソの葉を散らす。

コメと伝統文化の例

- **西浦の田楽**（浜松市） 五穀豊穣などを祈る神事で、719（養老3）年に吉郎別当が始めたと伝えられる。享保年間（1716～35）に能衆とよばれる人たちの世襲となり、神事の前に身を清めるおきてが守られている。会場は浜松市天竜区水窪町西浦の観音堂境内。開催日は毎年旧暦1月18日～19日朝。

- **藤守の田遊び**（焼津市） 焼津市藤守の大井八幡宮で、大井川の治水と豊作を祈願して行う田遊びである。平安時代後期の寛和年間（985～987）に大井宮の社殿を建て、川除け主護神を祭祀した際に奉納され、室町時代末期に今日の舞の様式が定まった。開催日は毎年3月17日。

- 桜ケ池納櫃祭（御前崎市） 平安末期、比叡山の名僧・皇円阿闍梨が56億7,000万年後に現れる弥勒菩薩に教えを請うために、生物で最も長寿とされる竜となって桜ケ池に住んでいるという言い伝えに基づく。地元の若者による遊泳団が赤飯の入ったお櫃を池の中央に立ち泳ぎで運び、沈める。お櫃が空になれば神慮にかなったことになる。開催日は毎年9月23日。

- 寺野のひよんどり（浜松市） 16世紀から伝承されている五穀豊穣や無病息災を祈る祭礼である。ひよんどりは、松明を手に舞い踊る「火踊り」が変化した言葉である。神楽と田楽の諸演目で構成されている。3匹の鬼が松明をたたき消す「鬼の舞」は全国的にも珍しいとされる。会場は浜松市北区の宝蔵寺観音堂である。開催日は毎年1月3日。

- 沼田の湯立神楽（御殿場市） 御殿場市沼田の子之神社に伝わる。発祥は1855（安政2）年である。にえたぎる湯の大釜の周りで獅子舞や神楽を奉納し、豊作と地域の平穏を祈願する。雨乞いの祭りでもあるため、当日が雨の場合は中止になる。開催日は毎年10月末の土曜日と日曜日。

東海地方 175

23 愛知県

地域の歴史的特徴

紀元前250年頃には伊勢湾沿岸に稲作が伝わり、濃尾平野に農耕集落が成立していたことが清洲町朝日遺跡などの発掘調査で明らかになっている。

1803（享和3）年尾張藩が米切手換金のために商方会所、農方会所を設置した。米切手は蔵屋敷などに保管されている蔵米の預り証で、取引に使われた。ところが、財政難の尾張藩は、コメがなくても米切手を発行し、信用が下落していた。商方会所、農方会所はこうした旧米切手を回収した。

1872（明治5）年には名古屋県を愛知県と改称する。県名のアイチの意味については、①アユ（崩壊地）と地、つまり湧水地や湿地、②川が合流する合（アイ）地、の二つの説がある。いずれも水が豊かな地という点では共通している。同年11月27日に額田県と愛知県が合併して現在の愛知県の姿になった。

コメの概況

木曽川、長良川、揖斐川の木曽三川のつくった濃尾平野西部は昔から水田が多い。濃尾平野東部から知多半島、岡崎平野にかけての地域は昔から農業用水の不足に悩まされてきた。明治時代以降、明治用水、愛知用水、豊川用水の3本の用水が完成したことで、この地域の農業が発展した。

水稲の作付面積、収穫量の全国順位はともに20位である。収穫量の多い市町村は、①豊田市、②西尾市、③安城市、④豊橋市、⑤一宮市、⑥愛西市、⑦岡崎市、⑧稲沢市、⑨弥富市、⑩新城市の順である。県内におけるシェアは、豊田市9.1％、西尾市7.1％、安城市6.6％、豊橋市6.3％、一宮市5.3％などで、飛び抜けて高い地域はなく、平準化されている。

愛知県における水稲の作付比率は、うるち米98.5％、もち米1.2％、醸造用米0.3％である。作付面積の全国シェアをみると、うるち米は1.9％で全国順位が三重県と並んで20位、もち米は0.6％で群馬県、京都府、徳島

県と並んで31位、醸造用米は0.4％で28位である。

知っておきたいコメの品種

うるち米

（必須銘柄）あいちのかおり、あさひの夢、コシヒカリ

（選択銘柄）愛知123号、あきたこまち、あきだわら、いのちの壱、縁結び、キヌヒカリ、大地の風、チヨニシキ、てんこもり、にこまる、ハツシモ、ひとめぼれ、祭り晴、みつひかり、ミネアサヒ、みねはるか、ミルキークイーン、ゆめまつり

うるち米の作付面積の品種別比率は「あいちのかおり」39.2％、「コシヒカリ」24.5％、「ミネアサヒ」5.5％などである。これら3品種が全体の69.2％を占めている。

- **あいちのかおり** 2000（平成12）年に愛知県の奨励品種になった。中生で、平坦部での栽培に適する。2015（平成27）年産の1等米比率は81.6％だった。県内産「あいちのかおり」の食味ランキングはAである。
- **コシヒカリ** 1961（昭和36）年に愛知県の奨励品種になった。愛知県では極早生で、平坦部での栽培に適する。県内産「コシヒカリ」の食味ランキングはA'である。
- **ミネアサヒ** 愛知県が「関東79号」と「喜峰」を交配し、中山間地に向く良食味米として育成した。1980（昭和55）年に品種登録された。現在は中山間地の主力品種になっている。豊田市などが主産地である。三河中山間地区産「ミネアサヒ」の食味ランキングはAである。
- **大地の風** 愛知県が育成し、2000（平成12）年に愛知県の奨励品種になった。2015（平成27）年産の1等米比率は99.1％ときわめて高かった。2002（平成14）年に品種登録した。中生で、平坦部での栽培に適する。

もち米

（必須銘柄）なし

（選択銘柄）ココノエモチ、十五夜糯、ヒヨクモチ、峰のむらさき

もち米の作付面積の品種別比率は「十五夜糯」28.1％、「喜寿糯」9.4％、「ココノエモチ」6.3％である。これら3品種が全体の43.8％を占めている。

東海地方 177

- **十五夜糯** 愛知県が育成し、1986（昭和61）年に品種登録した。中生で、平坦部での栽培に適する。
- **喜寿糯** 愛知県が育成した。早生で、平坦部での栽培に適する。

醸造用米

（必須銘柄）夢山水、若水
（選択銘柄）夢吟香

　醸造用米の作付面積の品種別比率は「夢山水」55.6％、「夢吟香」、「若水」各22.2％である。

- **夢山水** 愛知県が「山田錦」と「中部44号」を交配し1997（平成9）年に育成した。極早生で、山間部から中山間部での栽培に適する。
- **若水** 愛知県が「あ系酒101」と「五百万石」を交配し1983（昭和58）年に育成した。早生で、栽培適地は地力が中ようから肥沃地の平坦地である。

知っておきたい雑穀

❶小麦

　小麦の作付面積の全国順位は7位、収穫量は群馬県と並んで4位である。栽培品種は「きぬあかり」などである。作付面積の広い市町村は、①、西尾市（シェア23.6％）、②安城市（19.5％）、③豊田市（15.5％）、④岡崎市（10.5％）、⑤弥富市（7.0％）の順である。

❷二条大麦

　二条大麦の作付面積の全国順位は長野県と並んで23位である。収穫量の全国順位は24位である。

❸六条大麦

　六条大麦の作付面積の全国順位は16位、収穫量は15位である。主産地は大口町で、県内作付面積の78.2％を占めている。

❹エン麦

　エン麦の作付面積の全国シェアは21.4％で岩手県に次いで2位である。統計では収穫量が不詳のため、収穫量の全国順位は不明である。統計によると、愛知県でエン麦を栽培しているのは新城市だけである。ただ、全量が飼料用である。

❺トウモロコシ（スイートコーン）

トウモロコシの作付面積、収穫量の全国順位はともに8位である。主産地は田原市、豊橋市、豊川市などである。

❻モロコシ

モロコシの作付面積の全国シェアは19.8％で岩手県に次いで2位である。収穫量は全国の87.6％を占め、断トツである。栽培品種はすべて「ソルガム」である。統計によると、愛知県でモロコシを栽培しているのは半田市だけである。

❼そば

そばの作付面積の全国順位は39位、収穫量は38位である。産地は豊田市、豊川市などである。栽培品種は「信濃1号」「信州大そば」「春そば」などである。

❽大豆

大豆の作付面積、収穫量の全国順位はともに12位である。産地は、主産地である西三河の西尾市、安城市を中心に、岡崎市、豊田市、弥富市などである。栽培品種は「フクユタカ」などである。

❾小豆

小豆の作付面積の全国順位は35位、収穫量は奈良県、長崎県と並んで31位である。主産地は豊田市、新城市、設楽町などである。

コメ・雑穀関連施設

- **愛知用水**（名古屋市など愛知、岐阜両県の27市町）　岐阜県八百津町から愛知県知多半島南端の南知多町に至る112kmの幹線と、幹線水路から分岐する1,012kmの支線水路からなる。愛知用水公団（統合して現在は独立行政法人水資源機構）が世界銀行から融資を受けて建設、1961（昭和36）年に通水した。主な水源は長野県木曽町と大滝村にまたがる牧尾ダムなどである。受益面積は1万5,000haである。その後、水路の更新工事などを行っている。

- **明治用水**（安城市、岡崎市、豊田市、知立市、刈谷市、高浜市、碧南市、西尾市）　矢作川上流で取水し、西三河一帯の農地を潤している。和泉村（現安城市）の豪農、都築弥厚が計画し、石川喜平の協力を得て測量を始め、弥厚の死後、岡本兵松、伊豫田与八郎らの尽力で1880（明治

13) 年に主要な幹線が完成し、通水した。これによって、安城市は「日本のデンマーク」とよばれる農業先進地だったこともある。今、用水の80％以上はパイプラインに替わり、その上を自転車道や遊歩道として活用している。

- **豊川用水**（豊橋市、豊川市、蒲郡市、新城市、田原市、静岡県湖西市）東三河地方と静岡県湖西市を含む1万7,700haを潤す多目的用水である。1949（昭和24）年に農林省による国営事業として着工し、途中で愛知用水公団（現独立行政法人水資源機構）に引き継がれ、1968（昭和43）年に完工した。水源は宇連ダムなどである。その後、2001（平成13）年に大島ダムが完成するなど増強された。

- **入鹿池**（犬山市）　池の名前は蘇我入鹿の領地だったことに由来する。尾張藩主徳川義直公が、木曽川から導水できない丘陵地の水利開発のため、1628（寛永5）年に計画し、33（同10）年に完成させた大規模な農業用ため池である。尾張平野東北部の1,300haの広大な水田を潤している。2000（平成12）年の東海豪雨では、調整池の役割を果たし、下流の災害防止に貢献した。

- **水のかんきょう学習館**（安城市）　明治用水土地改良区（水土里ネット明治用水）が運営している。1階のギャラリーでは、明治用水の機能や沿岸の様子などを説明した展示や、同用水や矢作川の生き物を大水槽で見ることができる。明治用水に関する歴史的な資料は2階に所蔵している。田の周りの生き物を観察する「親子で水と生き物ウォッチング」「明治用水子ども発表会」といった体験プログラムを毎月催している。

コメ・雑穀の特色ある料理

- **ひつまぶし**　ウナギを蒸さずにそのまま焼き上げた蒲焼の身を刻んでおひつの中のご飯にのせる。名前は、おひつの中のご飯を混ぜて食べることに由来する。①そのままで、②薬味とともに、③お茶漬けにしてと好みによって3種類の食べ方を味わえる。愛知県のウナギ生産量は、鹿児島県に次いで2位である。

- **五平もち**（奥三河地方）　炊いたうるち米をスギ板の串に平たく付け、みそだれを付けて炭火で焼く。たれのみそには、好みでクルミ、ゴマ、エゴマ、落花生などを入れる。三河山間部から長野県、岐阜県にかけて

の地域でお祝い事などでつくられていた郷土料理である。

- **箱ずし**　箱の中にハランの葉を敷き、すしめしと具を入れ、さらにハランの葉をのせて押しふたをする。その上に重石をのせてしばらく置き、箱から取り出して食べやすい大きさに切って皿に盛る。具には季節の魚介類や野菜を用いる。正月などに大勢の人をもてなすのに重宝だった。
- **菜飯**（三河地方）　三河の平坦の畑作地帯はダイコンの産地である。ダイコンの葉を活用し、葉を刻んで炊きたてのご飯に混ぜたのが菜飯である。菜飯は、江戸時代には現在の静岡県から滋賀県にかけての宿場町などに広がったが多くが衰退し、たくあんづくりに使って余った葉を活用できる三河などで残った。

コメと伝統文化の例

- **えんちょこ獅子**（高浜市）　用水不便な土地だった高浜で、雨乞いや降雨のお礼の祭りで奉納される獅子舞である。獅子舞は地区組ごとに異なり、森前組の演じる「2人立ちの獅子舞」が「えんちょこ獅子」である。名前は、「へんてこ」や、「宴の座の獅子」のなまりからといわれる。開催は随時。
- **祖父江の虫送り**（稲沢市）　約800年前、斉藤別当実盛は戦の途中、稲の切り株につまずき倒れたため、敵に見つかり討ち取られた。実盛は稲をうらみ、稲を荒す虫になったとされる。その怨霊を鎮めるために始まった。麦わらで等身大の実盛の人形をつくり、日暮れを待って水田の虫を追い、集落を練り歩く。最後に人形を炎の中に投げ込む。開催日は毎年7月上旬。
- **須成祭**（蟹江町）　五穀豊穣と夏の疫病退散を願って行われる冨吉建速神社・八剱社の祭礼で、400余年前から続く。中心となる「車楽船行事と神薙流し」は、国の重要無形民俗文化財であり、「山・鉾・屋台行事」としてユネスコの無形文化遺産にも登録されている。朝祭では、人形を乗せた車楽船が囃子を奏でながら蟹江川を上る。開催日は毎年8月第1土曜と日曜日。
- **石上げ祭**（犬山市）　尾張富士大宮浅間神社で五穀豊穣や子孫繁栄などを祈願して行われる奇祭である。参加者は思い思いの大きさの石を持って山道を上り、山頂に石を積み上げる。1836（天保7）年の天保の大飢

饉^{きん}の翌年から盛大になった。昔、信者が願い事を石に記して祈願したの
が始まりという。開催日は毎年8月第1日曜日。

● **大縣神社豊年祭**^{おおあがた}（犬山市）　豊年を祈る祭りで大勢の人が訪れ、にぎわ
う。尾張に春を呼ぶ祭りである。子ども神輿^{みこし}、稚児行列、献餅車・飾り
車・姫宮福娘パレード、年配の女性たちによる神幸行列、尾張太鼓奉納
などが行われる。開催日は毎年3月15日直近の日曜日。

㉔ 三重県

地域の歴史的特徴

　紀元前250年頃、伊勢湾沿岸に弥生文化が伝わり、水稲栽培を行う農耕集落が成立していたことが津市納所遺跡や鈴鹿市上箕田遺跡などの発掘調査で明らかになっている。

　毎年10月に伊勢神宮では神嘗祭が行われる。その際、内垣に掛けられる稲束を懸税という。現在の明和町山大淀の佐々牟江行宮跡付近で、1羽の鶴が根は1株で八握穂に茂っている稲を示し、倭姫命がそれを大神に捧げたという伝説がある。

　1871（明治4）年の廃藩置県で安濃津県（後に三重県と改称）と度会県が置かれた。旧紀伊牟婁郡のうち、ほぼ熊野川以東が度会県に編入された。三重県のミエという名前の意味については、①朝鮮語で神を意味するミの辺、つまり神のいらっしゃる地、②水を意味するミの辺、つまり水の岸辺、の二つの説がある。

　1876（明治9）年4月18日に両県が合併して現在の三重県が誕生した。同県は4月18日を「県民の日」と定めている。

コメの概況

　三重県の耕地面積に占める水田率は75.6％で、全国平均（54.4％）を大きく上回っている。稲作は伊勢平野や上野盆地が中心である。品目別の農業産出額はコメが鶏卵を上回り、1位である。

　水稲の作付面積、収穫量の全国順位はともに21位である。収穫量の多い市町村は、①松阪市、②伊賀市、③津市、④鈴鹿市、⑤伊勢市、⑥四日市市、⑦桑名市、⑧明和町、⑨いなべ市、⑩玉城町の順である。県内におけるシェアは、松阪市14.7％、伊賀市14.6％、津市13.7％、鈴鹿市8.5％などで、この4市で半分以上を生産している。

　三重県における水稲の作付比率は、うるち米97.6％、もち米1.9％、醸

造用米0.5％である。作付面積の全国シェアをみると、うるち米は1.9％で全国順位が愛知県と並んで20位、もち米は0.9％で山口県と並んで26位、醸造用米は0.6％で27位である。

知っておきたいコメの品種

うるち米

（必須銘柄）あきたこまち、キヌヒカリ、コシヒカリ、どんとこい、みえのえみ、みえのゆめ、ミルキークイーン、ヤマヒカリ

（選択銘柄）イクヒカリ、うこん錦、きぬむすめ、黄金晴、ヒカリ新世紀、ひとめぼれ、ヒノヒカリ、三重23号、みつひかり、夢ごこち

うるち米の作付面積を品種別にみると、「コシヒカリ」が最も多く全体の78.0％を占め、「キヌヒカリ」（9.8％）、「みえのゆめ」（3.0％）が続いている。これら3品種が全体の90.8％を占めている。

- コシヒカリ　県内全域で広く栽培され、8月下旬頃に収穫される。伊賀地区産「コシヒカリ」の食味ランキングは特Aだった年もあるが、2016（平成28）年産はAだった。北勢、中勢、南勢産「コシヒカリ」はAである。三重県内で消費されるほか、中京や阪神方面などに出荷される。
- みえのえみ　三重県がコシヒカリ系の「山形41号」と「ひとめぼれ」を交配し、その後代から育成した早生品種である。1998（平成10）年に品種登録した。上から読んでも、下から読んでも同じなのが面白い。
- みえのゆめ　三重県が「祭り晴」と「越南148号」を交配し育成した。中生品種として期待されてきたため、その期待感を「夢」という言葉に託した。「みえのえみ」に続く「みえの〜」シリーズの第2号である。

もち米

（必須銘柄）なし

（選択銘柄）なし

もち米の作付面積の品種別比率は「あゆみもち」が最も多く全体の58.4％を占め、「喜寿糯」（10.1％）、「カグラモチ」（4.7％）と続いている。この3品種で73.2％を占めている。

醸造用米

（必須銘柄）伊勢錦、神の穂、五百万国、山田錦
（選択銘柄）弓形穂

　醸造用米の作付面積の品種別比率は「山田錦」65.9%、「神の穂」25.9%などである。この2品種が全体の91.8%を占めている。

● **神の穂**　三重県が「越南165号」と「夢山水」を交配し2007（平成19）年に育成し、2010（平成22）年に品種登録された。稲が倒れにくく、収穫量の多いことを目標に開発した。

知っておきたい雑穀

❶小麦

　小麦の作付面積の全国順位は5位、収穫量は8位である。作付面積の広い市町村は、①松阪市（シェア24.0%）、②津市（14.3%）、③鈴鹿市（9.9%）、④菰野町（8.0%）、⑤伊賀市（8.0%）の順である。

❷六条大麦

　六条大麦の作付面積、収穫量の全国順位はともに11位である。主産地はいなべ市（作付面積のシェア65.4%）と東員町（21.4%）である。

❸ハトムギ

　ハトムギの作付面積の全国順位は11位である。収穫量も岡山県と並んで11位である。統計によると、三重県でハトムギを栽培しているのは、いなべ市だけである。

❹そば

　そばの作付面積、収穫量の全国順位はともに32位である。いなべ市が作付面積で県内の46.7%、収穫量で70.3%を生産している。

❺大豆

　大豆の作付面積の全国順位は13位、収穫量は14位である。主産地は松阪市、津市、菰野町、鈴鹿市、伊賀市などである。栽培品種は「フクユタカ」などである。

❻小豆

　小豆の作付面積の全国順位は宮崎県と並んで33位である。収穫量の全国順位は37位である。主産地は伊賀市、津市、名張市などである。

近畿地方　185

コメ・雑穀関連施設

- **立梅用水**（多気町）　紀州藩により江戸時代後期の1823（文政6）年に完工した。水路の延長が30kmと長いため、水路自体に水を貯留するかたちとなり、安定した水の供給ができるようになった。工事には、約300年前から続く水銀の掘削技術を応用した。延べ25万人が工事に加わった。

- **南家城川口井水**（津市）　一級河川雲出川の頭首工から取水し、同川中流域右岸の水田360haにかんがいする用水である。平安時代後期の1190（文治6）年に開設され、1729（享保14）年に南家城井と川口井の二つの井水が連合した。幹線用水路の全長は7kmである。

- **稲生民俗資料館**（鈴鹿市）　資料館は鈴鹿市稲生西2丁目に所在し、稲生という地名にちなんで稲や農業関係の資料を中心に収集し、展示している。水車のほか、穀物の実とからなどを選別する唐箕などの農機具、古代米の一種の赤米や黒米、珍しい紫米なども展示している。稲の品種改良に功績のあった人物も紹介している。

- **智積養水**（四日市市）　四日市市に隣接する菰野町の蟹池を水源とする全長1.8kmの寺井川が同市智積地内を流れ、農業用水や生活用水に使われている。古くから干ばつに苦労していたこの地方ではこの清水を町内の宝として語り継ぎ、人々は用水ではなく、地域を支える「養水」とよぶ。養水には鯉を放流しており、「鯉のまち」でもある。

- **片田・野田のため池群**（津市）　岩田川上流部の里山に点在する約30カ所のため池群の多くは江戸時代に築造された。現在も150haの農地の用水源として利用されている。地域ぐるみで保全活動に取り組んでいる。ため池点検パトロールなど農業者以外の住民も参加する活動が活発である。

コメ・雑穀の特色ある料理

- **タコめし**（鳥羽市）　鳥羽市の答志島は漁業が盛んで、タコつぼを仕掛けたタコ漁が年間を通して行われている。炊き込みご飯であるタコめしのつくり方は家庭によって異なるが、新鮮なタコのうまさを生かすためタコ以外の具は控えめにするのが一般的である。多くてもニンジン、油揚げ、コンニャク程度である。

- **手こねずし**　カツオ、マグロなど赤身の刺し身をたれに漬け込み、酢飯と合わせた寿司である。好みで、大葉、ショウガ、のりなどを散らす。奥志摩地方のカツオ釣りの漁師が、釣ったカツオと持参した酢めしに、しょうゆをぶっかけ、手でこね混ぜて食べたのが起こりである。船上で時間をかけずに食事をとる知恵だった。
- **カキめし**（志摩半島）　的矢湾をはじめ志摩半島一帯ではカキの養殖が行われている。ここでとれる鮮度の良いカキを使ったカキめしは、古くから地域で親しまれている冬の家庭料理である。具には他に油揚げ、コンニャク、ゴボウ、ニンジンなどを使い、コメ、しょうゆ、酒とともにたく。沸騰したらカキを加え、少し蒸らしてから全体を混ぜる。
- **しぐれ肉巻きおにぎり**（桑名市など）　時雨アサリを使用した時雨ご飯を豚肉で巻いたおにぎり。甘辛いたれでからめる。付け合わせにプチトマト、サラダ菜などを添える。

コメと伝統文化の例

- **千枚田の虫送り**（熊野市）　熊野市紀和町の丸山千枚田は、「日本の棚田百選」の一つである。実際は大小1,340枚という千枚田のあぜを、夕方から「虫送り殿のお通りだい」という掛け声とともに、鉦や太鼓を打ち鳴らしながら提灯や松明であたりを照らし、練り歩く。開催日は7月第1土曜が多い。
- **伊雑宮御田植祭**（志摩市）　伊雑宮は、伊勢神宮内宮の別宮である。平安時代の古式ゆかしい衣装をまとい田楽に合わせての御料田での田植え、青年たちが泥にまみれながら竹を奪い合う竹取り行事などが奉納される。千葉の香取神宮、大阪の住吉大社と並ぶ日本三大御田植祭の一つである。開催日は毎年6月24日。
- **ひっぽろ神事**（志摩市）　1年の豊作を祈願して、志摩市阿児町立神地区の宇気比神社の境内で行われる正月行事である。獅子舞神事を中心に、小踊り、豊年竿踊り、小屋破り、火祭りなどが奉納される。笛の音色が「ヒッポリリョウリョ」と聞こえるのが名前の由来である。開催日は毎年1月2日。
- **鍬形祭**（鳥羽市）　五穀豊穣を祈願する祭りである。九鬼岩倉神社の拝殿前の広場を田んぼに見立て、昔の米づくりの作業を模した神事である。

近畿地方　187

田起こし、あぜ削り、あぜ塗り、馬を歩かせて土を砕く馬入れ、肥やしまき、田ならし、もみまき、苗取りといった田植え前の所作が詳しい。開催日は毎年4月第1日曜日。

- **かんこ踊り**（伊賀市）　三重県を代表する民俗芸能で各地で多様なかたちで踊られている。同地方では、古来から田楽形式のかんこ太鼓を肩からかけ、雨乞いの祈りを捧げてきた。伊賀市山畑の勝手神社のかんこ踊りは、これが神霊化し、五穀豊穣などを祈る踊りになった。開催日は毎年10月第2日曜日。

25 滋賀県

地域の歴史的特徴

琵琶湖は日本最大の湖である。紀元前100年頃、琵琶湖畔の大中周辺で稲作を行う農耕集落が成立し、大量の木製農具が使用されていたことが湖南遺跡などの発掘調査で明らかになっている。琵琶湖の南側や東側は、古くから近江米の産地として知られている。

1868（明治元）年には現在の滋賀県の前身にあたる大津県が誕生した。1872（明治5）年には滋賀県と犬上県が合併し、現在の滋賀県が誕生した。県名のシガは砂州や湿地帯を意味する。琵琶湖畔の湿地帯の意味である。1881（明治14）年には若越4郡が福井県に編入され、分離した。

コメの概況

滋賀県の耕地面積のうち92.2％が水田で、水田率は富山県に次いで、全国で2番目に高い。農業産出額に占めるコメの比率は54.4％で、富山県、福井県に次いで全国で3番目に高い。

水稲の作付面積、収穫量の全国順位はともに17位である。収穫の多い市町村は、①東近江市、②長浜市、③高島市、④近江八幡市、⑤甲賀市、⑥彦根市、⑦野洲市、⑧米原市、⑨大津市、⑩守山市の順である。県内におけるシェアは、東近江市17.1％、長浜市15.4％、高島市9.8％、近江八幡市9.1％などで、この4市で半分以上を生産している。

滋賀県における水稲の作付比率は、うるち米95.2％、もち米3.4％、醸造用米1.4％である。作付面積の全国シェアをみると、うるち米は2.2％で全国順位が埼玉県、長野県、兵庫県、熊本県と並んで14位、もち米は1.9％で岐阜県と並んで13位、醸造用米は2.2％で福島県と並んで12位である。

滋賀県内で生産されるうるち米、醸造用米、もち米を総称して「近江米」とよんでいる。近江米は京阪神や中京地方に出荷されている。

近畿地方　189

知っておきたいコメの品種

うるち米

（必須銘柄）秋の詩、キヌヒカリ、吟おうみ、コシヒカリ、日本晴、みずかがみ、ゆめおうみ、レーク65

（選択銘柄）あきたこまち、きぬむすめ、ササニシキ、にこまる、ハイブリッドとうごう3号、ハナエチゼン、はるみ、ヒカリ新世紀、ひとめぼれ、ヒノヒカリ、みつひかり、みどり豊、ミルキークイーン、ゆうだい21、夢ごこち、夢の華、夢みらい

　うるち米の作付面積を品種別にみると、「コシヒカリ」が最も多く全体の38.6％を占め、「キヌヒカリ」（23.2％）、「日本晴」（10.6％）がこれに続いている。これら3品種が全体の72.4％を占めている。

- **コシヒカリ**　湖北、湖東、湖西地区を中心に全県的に栽培されている。2015（平成27）年産の1等米比率は76.0％だった。県内産「コシヒカリ」の食味ランキングはAである。

- **キヌヒカリ**　湖南、中部、湖東地区を中心に栽培されている。全国的にも滋賀県で多く栽培されている。

- **日本晴**　「ヤマビコ」と「幸風」を交配して育成された。湖南、甲賀、中部、湖東地区の平坦地を中心に栽培されている。粘りが弱く、ほどよい硬さのため、すし米に向いている。

- **秋の詩**　滋賀県が「吟おうみ」と「コシヒカリ」を交配して育成した。2015（平成27）年産の1等米比率は85.5％だった。県内産「秋の詩」の食味ランキングは特Aだった年もあるが、2016（平成28年）産はAだった。

- **みずかがみ**　滋賀県が「滋賀66号」と「滋賀64号」を交配して、育成し、2013（平成25）年秋にデビューした。美しく輝く豊かな琵琶湖の水が連想されるとして命名された。「コシヒカリ」より数日から1週間早い早生品種である。夏の暑さにも強い温暖化対応品種である。県内の水稲全作付品種に占める「みずかがみ」の作付比率は7.2％である。2015（平成27）年産の1等米比率は87.7％だった。県内産「みずかがみ」の食味ランキングは2年連続で最高の特Aに輝いた。

- **レーク65** 「ヒノヒカリ」と「キヌヒカリ」を交配して、滋賀県が育成した早生品種である。地力中よう以上の地域に適している。

もち米

（必須銘柄）滋賀羽二重糯

（選択銘柄）ヒメノモチ、マンゲツモチ

　もち米の作付面積の品種別比率は「滋賀羽二重糯」が最も多く全体の88.2％を占めている。

- **滋賀羽二重糯** 1938（昭和13）年に滋賀県で改良羽二重糯から純系分離して育成され、県内全域で生産されている。長年にわたり和菓子などにも活用されている。産地の一つ、甲賀市の小佐治地区では「小佐治のもち」を製造、直売している。

醸造用米

（必須銘柄）吟吹雪、玉栄、山田錦

（選択銘柄）滋賀渡船6号

　醸造用米の作付面積の品種別比率は「吟吹雪」が最も多く全体の21.4％を占め、「玉栄」（14.3％）がこれに続いている。この2品種が全体の35.7％を占めている。

- **吟吹雪** 滋賀県が「山田錦」と「玉栄」を交配して1995（平成7）年に育成した。滋賀県中南部の地力中よう以上の地域に適している。
- **玉栄** 愛知県が「山栄」と「白菊」を交配して1965（昭和40）年に育成した。主に湖南地方、湖東地区の平坦部で栽培されている。

知っておきたい雑穀

❶小麦

　小麦の作付面積の全国順位は4位、収穫量は7位である。栽培品種は「農林61号」「ふくさやか」などである。市町村別の作付面積の順位は①東近江市（シェア22.9％）、②近江八幡市（14.8％）、③長浜市（13.0％）、④野洲市（9.1％）、⑤守山市（5.9％）の順である。

❷二条大麦

　二条大麦の作付面積の全国順位は17位、収穫量は15位である。統計に

近畿地方 191

よると、滋賀県で二条大麦を栽培しているのは近江八幡市だけである。

❸六条大麦

六条大麦の作付面積の全国順位は10位、収穫量は9位である。市町村別の作付面積の順位は①長浜市（シェア35.4％）、②高島市（18.7％）、③東近江市（11.4％）、④大津市（10.1％）、⑤竜王町（8.8％）で、これら5市町が県全体の8割以上を占めている。

❹はだか麦

はだか麦の作付面積の全国順位は8位、収穫量は7位である。産地は彦根市などである。栽培品種は「イチバンボシ」などである。

❺キビ

キビの作付面積の全国順位は6位である。統計では収穫量が不詳のため、収穫量の全国順位は不明である。統計によると、滋賀県でキビを栽培しているのは高島市だけである。

❻そば

そばの作付面積の全国順位は18位、収穫量は14位である。主産地は長浜市、米原市、東近江市、高島市などである。栽培品種は「常陸秋そば」「在来種」「信濃1号」などである。

❼大豆

滋賀県における大豆、小豆を含めた豆類の農業産出額に占める比率は2.7％である。これは北海道を上回り、全国で最も高い。

大豆の作付面積、収穫量の全国順位はともに6位である。県内の全市町で広く栽培されている。主産地は東近江市、長浜市、近江八幡市、野洲市、彦根市などである。栽培品種は「フクユタカ」「エンレイ」「オオツル」などである。

❽小豆

小豆の作付面積の全国順位は福岡県と並んで26位である。収穫量の全国順位は23位である。主産地は高島市、長浜市、東近江市、米原市などである。

コメ・雑穀関連施設

● **愛知川用水**（東近江市、近江八幡市、愛荘町、豊郷町）　受益地域は湖東平野のほぼ中央に位置し、7,500haに及ぶ扇状地である。古来より近

江米の主産地として稲作が盛んな地域だった。愛知川用水は1952（昭和27）年に着工した国営事業などによって、永源寺ダムとともに築造された水路ネットである。持続的な農業の発展に貢献している。

- **野洲川流域**（甲賀市、湖南市、栗東市、野洲市、守山市）　水源の野洲川ダムは国営農業用コンクリートダムの第1号である。近代的な農業水利施設は、基幹施設である水口・石部の各頭首工が1947（昭和22）年から55（同30）年にかけて国営事業として造成された。上流で取水された用水の65％が下流に流出し、それを各頭首工で取水するなど水資源を有効活用している。流域は近江米の穀倉地帯である。

- **湖北用水**（長浜市）　湖北地域の用水源は高時川など3河川からの取水が大部分を占めていたが、扇状地のため用水の地下への浸透が大きく水不足を生じていた。このため、1965（昭和40）年度から86（同61）年度にかけ、国営湖北土地改良事業が行われ、琵琶湖などにも用水補給源を求めて用水不足を解消した。受益水田面積は4,720haである。

- **淡海湖**（高島市）　人里から4km離れた標高450mの山中にあるため池である。淡海耕地整理組合が大正年間（1912～26）に築いた。湖面12ha、貯水量は132万トンである。渓谷につくった堰堤から1.2kmのトンネルを掘って導水した。池の築造と並行して100haの耕地整理が行われ、桑畑が水田に変貌し、現在は滋賀県を代表する早場米の産地になっている。

- **八楽溜**（東近江市）　同市大沢地区で江戸時代に築造されたかんがい用のため池である。1616（元和2）年に帰農した武士たちが原野を開墾したものの、周囲の村から用水の供給を受けられなかったため、近江彦根藩の第2代藩主井伊直孝に請願して実現した。現在も水田を潤しているほか、1998（平成10）年には池伝統の「総つかみ・オオギ漁」が復活した。

コメ・雑穀の特色ある料理

- **ふなずし**（琵琶湖周辺）　なれずしの一種で、琵琶湖にしか生息しないニゴロブナの子持ちの雌を塩漬けにし、ご飯とともに半年以上、たるの中で発酵させる。ただ、すしといってもご飯は食べず、魚を薄くスライスして食べる。奈良時代前から続く郷土料理である。田んぼで産卵する

近畿地方　193

ため、川を上ってきた際に捕獲する。

- **アメノイオごはん**　ビワマスの炊き込みごはんである。秋になって雨が降ると、ビワマスが産卵のために野洲川をさかのぼる。卵をもった雌のビワマスをこの地方では「アメノイオ」「アメノウオ」「アメウオ」などとよぶ。現在では、保護のため時期によって捕獲を禁止している。

- **シジミご飯**　琵琶湖では固有種のセタシジミが採れる。貝殻はべっこう色で、殻は小さく身が大きい。夏場の土用シジミは暑さ負けに効き、寒シジミは味が良いとされる。シジミはショウガなどとともに汁気がなくなるまであらかじめ煮込み、炊き上がったご飯に混ぜる。

- **山菜天丼**　滋賀の山里は山菜が豊富である。ヤマウドの若葉やつぼみ、カボチャの薄切り、ナス、シシトウなどを天ぷらにしてご飯にのせて甘めの天つゆをかけ、好みでミョウガやショウガをのせたのが山菜天丼である。旬の季節は、山菜の若葉の出る春である。

- **打ち豆雑煮**　打ち豆は、水でふやかした大豆を木槌などで打ちつぶしてつくった豆汁に、小ぶりのもち、サト芋、ニンジンなどを入れてつくる。湖東、湖北地方を中心に食べられる雑煮の一つである。大豆を沸騰した湯に2～3分つけ、取り出して布巾で包み、半日程度水分を吸い込ませてからつぶしてもよい。

コメと伝統文化の例

- **大野木豊年太鼓踊り**（米原市）　太鼓踊りは、雨乞いのため、太鼓を打ち鳴らし踊る郷土芸能である。踊り方、歌い方、囃子方、添音頭取り、獅子舞などで構成する。歌い方は紋付き、はかまを着用する。開催は10月。

- **虫送り**（竜王町）　稲の害虫を追い払い、五穀豊穣を祈る伝統的な行事である。枯れた菜種殻などでつくった松明に氏神のご神灯の火を点け、にぎやかに鉦や太鼓を打ち鳴らしながら夕暮れのあぜ道を進む。松明の煙と炎が田の虫を追い払うとされる。開催日は、7月上旬～下旬で集落ごとに異なる。

- **粥うらない**（竜王町）　大きな釜に前年収穫した米と竹筒を入れてかゆを炊き、炊き上がった後、竹筒の中のかゆの詰まり具合でその年のコメの作柄を占う。平安時代から続くとされる伝統行事である。会場は竜王

町田中の八幡神社。開催日は毎年1月14日。

- **おこない**（長浜市）　おこないは、村人の結びつきを強め、豊作を祈る祈念祭である。滋賀県の湖北と甲賀地方では旧村ごとに行われ、盛んである。祈願の対象は地域によって、観音様、氏神様、薬師様などまちまちである。開催時期は1月～3月が多い。

- **おはな踊り**（甲良町）　甲良町北落の日吉神社で行われる雨乞いの踊りである。村人の水への願望と、竜神との約束を違えたために命を絶たれたおはなという美女の物語が踊りとなった。踊りは慈雨をもたらされた村人の喜びを表し、伝承されている。日吉神社の横には「おはな堂」がある。開催日は毎年8月21日。

- **すし切り祭り**（守山市）　守山市幸津川町の下新川神社の境内で、当番の若者2人がかみしも姿で、古式に従って鉄製の真魚箸と包丁を両手に持ってまな板の上のフナずしを切り、神に供える。これに続いて、子どものなぎなた踊り、神輿の渡御などが行われる。開催日は毎年5月5日。

26 京都府

地域の歴史的特徴

京都府南部の京都盆地は1,200年も前から日本の中心として栄えてきた。府名は、794（延暦13）年の平安京遷都以来約1,000年にわたってみやこ（都）として栄え、「京の都」といわれたことに由来する。

若狭（現在の福井県南西部）と京都盆地を結ぶ街道は「さば街道」とよばれた。北海道からも乾燥させた魚が運ばれてきた。

1485（文明17）年には山城南部で国人と農民が山城国一揆を起こした。国人だけでなく、農民も協力し、守護大名の畠山氏の政治的影響力を排除して8年間自治を行った。

1509（永正6）年には、幕府が、大都市・京都で米場を通さないコメの小売りを禁止し、米場以外でコメ市をたてることを禁じた。京都の米場はこの禁令によって独占を強め、卸売市場の先駆けに成長していった。

1876（明治9）年には現在の京都府域が確定した。1890（明治23）年には琵琶湖の水を京都に流す悲願の琵琶湖疏水が完成し、首都の東京への移転で活気をなくしていた京都再興の礎になった。

コメの概況

京都府は、京都盆地と亀岡盆地を除いて平地が少ないため、総土地面積に占める耕地率は6.7％で、全国で8番目に低い。

水稲の作付面積、収穫量の全国順位はともに34位である。収穫量の多い市町村は、①京丹後市、②亀岡市、③福知山市、④南丹市、⑤綾部市、⑥京都市、⑦京丹波町、⑧与謝野町、⑨舞鶴市、⑩木津川市の順である。県内におけるシェアは、京丹後市17.1％、亀岡市11.6％、福知山市10.7％、南丹市10.4％などで、この4市で半分近くを生産している。

京都府における水稲の作付比率は、うるち米96.2％、もち米2.4％、醸造用米1.4％である。作付面積の全国シェアをみると、うるち米は1.0％で

全国順位が愛媛県と並んで34位、もち米は0.6％で群馬県、愛知県、徳島県と並んで31位、醸造用米は1.0％で静岡県と並んで22位である。

知っておきたいコメの品種

うるち米

（必須銘柄）キヌヒカリ、コシヒカリ、どんとこい、日本晴、ヒノヒカリ、フクヒカリ、祭り晴

（選択銘柄）京の輝き、にこまる、ヒカリ新世紀、ほむすめ舞、ミルキークイーン、夢ごこち

　うるち米の作付面積を品種別にみると、「コシヒカリ」が最も多く全体の56.8％を占め、「キヌヒカリ」（21.4％）、「ヒノヒカリ」（16.8％）がこれに続いている。これら3品種が全体の95.0％を占めている。

- **コシヒカリ**　2015（平成27）年産の1等米比率は75.0％だった。丹波地区産「コシヒカリ」の食味ランキングはA'である。丹後産「コシヒカリ」は特Aだったこともあるが、2016（平成28年）産はAだった。
- **キヌヒカリ**　丹波地区産「キヌヒカリ」の食味ランキングは、2016（平成28）年産で初めて最高の特Aに輝いた。
- **ヒノヒカリ**　山城地域、南丹市などで栽培されている。
- **京の輝き**　農研機構と京都府が「収6602」と「山形90号」を交配して育成して、共同開発した。大粒で酒造適性に優れる掛米用品種である。丹波・丹後地区産「京の輝き」の食味ランキングはAである。

もち米

（必須銘柄）新羽二重糯

（選択銘柄）なし

　もち米の作付面積の品種別比率は、晩生品種の「新羽二重糯」が最も多く全体の91.7％を占めている。

- **新羽二重糯**　京都府が改良羽二重糯から純系分離して1946（昭和21）年に育成した。同年に導入以来、京都の主要なもち米の品種として定着している。

近 畿 地 方　197

醸造用米

（必須銘柄）祝、五百万石
（選択銘柄）山田錦

醸造用米の作付面積の品種別比率は「祝」が全体の57.1％、「五百万石」が42.9％である。

- **祝**　京都府が在来品種の「野条穂」から純系分離し、1933（昭和8）年に育成した晩生品種である。一時栽培されなくなっていたが、1992（平成4）年度から京都府産のオリジナル米として復活した。

知っておきたい雑穀

❶小麦

小麦の作付面積の全国順位は29位、収穫量は34位である。産地は福知山市、南丹市、綾部市などである。

❷二条大麦

二条大麦の作付面積、収穫量の全国順位はともに16位である。統計によると、京都府で二条大麦を栽培しているのは亀岡市だけである。

❸そば

そばの作付面積の全国順位は30位、収穫量は31位である。主産地は福知山市、京丹後町、南丹市、伊根町などである。栽培品種は「在来種」「信濃1号」「信州大そば」などである。

❹大豆

大豆の作付面積の全国順位は34位、収穫量は33位である。産地は京丹後市、京丹波町、南丹市、福知山市、与謝野町などである。栽培品種は「オオツル」「新丹波黒」などである。

❺小豆

小豆の作付面積、収穫量の全国順位はともに北海道、兵庫県に次いで3位である。主産地は福知山市、京丹後市、綾部市、南丹市、京丹波町などである。

コメ・雑穀関連施設

- **洛西用水**（京都市、向日市、長岡京市）　京都市西京区嵐山から洛西地

方にまたがる幹線延長20kmのかんがい用水である。5世紀後半に朝鮮の新羅から来た秦氏が、未開拓地であった嵯峨野に堰や用水路を築造し、農業の礎を築いた。現在の一ノ井堰は、1951（昭和26）年に京都府が10カ所余りの井堰を統合して築造した。西京区から長岡京市に至る200haの田畑を潤している。

- **上桂川用水**（亀岡市）　淀川水系桂川に室町時代に築造された寅天堰を最上流堰とし、徳川時代に築造された7井堰が亀岡盆地の760haにかんがい用水を供給していた。1959（昭和34）年の水害でこれらが壊滅されたため、7井堰を統合した上桂川統合堰を建設することになり、幹線水路を含め1963（昭和38）年に完工した。亀岡市は京都の穀倉地帯である。

- **広沢池**（京都市）　8世紀頃、洛西一帯が開墾された際、農業用水にするためにその原形がつくられた。現在の池は、989（永祚元）年に寛朝僧正が遍照寺を建立した際に築堤した。池周辺は歴史的風土特別保存地区に指定され「稲穂実る風景」を次世代に伝えるため、厳しい開発制限が課されている。古くから観月の名所で、数多くの俳句や短歌が詠まれている。

- **佐織谷池**（舞鶴市）　舞鶴市西部の下東に、江戸時代前期に築造された。近くを流れる由良川の水は塩分を含み農業に適さないため、由良川下流の16haの水田に欠かすことのできない水源である。森鴎外の小説『山椒大夫』の「安寿と厨子王」で知られる安寿姫の塚がある。毎年7月14日には安寿姫の慰霊祭が行われる。

- **綾部井堰**（綾部市）　12世紀に平重盛が綾部を支配していたときに築いた。由良川河口から52.4kmの左岸に位置する。堰堤長212.5m、幅45m、落差2mのコンクリート堰堤である。現在、綾部井堰は国土交通省、綾部市から福知山市前田までの用水路・排水路18kmは綾部井堰土地改良区が管理し190haの農地を潤している。

コメ・雑穀の特色ある料理

- **丹後のばらずし**（丹後地方）　京丹後市、宮津市、与謝野町などで、正月や冠婚葬祭、誕生日などに欠かせない家庭料理である。具材は、グリーンピース、紅ショウガ、錦糸卵、シイタケ、カモボコ、カンピョウな

どと彩りが豊かである。丹後のばらずしは、これにサバのそほろが加わる。具材は、家庭や季節によって異なる。

- **サバずし**（京都市）　ふきんの上にすし飯を置き、塩サバの身を張りつけ、ふきんで全体を包んで形を整えてから竹の皮で包む。これを並べて重石をし、一晩おくと、サバの脂がすしめしになじむ。京都市内の祭りに欠かせない料理で、たくさんつくって親戚などに配ることも多い。

- **衣笠丼**（京都市）　甘辛く炊いた油揚げと九条ネギを卵でとじ、ご飯にのせる。料理名にある衣笠は、京都市北区と右京区の境にある標高201mの山である。第59代宇多天皇が真夏に雪景色を見たいと衣笠山に白い絹をかけた故事から「きぬかけ山」ともよばれる。丼に盛った姿を衣笠山に見立て、名前がついた。

- **岩ガキ丼**（舞鶴市）　日本海に面した舞鶴市では、夏場に水中の岩場で岩ガキがとれる。岩ガキ丼は同市の名物料理で、地元産の新鮮な岩ガキと、近海で獲れた魚を原料にした舞鶴カマボコをご飯の上にのせる。

コメと伝統文化の例

- **高盛御供**（京都市）　「高盛」という「神饌」を神に献上する豊穣感謝の儀式である。みそをつなぎにして、湯がいた小芋を高く盛り上げ、柿やサツマ芋を飾りつけ、ご飯を型にはめ込んだ「神饌」を北白川天神宮の神前に供える。開催日は毎年10月第1日曜日。

- **伏見稲荷大社の火焚祭**（京都市）　その年の稲わらや全国から寄せられた火焚串などを焚き上げて収穫を感謝し、恵みをもたらしてくれた神を山にお送りする祭りである。京都の秋の風物詩の一つである。開催日は毎年11月8日。

- **大原のさぎちょう**（京都市）　漢字では左義長と書く。別名は「どんど焼き」である。竹や木などでやぐらを組み、正月飾りなどを持ち寄って積み上げて燃やし、五穀豊穣や無病息災を祈る。開催日は小正月の1月15日頃。

- **水口播種祭**（京都市）　伏見稲荷大社の苗代田に籾種をまき、充実した生育を祈願する祭りである。本殿祭の後、境内の神田で行われる。種まきにあたっては、独特の歌詞の水口播種祭歌が歌われる。開催日は毎年4月12日。

●**賀茂競馬**〔くらべうま〕　上賀茂神社で行われる1093（寛治7）年に始まった伝統ある神事である。独特の装束をまとった乗尻（騎手）の乗った12頭の馬が、2頭ずつ左右に分かれて約400mを駆け抜け、速さ、作法などを競う。五穀豊穣を祈願するとともに、その勝敗によって米作の豊凶を占う。兼好法師の徒然草第四十一段にも「五月五日、賀茂の競馬〔くらべうま〕を見侍りにし」とある。開催日は毎年5月5日。

27 大阪府

地域の歴史的特徴

大阪はかつて大坂と書いた。大和川と淀川の間に南北に横たわる上町台地の最高所を走る上町筋に沿った上本町（現在の天王寺区）あたりで坂が目立っていたことが地名の由来になっている。1868（明治元）年に現在の大阪に変更された。

商業が盛んだった大坂は、江戸時代には、北海道や九州からも船で多様な食材が運ばれてくるようになり、「天下の台所」とよばれた。ところが、1786（天明6）年の不作を受けた全国的な米不足から米価が高騰し、大坂ではコメが入手しにくくなった。1787（天明7）年に町人たちは売り惜しむ米屋を襲い、約200軒の店を打ち砕き、「天明の打ち壊し」のきっかけになった。打ち壊しは畿内（京都周辺の5カ国）各地から江戸にも波及した。

1887（明治20）年には大阪府から奈良県を分離し、現在の境域が定まった。

コメの概況

大阪府の農業産出額を品目別にみると、コメがブドウを上回り、最も多い。降水量の少ない地域の稲作には、水の確保が欠かせない。大阪府には、岸和田市の久米田池をはじめ、近畿地方では最も多い1万1,000余カ所のため池があり、全国でも兵庫県、広島県、香川県に次いで4番目に多い。

水稲の作付面積の全国順位は43位、収穫量は44位である。収穫量の比較的多い市町村は、①堺市、②能勢町、③高槻市、④茨木市、⑤枚方市、⑥泉佐野市、⑦富田林市、⑧和泉市、⑨河内長野市、⑩泉南市の順である。県内におけるシェアは、堺市10.5％、能勢町9.1％、高槻市7.6％、茨木市6.8％、枚方市6.3％などで、生産地は府内全域に広く分布している。

大阪府における水稲の作付比率は、うるち米98.0％、もち米2.0％である。

公益社団法人米穀安定供給確保支援機構の推計では醸造用米の作付けはゼロである。作付面積の全国シェアをみると、うるち米は0.4％で全国順位が43位、もち米は0.2％で山梨県、和歌山県と並んで41位である。

知っておきたいコメの品種

うるち米

（必須銘柄）キヌヒカリ、コシヒカリ、ひとめぼれ、ヒノヒカリ、祭り晴
（選択銘柄）あきたこまち、きぬむすめ、にこまる

　うるち米の作付面積を品種別にみると、「ヒノヒカリ」が最も多く全体の73.5％を占め、「キヌヒカリ」（13.3％）、「きぬむすめ」（12.2％）がこれに続いている。これら3品種が全体の99.0％を占めている。

- ●ヒノヒカリ　平坦部を中心に栽培されている。収穫時期は10月中旬頃である。一部地域では地元産のヒノヒカリを学校給食で使用している。
- ●キヌヒカリ　中山間部を中心に栽培されている。収穫時期は9月中旬頃の極早生品種である。
- ●きぬむすめ　2009（平成21）年から府内一般農家のほ場での栽培が始まった。収穫時期は平坦地、中山間地ともが10月上旬である。親の「キヌヒカリ」「祭り晴」はともに大阪府の奨励品種であり、大阪府にはなじみの深い品種である。

もち米

（必須銘柄）なし
（選択銘柄）なし

　もち米の作付はすべて「モチミノリ」である。

醸造用米

　（必須銘柄）雄町、五百万石、山田錦
　（選択銘柄）なし

近　畿　地　方　203

知っておきたい雑穀

❶そば

そばの作付面積の全国順位は47位、収穫量は和歌山県と並んで46位である。産地は河内長野市などである。

❷大豆

大豆の作付面積、収穫量の全国順位はともに45位である。産地は茨木市、堺市、河内長野市などである。栽培品種は「タマホマレ」「黒大豆」などである。

コメ・雑穀関連施設

- **堂島米会所跡**（大阪市） 1730（享保15）年、幕府は堂島米会所（市場）に帳簿上の差金授受によって決裁を行う張合米取引を公認した。その取引の手法は現在の世界各地における組織化された商品・証券・金融先物取引の先駆をなすものであり、大阪は先物取引発祥の地とされる。その跡地には稲穂で遊ぶ子どもの像をあしらった記念碑が立っている。

- **大阪府立弥生文化博物館**（和泉市） 「米つくりの始まり」コーナーは、「米つくりのルーツ」「米つくりの技術」の小テーマに従って、春の田起こしから秋の収穫や脱穀に至る弥生時代の農作業を復原している。農具のレプリカなども展示している。縄文人、弥生人、古墳人の身長をパネルで比較する「弥生人」コーナーもある。

- **長池オアシス**（長池・下池、熊取町） 大阪府は河川の水量が少ないため、農業用水を確保するためのため池が多く築造されてきた。長池、下池は室町時代に築造された農業用水用のため池で、今日も活用されている。1994（平成6）年から2000（同12）年にかけて大阪府のオアシス構想によって、パピルスなどの水生植物帯などが整備された。地元のため池や植物帯などの維持管理活動が活発である。

- **久米田池**（岸和田市） 僧行基が干ばつに悩む農民をみて、奈良時代の725（神亀2）年から738（天平10）年まで14年の歳月をかけて築造した。堤防は、粘土質と砂れきを交互につき固め、両層の間に木の葉を挟む敷葉工法を採用している。その後、周辺の小さな池を集めて現在の池になった。大阪府で最大級のため池である。池畔には、行基開創の名刹久米

田寺がある。年間100種類以上の渡り鳥などが羽を休める池は"鳥の国際空港"として親しまれている。

- **狭山池**（大阪狭山市）　築造は7世紀前半とされ、現存する日本で最も古い人工的なため池である。古事記、日本書紀にも登場する。現在も周辺の358 ha に農業用水を供給している。古くは奈良時代、鎌倉時代、安土桃山時代などに大規模な改修が行われており、堤や樋などには各時代の技術が集積されている。こうした水利システムや土木遺産は隣接する大阪府立狭山池博物館に展示されている。

- **花折水路**（千早赤阪村）　金剛山を源とする千早川から取水し、30 ha の農地を潤す農業用水路である。花折水路の流れる下赤阪は金剛山麓の中山間地域に位置し、古くから稲作が行われてきた。下赤阪の棚田は「日本の棚田百選」にも認定され、村を代表する景勝地になっている。

コメ・雑穀の特色ある料理

- **箱ずし**　木型にエビやアナゴ、タイの切り身などの具と酢飯を重ねて詰め込み、押して四角い形に整えた後、取り出して一口の大きさに切る箱ずしは、大阪を代表する押しずしである。「大阪ずし」ともよばれる。高級志向で、見た目も美しい。

- **バッテラ**　サバに塩を振って酢でしめ、薄く削った白板昆布を重ねた押しずしである。バッテラはポルトガル語で小舟を意味する。押しずしの木枠を舟と見立てた。大阪湾に面した堺市は室町時代から安土桃山時代にかけて外国にも開かれた商業都市だったため、すしにもポルトガル語の名前が付いた。

- **かやくごはん**　かやく（加役）は、主材料に加える補助材料をいう。ニンジン、ゴボウ、ハス、コンニャク、油揚げといった加役を入れた炊き込みごはんである。かやくは、もともとは漢方の言葉で、主要薬に対し、補助的な加薬を意味した。

- **白みそ雑煮**　大阪や京都の伝統的な雑煮は、白みそ汁に丸もちが一般的である。大根やニンジンなどは丸く輪切りにする。家庭円満を願い、角が立たないようにとの縁起からである。正月から殺生をしないということで、だしは昆布だけでとる。

- **まむし**　大阪など関西では、ウナギご飯をまむしという。ご飯とご飯の

近畿地方　205

間にウナギを入れる。名前については、①ご飯の間にウナギを挟んで蒸す「間蒸す」から、②ウナギを蒸して脂を抜く「真蒸す」から、③ご飯とウナギをまぶすが変化して、といった説がある。

コメと伝統文化の例

- **波太神社の宮入**（阪南市）　五穀豊穣を祈りながら、阪南市内各地区の20台のやぐらを引く祭り。最大の見せ場は波太神社の拝殿前の階段を駆け上がる「宮上がり」である。一気呵成に上がれば、翌年の豊作の吉兆となる。開催日は毎年10月の体育の日の前日。

- **御田植神事**（大阪市）　住吉区の住吉大社で行われる御田植神事は千葉県の香取神宮国御田植祭、三重県の伊雑宮御田植祭とともに日本三大御田植祭の一つである。神功皇后が田んぼを設け、御田をつくらせたのが始まりとされ、国の重要無形民俗文化財に指定されている。開催日は毎年6月14日。

- **だいがく祭り**（大阪市）　大阪市西成区の生根神社に伝わる。9世紀の大干ばつの際、国内66地域の有力神社に見立てた神灯を掲げて雨乞いしたのが始まりである。だいがくは、長い丸太柱に79個の神灯を飾りつけた高さ約20mの巨大な櫓である。漢字では台額、台楽などいくつかの説があるため、かなで表記している。開催日は毎年7月24日～25日。

- **粽祭**（堺市）　堺市堺区の方違神社で行われる神事である。神功皇后が方違のお祓いをされた故事による。菰の葉で境内の土を包んだ方除けのちまきを神前に供えた後、参拝者に授与する。これによって、方位からの災いを免れることができるとされる。開催日は毎年5月31日。

- **葛城踊り**（岸和田市）　江戸時代に、和泉葛城山頂に鎮座する八大竜王社の氏子である山麓の5カ村が、降雨を神に祈願し、感謝するために行った踊りである。何回か断絶したが、塔原地区で伝承しており、塔原町の弥勒寺境内で演じられる。大阪府の無形民俗文化財である。開催日は毎年8月14日。

28 兵庫県

地域の歴史的特徴

　1876（明治9）年には兵庫、飾磨、豊岡、名東の4県が統合されて現在の兵庫県の姿になった。北部は日本海、南部は瀬戸内海に面し、淡路島の先には紀伊水道が広がっている。この地には天智天王の昔、唐や新羅に備えた武器庫があった。兵は武器、兵庫は武庫ともいい、県名は兵器庫、武器庫の置かれた地に由来する。

　1840（天保11）年、魚崎郷と西宮郷で酒造りをしていた櫻政宗の6代目山邑太左衛門は、西宮の梅の木蔵の井戸水を魚崎でも用いて仕込んだところ西宮と同様に優良な酒ができた。これによって、灘地域などの酒造家は皆、宮水（西宮の水）を使うようになった。

　灘一帯の酒造地を灘五郷とよぶ。現在の範囲は、西宮市今津、西宮、神戸市東灘区魚崎、御影、神戸市灘区西郷である。「灘の生一本」で知られ、酒造りに適した宮水が湧く。神戸市中央区の松尾神社には「酒の神」が祀られている。

　酒米好適米の「山田錦」発祥の地である多可町中区には山田錦誕生のきっかけをつくった山田勢三郎の頌徳碑が建立されている。多可町は山田錦誕生70周年の2006（平成18）年に「日本酒で乾杯のまち」を宣言している。

コメの概況

　兵庫県の耕地面積に占める水田の比率は91.3％と9割を超えており、全国で富山県、滋賀県に次いで高い。水田は、瀬戸内海に流入する河川流域の平野や、県北部や中部の盆地や平地に広がっている。降水量が少ないこともあって、兵庫県内のため池の数は4万3,000余カ所で全国の21.9％を占め、全国で最も多い。

　水稲の作付面積の全国順位は13位、収穫量は14位である。収穫量の多

近畿地方　207

い市町村は、①豊岡市、②丹波市、③神戸市、④篠山市、⑤姫路市、⑥三木市、⑦加西市、⑧加東市、⑨南あわじ市、⑩小野市の順である。県内におけるシェアは、豊岡市8.0％、丹波市7.3％、神戸市6.3％、篠山市5.8％などで、県内各地に広がっている。豊岡市は、「コウノトリ育む農法」など環境創造型農業を提唱しており、市内では農薬に頼らないアイガモ農法なども拡大している。

　兵庫県における水稲の作付比率は、うるち米81.7％、醸造用米16.6％、もち米1.8％である。作付面積の全国シェアをみると、うるち米は2.2％で全国順位が埼玉県、長野県、滋賀県、熊本県と並んで14位、醸造用米は29.6％で全国一、もち米は1.1％で福井県、島根県と並んで23位である。県南西部の播磨平野でつくられるコメは播磨米として知られている。播磨平野は日本酒の原料となる酒米「山田錦」の産地でもある。

知っておきたいコメの品種

うるち米

（必須銘柄）キヌヒカリ、コシヒカリ、どんとこい、日本晴、ヒノヒカリ
（選択銘柄）あきたこまち、あきだわら、かぐや姫、きぬむすめ、たちはるか、中生新千本、にこまる、ハナエチゼン、ヒカリ新世紀、兵庫ゆめおとめ、フクヒカリ、ほむすめ舞、みつひかり、ミルキークイーン、むらさきの舞、ゆうだい21、ゆかりの舞、夢ごこち、夢の華

　うるち米の作付面積を品種別にみると、「コシヒカリ」が最も多く全体の43.0％を占め、「ヒノヒカリ」（22.1％）、「キヌヒカリ」（18.9％）がこれに続いている。これら3品種が全体の84.0％を占めている。

- ●コシヒカリ　主産地は但馬、丹波、阪神各地域である。収穫時期は8月下旬～9月上旬である。2015（平成27）年産の1等米比率は78.8％だった。食味ランキングは、2013（平成25）～15（同27）年産については県内全域、2016（平成28）年産については県北産が最高の特Aである。

- ●ヒノヒカリ　主産地は播磨地域である。収穫時期は10月下旬である。2015（平成27）年産の1等米比率は80.7％だった。県南産「ヒノヒカリ」の食味ランキングはAである。

- ●キヌヒカリ　主産地は播磨、阪神、淡路各地域で、県中南部を中心に栽

培されている。収穫時期は9月中旬〜9月下旬である。

● **きぬむすめ** 県南産「きぬむすめ」の食味ランキングは2015（平成27）年産で初めて最高の特Aに輝いた。

もち米

（必須銘柄）はりまもち、マンゲツモチ、ヤマフクモチ

（選択銘柄）なし

　もち米の作付面積の品種別比率は「はりまもち」が最も多く全体の35.9％を占め、「ヤマフクモチ」（19.2％）、「マンゲツモチ」（16.4％）がこれに続いている。この3品種が全体の71.5％を占めている。

● **はりまもち** 兵庫県が「中生新千本と兵系26号のF1」と「兵系糯30号とにしきもちのF1」を交配し1986（昭和61）年に育成した。玄米は細長く、やや小粒である。

醸造用米

（必須銘柄）五百万石、山田錦

（選択銘柄）愛山、伊勢錦、いにしえの舞、白菊、新山田穂1号、神力、たかね錦、但馬強力、杜氏の夢、野条穂、白鶴錦、兵庫北錦、兵庫恋錦、兵庫錦、兵庫夢錦、フクノハナ、辨慶、山田穂、渡船2号

　醸造用米の作付面積の品種別比率は「山田錦」が最も多く全体の87.8％を占め、「五百万石」（3.8％）、「兵庫夢錦」（2.0％）がこれに続いている。この3品種が全体の93.6％を占めている。

● **兵庫夢錦** 兵庫県が「菊栄」「山田錦」の交配種と「兵系23号」を交配して1993（平成5）年に育成した。西播磨地区に適する。

知っておきたい雑穀

❶小麦

　小麦の作付面積の全国順位は16位、収穫量は18位である。栽培品種は「シロガネコムギ」などである。主産地はたつの市、姫路市、神河町、加西市などである。

❷六条大麦

　六条大麦の作付面積の全国順位は9位、収穫量は10位である。栽培品種

北海道　東北地方　関東地方　北陸地方　甲信地方　東海地方　**近畿地方**　中国地方　四国地方　九州・沖縄

は「シュンライ」などである。作付面積では、稲美町が県全体の67.9%を占めてリードし、加古川市（18.4%）、加東市（3.1%）と続いている。

❸はだか麦

はだか麦の作付面積の全国順位は11位、収穫量は12位である。作付面積では、福崎町が県全体の93.6%と大宗を占めている。

❹トウモロコシ（スイートコーン）

トウモロコシの作付面積の全国順位は13位、収穫量は14位である。主産地は丹波市、豊岡市、明石市などである。

❺そば

そばの作付面積の全国順位は24位、収穫量は26位である。主産地はたつの市、姫路市、佐用町、豊岡市、三田市などである。

❻大豆

大豆の作付面積の全国順位は18位、収穫量は20位である。県内のほぼ全市町で広く栽培されている。主産地は篠山市、たつの市、加東市、姫路市、丹波市などである。丹波地方は、粘土質の土が大豆の栽培に適しているため、古くから黒大豆が栽培されてきた。大粒で「丹波篠山黒豆」とよばれている。この黒豆は京料理にも欠かせない食材である。栽培品種は「サチユタカ」「青大豆」「丹波黒」「早生黒」などである。

❼小豆

小豆の作付面積、収穫量の全国順位はともに北海道に次いで2位である。主産地は丹波市、神河町、篠山市、香美町などである。

コメ・雑穀関連施設

- **淡山疏水**（神戸市、稲美町）　この地域は瀬戸内海に面する印南野台地（いなみ）である。淡山疏水は、1891（明治24）年に完成した26.3 kmの淡河川疏水と、1919（大正8）年に完成した11 kmの山田川疏水からなる。これによって、新田開発が進み、畑作が中心だった台地での米作への転換が進んだ。戦後、国営東播用水農業水利事業を行い水源を補強した。

- **東条川用水**（篠山市、三田市、加東市、小野市）　神戸市の北に位置し、加古川左岸に広がるこの地域はかつて干ばつの常習地帯だった。1947（昭和22）年に国営東条川農業水利事業が始まり、鴨川ダム、鴨川導水路やため池群が築造された。今日では、「播州米」の他、酒米の「山田錦」

を産出する農業地域に変貌している。

- **いなみ野ため池ミュージアム**（明石市、加古川市、高砂市、稲美町、播磨町）　東播磨地域のため池群の池一つ一つを展示物、全体を博物館と見立てている。非かんがい期に上流で取水した水を、数多くのため池をつくって貯め、池を水路で結んで反復利用する水利システムを構築している。少雨のうえ、地形的に河川からの取水の困難な地域ならではの知恵である。

- **西光寺野台地のため池群**（姫路市、福崎町）　西光寺野は馬の背状の台地のため、用水が不足し、江戸時代からため池を築造してきたが、決壊が何度も発生した。このため、上流の岡部川から非かんがい期に取水し、主なため池6カ所を整備してかんがいを行う大事業に取り組み、1915（大正4）年に完工した。今日、ため池群は200万 m³ を超える貯水量をもち、300 ha 以上の耕地を潤している。

- **尼崎市立田能資料館**（尼崎市）　史跡公園内に、弥生時代の小区画水田をイメージした田んぼをつくり、多様な古代米を育てている。5月に直播と種まき、6月に田植え、7月と8月に稲の観察、10月稲刈り、11月収穫した稲を脱穀して炊飯し試食、といったスケジュールである。

コメ・雑穀の特色ある料理

- **神戸牛ステーキ丼**（神戸市）　神戸市には明治の初めから外国人が住むようになり、彼らの好む食べ物が発達した。但馬牛の子牛をもとにした神戸ビーフのステーキもその一つで、神戸名物になっている。そのステーキをご飯の上にのせたどんぶりである。

- **タコめし**（明石市）　タコが旬の夏場には、ナマダコの足や頭をぶつ切りにし、コメ、しょうゆ、水とともに炊き込む。冬場は、干しダコを使う。軽く火にあぶり、熱いうちに刻んで、しょうゆ、酒に一晩漬けて柔らかくする。それをコメとともにつけ汁ごと炊く。

- **タイ茶漬け**（明石市）　明石海峡で獲れるマダイは明石ダイとよばれる。これを三枚におろして、上身、下身の皮をむいて薄い刺し身にする。これにしょうゆ、みりん、すりごまを合わせたたれに付ける。ご飯に刺し身をのせ、ネギ、ワサビなどを入れ、熱いお茶をそそぐ。

- **黒豆ご飯**（丹波篠山地方）　黒豆は、昼夜の気温差の大きい同地方の特

近畿地方　211

産である。3合分の場合、米2.5合、もち米0.5合を混ぜてとぎ、炊飯器に20分くらいつける。生の黒豆は弱火で10分程度炒り、炊飯器に塩とともに入れて炊き、炊き上がったらよく混ぜてむらす。丹波地方の家庭でよく食卓に上がる食べ方である。

コメと伝統文化の例

- **清水のオクワハン**（明石市）　一般的にはサナブリとよばれる田の神を送る祭りの一種である。桑の木でつくった小さな鍬（オクワハン）を「上の田」の水の取り口で水につけた後、水田を歩き、田植えの終わったことを祝う。明石市の指定登録文化財である。開催日は毎年6月下旬の日曜日。

- **神事舞**（加東市）　上鴨川住吉神社の神事舞は、五穀豊穣などを願って約700年続いている伝統芸能である。田楽、扇の舞、能舞などが奉納される。国指定重要無形民俗文化財である。開催日は毎年10月第1週の土曜と日曜。

- **養父のネッテイ相撲**（養父市）　養父市奥米地の水谷神社の祭りで行われる作物の実りを感謝し、悪霊を鎮める習俗である。氏子の成年男子2人が向き合って四股を踏み、互いの首を抱え込んで一回りするといった所作を繰り返す。奥米地の各戸が10組に分かれ、順に世話役を務める。開催日は毎年10月第2週の月曜日。

- **海上傘踊り**（新温泉町）　江戸時代から伝承される雨乞いの踊りである。徳川時代末期に大干ばつの際、農夫の五郎作が三日三晩、冠笠をまとって踊ったところ大雨が降って飢饉から脱したことが起こりである。現在はたくさんの鈴を付けた絵模様の傘を用いる。開催日は毎年8月14日。

- **出石初午大祭**（豊岡市）　但馬に春の到来を告げる五穀豊穣、商売繁盛を願う祭りである。会場は出石城跡内の稲荷神社とその周辺である。江戸時代から400年余りの伝統がある。出石の藩主が年に一度、初午の日に城の大手門を開放して、城内の稲荷神社に町民の参詣を認めたことが始まりである。1日目の宵宮は子ども成長祈願祭など、2日目は本宮、3日目は後縁祭である。開催日は毎年3月第3土曜日を中心とした前後3日。

29 奈良県

地域の歴史的特徴

紀元前250年頃には稲作を基盤とする農耕社会の成立していたことが田原本町唐古遺跡の発掘調査などで明らかになっている。

都は、飛鳥時代の694（朱鳥8）年には藤原京（現在の橿原市と明日香村にまたがる地域）に移り、奈良時代の710（和銅3）年には平城京（現在の奈良市と大和郡山市にまたがる地域）に移転した。

奈良県は海に面していない。このため、江戸時代には、熊野灘の漁村から陸路で、和歌山県からは紀ノ川、吉野川を通って海産物が運ばれた。

1871（明治4）年には大和一国を所管する奈良県が設置された。県名の意味としては、①ならされた土地で平地、平野、②朝鮮後のクニナラで国の都、の2説がある。両説とも奈良は当て字である。1876（明治9）年には奈良県が堺県に合併された。1887（明治20）年には奈良県が再設置された。

コメの概況

山地の多い奈良県の総土地面積に占める耕地率は5.5％で、全国で6番目に低い。その耕地の71.0％が水田である。品目別にみた農業産出額はコメがカキを上回り1位である。

水稲の作付面積、収穫量の全国順位はともに41位である。収穫量の比較的多い市町村は、①奈良市、②天理市、③宇陀市、④大和郡山市、⑤田原本町、⑥御所市、⑦橿原市、⑧五條市、⑨葛城市、⑩桜井市の順である。県内におけるシェアは、奈良市15.5％、天理市9.6％、宇陀市7.7％、大和郡山市7.1％などで、県都の奈良市が2桁の他は県内各地に広がっている。ただ、農林統計によると、上北山村と川上村については作付面積、収穫量とも記録がない。

奈良県における水稲の作付比率は、うるち米98.8％、もち米1.0％、醸

近 畿 地 方　213

造用米0.3％である。作付面積の全国シェアをみると、うるち米は0.6％で全国順位が41位、もち米は0.1％で神奈川県と並んで44位、醸造用米は0.1％で群馬県、埼玉県、千葉県、宮崎県と並んで36位である。

知っておきたいコメの品種

うるち米

（必須銘柄）あきたこまち、キヌヒカリ、コシヒカリ、ひとめぼれ、ヒノヒカリ

（選択銘柄）なし

うるち米の作付面積を品種別にみると、「ヒノヒカリ」が最も多く全体の70.7％を占め、「ひとめぼれ」（9.8％）、「コシヒカリ」（8.0％）がこれに続いている。これら3品種が全体の88.5％を占めている。

- ●ヒノヒカリ　標高400m程度までの地帯での栽培を奈良県は奨励している。2015（平成27）年産の1等米比率は95.0％とかなり高く、生産県の中で岐阜県に次いで2位だった。県内産ヒノヒカリの食味ランキングは特Aだった年もあるが、2016（平成28）年産はAだった。
- ●ひとめぼれ　1998（平成10）年度から奈良県で栽培しており、1999（平成11）年に奈良県の奨励品種になった。大和高原、宇陀・吉野山間の標高300～500mの山間部での栽培を奈良県は奨励している。
- ●コシヒカリ　1989（平成元）年度から奈良県で栽培しており、2002（平成14）年に奈良県の奨励品種になった。大和高原、宇陀・吉野山間の標高300～500mの山間部での栽培を奈良県は奨励している。

もち米

（必須銘柄）なし

（選択銘柄）なし

もち米の作付面積の品種別比率は「旭糯」が最も多く全体の39.8％を占め、「ココノエモチ」（31.3％）がこれに続いている。この2品種が全体の71.1％を占めている。

- ●旭糯　愛知県が「愛知糯1号」と「京都旭」を交配し、育成した。奈良県の奨励品種である。奈良県では平坦部での栽培に適している。白葉枯

病に弱い。

醸造用米

（必須銘柄）露葉風、山田錦
（選択銘柄）なし

　醸造用米の作付面積の品種別比率は「山田錦」が最も多く全体の54.2％を占め、「露葉風」（41.7％）がこれに続いている。この2品種が全体の95.9％を占めている。

● 露葉風　愛知県が「白露」と「早生双葉」を交配し1963（昭和38）年に育成した。酒造好適米としてはやや小粒である。奈良県の奨励品種である。

知っておきたい雑穀

❶小麦

　小麦の作付面積の全国順位は32位、収穫量は30位である。産地は桜井市、田原本町、五條市などである。桜井市を中心に生産されている特産の手延べそうめん「三輪そうめん」の原料などに使われる。

❷ハトムギ

　ハトムギの作付面積の全国順位は15位である。収穫量の全国順位は長野県、熊本県と並んで13位である。栽培品種はすべて「あきしずく」である。主産地は奈良市と天理市で、両市の作付面積は半々である。

❸アワ

　アワの作付面積の全国順位は石川県と並んで10位である。収穫量は四捨五入すると1トンに満たず統計上はゼロで、全国順位は不明である。統計によると、奈良県でアワを栽培しているのは十津川村だけである。

❹ヒエ

　ヒエの作付面積の全国順位は7位である。収穫量は四捨五入すると1トンに満たず統計上はゼロで、全国順位は不明である。統計によると、奈良県でヒエを栽培しているのは天川村だけである。

❺モロコシ

　モロコシの作付面積の全国順位は5位である。収穫量は四捨五入すると1トンに満たず統計上はゼロで、全国順位は不明である。統計によると、

近畿地方　215

奈良県でモロコシを栽培しているのは十津川村だけである。

❻そば

そばの作付面積の全国順位は41位、収穫量は福岡県と並んで40位である。桜井市が県内作付面積の77.8%、収穫量の87.5%を占めている。栽培品種は「信州大そば」「鹿児島在来種」「信濃1号」などである。

❼大豆

大豆の作付面積の全国順位は39位、収穫量は38位である。産地は桜井市、宇陀市、天理市、奈良市などである。栽培品種は「サチユタカ」「あやみどり」などである。

❽小豆

小豆の作付面積の全国順位は36位、収穫量の全国順位は愛知県、長崎県とともに31位である。主産地は宇陀市、天理市、奈良市、山添村などである。

コメ・雑穀関連施設

● **大和平野の吉野川分水**（奈良市を中心とした地域）　奈良県では、南部の降水量に比べ、北部の大和平野は少雨で干ばつに悩んでいた。人々は、普段は蓋をして土をかぶせておく「隠し井戸とハネツルベ」を設置し、干ばつに対応したこともある。吉野川からの分水は大和平野にとっては江戸時代からの悲願だったが、1987（昭和62）年に工事が完成し、同平野の7,000 ha余の農地を潤すことになった。

● **斑鳩ため池**（斑鳩町）　雨の少ない大和平野の農業用水不足の解消を目的として、いくつかのため池を合わせて1944（昭和19）年につくられた。現在も185 haの農地を潤している。池の中央にある中堤は、生物相が変化に富んでおり、野鳥なども多い。法隆寺など歴史的建造物と一体となって斑鳩の里の景観形成に一役買っている。

● **箸中大池**（桜井市）　邪馬台国の卑弥呼が埋葬されているとされる箸中古墳を取り囲むため池である。農業用水として周辺の農地を潤している。箸中古墳は全長282 mの前方後円墳である。近くの纏向小学校の校庭からは、かんがい施設とみられる纏向遺跡大溝が発見されている。大溝は幅5 m、深さ1.2 mの水路で、その合流点は埋め戻して地中に保存されている。

● **藤森環濠**（大和高田市）　大和平野の中心部では、中世時代に大和武士たちが水利と集落の防衛のために堀を巡らし、竹を植えた環濠集落を築いた。同市藤森の環濠水路は、現存する市内の環濠のなかで最もその姿を残している。藤森環濠の延長は280m、かんがい用水としての受益面積は5.6haである。

コメ・雑穀の特色ある料理

● **奈良茶飯**（ちゃめし）　煮出した茶に、いり大豆・小豆・栗などを入れて塩味で炊いた茶飯である。奈良の東大寺や興福寺で炊いたことから奈良という名前が付いた。東大寺二月堂のお水取り練行衆の食事に出された。江戸時代には庶民の間に広まった。

● **柿の葉ずし**　一口大の酢飯にサバの切り身を合わせ、特産のカキの葉っぱで包んで押したすしである。江戸時代、奈良地方には紀ノ川をさかのぼって海産物が運ばれたが、その際、保存のきかない魚は塩でしめた。その塩サバの切り身をにぎり飯に添え、防腐効果の高いカキの葉で包んで川石を重石にして一晩置いたのが始まりである。

● **菜飯**　材料はコメのほかは、大和マナ、大和肉鶏などである。大和マナ（やまと）は、古事記にあるスズナという漬け菜で、奈良県の伝統野菜の一つである。ハウス栽培が始まる以前は冬に食べられる緑の野菜として貴重な存在だった。昔はその多くが農家の庭先で飼育されていた大和肉鶏（どり）も奈良県の地鶏である。

● **とう菜寿司**　奥吉野の山里では、桜の花が咲く頃、とう菜（高菜）を摘む。これをいつでも食べられるように家々で工夫してとう菜漬けにする。広げたとう菜でご飯を包み込み、握ったのがとう菜寿司である。目をむいて大口でかぶりつくため「めはり寿司」ともよばれる。

コメと伝統文化の例

● **鏡作神社の御田祭**（かがみつくり）（おんださい）（田原本町）　御田植舞、豊年舞の奉納、牛使いの神事が行われ、2人の人間が扮した牛が暴れるほど、その年は慈雨に恵まれ、豊作の前兆という。開催日は毎年2月21日に近い日曜。

● **今里の蛇巻き・鍵の蛇巻き**（田原本町）　今里は杵築神社、鍵は八坂神社が会場とする男子の行事である。今里では、麦わらを束ねて全長

18mの蛇をつくり、中学1年から高校1年までが蛇頭を抱え、地区内を練り歩き、神社南側の大樹に巻き付けられる。大樹の根元には絵馬や農具のミニチュアが祭られる。田植え時に雨が降るようにとの祈りを含んだ行事である。開催日は毎年6月の第1日曜。

- **廣瀬神社の砂かけ祭**（河合町）　天武天皇が白鳳時代の675年にこの地に水の神を祭り、五穀豊穣を祈って始めた雨乞い祭りのうち、御田植祭が残ったという。参拝者と田人、牛役が雨に見立てた砂をかけ合う庭上の儀が行われる。砂が舞うほど、田植えの時期に雨がよく降り、豊作の吉兆になるとされる。開催日は毎年2月11日。

- **法隆寺のお会式**（奈良市）　聖徳太子の命日の法要である。国宝の太子像をまつる聖霊院に高さ1.7mの2基の大山立などの供物が並べる。大山立は天上界の須弥山をかたどったもので、米粉でつくったウメやスイセン、干し柿と米粉のかき揚げなどを飾る。開催日は毎年3月22日。

30 和歌山県

地域の歴史的特徴

　紀元前100年頃には稲作文化が定着していたとみられ、和歌山平野の太田・黒田遺跡（和歌山市）、北田井遺跡（同）、岡村遺跡（海南市）などで大規模な農耕集落が見つかっている。

　1871（明治4）年11月22日に、和歌山、田辺、新宮の紀州3県が統合し、現在の和歌山県が誕生した。旧城下のあたりをかつては岡山とよび、オカがなまってワカとなり、和歌山という字を当てた。この際、北山村が全国でも珍しい飛び地の村になった。和歌山県は11月22日を同県の「ふるさと誕生日」として条例で定めている。

コメの概況

　和歌山県における総土地面積に占める耕地の比率は7.0％で、全国で10番目に低い。その耕地面積に占める水田率は29.2％で、全国で5番目に低い。このため、品目別にみた農業産出額の順位はミカン、ウメ、カキに次いでコメは4位である。コメの産出額はミカンの27.4％にすぎない。品目別農業産出額でコメが1位でない府県は近畿地方では和歌山県だけである。

　水稲の作付面積、収穫量の全国順位はともに42位である。収穫量の比較的多い市町村は、①和歌山市、②紀の川市、③橋本市、④岩出市、⑤御坊市、⑥日高町、⑦田辺市、⑧白浜町、⑨海南市、⑩日高川町の順である。県内におけるシェアは、和歌山市25.1％、紀の川市13.6％、橋本市6.0％、岩出市5.7％などで、県都の和歌山市と紀の川市の2市で4割近くを占めている。

　和歌山県における水稲の作付比率は、うるち米98.7％、もち米1.3％である。醸造用米については区分して面積が把握できないためうるち米に包含している。作付面積の全国シェアをみると、うるち米は0.5％で全国順位が42位、もち米は0.2％で山梨県、大阪府と並んで41位である。

近畿地方　219

知っておきたいコメの品種

うるち米

（必須銘柄）イクヒカリ、キヌヒカリ、きぬむすめ、コシヒカリ、日本晴、ハナエチゼン、ヒノヒカリ、ミネアサヒ、ミルキープリンセス、ヤマヒカリ

（選択銘柄）にこまる

　うるち米の作付面積を品種別にみると、「キヌヒカリ」が最も多く全体の49.2％を占め、「きぬむすめ」（10.3％）、「コシヒカリ」（9.1％）がこれに続いている。これら3品種が全体の68.6％を占めている。

- **キヌヒカリ**　県の水稲奨励品種で極早生品種である。県北地区産「キヌヒカリ」の食味ランキングは A' である。
- **きぬむすめ**　県の水稲奨励品種で中生品種である。県北地区産「きぬむすめ」の食味ランキングは A' である。
- **コシヒカリ**　県の水稲奨励品種で極早生品種である。

もち米

（必須銘柄）なし

（選択銘柄）モチミノリ

　もち米の作付面積の品種別比率は「モチミノリ」が最も多く全体の91.1％を占めている。

- **モチミノリ**　農研機構が「喜寿糯」と「関東125号」を交配して、育成した。1989（平成元）年に長野県で奨励品種への採用が決まり、新品種「水稲農林糯301号」として登録され、「モチミノリ」と命名された。和歌山県の奨励品種である。

醸造用米

（必須銘柄）山田錦

（選択銘柄）五百万石、玉栄

知っておきたい雑穀

❶小麦

　小麦の作付面積、収穫量の全国順位はともに46位である。

❷そば

　そばの作付面積の全国順位は46位である。収穫量の全国順位も大阪府と並んで46位である。

❸大豆

　大豆の作付面積の全国順位は44位、収穫量は43位である。産地は紀の川市、橋本市などである。栽培しているのは、豆の中で最も品種の多い黄大豆である。複数の品種が少量ずつ作付けされていて代表的な品種は特定できない。

❹小豆

　小豆の作付面積、収穫量の全国順位はともに44位である。主産地は紀の川市、かつらぎ町、橋本市、紀美野町などである。

コメ・雑穀関連施設

● **小田井用水**（橋本市、かつらぎ町、紀の川市、岩出市）　紀州徳川家第5代藩主徳川吉宗の命を受けて大畑才蔵が18世紀に開削した。大畑は、竹筒と木でつくった簡単な測量器の水盛台を考案し、60間（109ｍ）を一区切りとして測量して緩い勾配で水路を築造した。工事は3期に分けて行われ、総延長は32.5kmである。

● **亀池**（海南市）　紀州藩の命により、海南出身の井沢弥惣兵衛が設計し、1710年（宝永7）年に毎日600余人を動員して90日間で完成させた。動員数は延べ5万5,000人だった。築造時、亀の川の改修や導水路の建設も行われた。今も143haの農地を潤している。池の周囲には2,000本の桜が植えられ、開花時には桜祭りでにぎわう。

● **安居村暗渠と水路**（白浜町）　日置川の中流に位置し、豊かな流れを目の前にしながら水稲の栽培ができなかった寺山と安居集落のために、当時の庄屋であった鈴木七右衛門重秋が私財を投げ打って築造した。金比羅山に水路トンネルを掘削することにし、1799（寛政11）年に着工した。延長1.5kmの暗渠が完工したのは1805（文化2）年である。

近畿地方　221

- **若野用水**（御坊市、日高川町、美浜町、日高町） 1889（明治22）年に築造されて以来、御坊平野の水田かんがい用水を供給する役割を担っている。多いときは530カ所で水車が稼働していたが、現在は1カ所に減っている。
- **藤崎井用水**（紀の川市、岩出市、和歌山市） 紀州徳川家第2代藩主徳川光貞の命を受けて農業土木技術者の大畑才蔵が1696（元禄9）年から1701（同14）年にかけて開削した。紀の川市の紀の川藤崎頭首工から和歌山市山口まで延長21km。かんがい面積は約780haに及ぶ。

コメ・雑穀の特色ある料理

- **めはりずし** すしというより、おにぎりといった感じである。特産の高菜の塩漬けを洗ってよく絞り、調味液に浸して味をなじませ、その葉にご飯を包み込む。昔は大きく握られ、食べるときに「目を見張るほど大きな口を開ける」「目を見張るほどおいしい」ということから名前がついた。熊野地方で山仕事や畑仕事の弁当として発達した。
- **サンマのなれずし** サンマは北海道や三陸沖から寒流にのって南下してくるため、熊野灘付近で捕獲する頃には脂が落ちている。このサンマを背開きにして内臓や骨を取り除き、塩をまぶして寝かせる。それをご飯と一緒に漬け込むと、3週間〜1カ月ほどで完成する。酢を使わない発酵食品である。
- **梅とジャコの炊き込みご飯** 雑魚は漢字では雑魚と書く。つまり多彩な種類が入り混じった小魚である。といだコメに、種をとった梅干しと梅酢を入れて炊き、炊き上がったら箸で梅干しを崩し、ジャコ、ワカメ、ゴマを混ぜる。コメ1合に梅干し1個が目安である。全国一のウメの生産量を誇る和歌山らしい料理である。
- **ケンケンカツオ茶漬け**（すさみ町） ケンケンカツオは小型漁船に疑似餌を踊らせ一本釣りする漁法である。すさみ町など紀南地方では、春先に黒潮にのって北上するカツオのケンケン漁が盛んである。この漁法で釣った新鮮なカツオを材料にした茶漬けである。

コメと伝統文化の例

- **丹生都比売神社の御田祭**（かつらぎ町） 田人、牛飼、早乙女、田づ女

などが登場し、田作り、種まき、田植え、稲刈りなどの所作で豊作を祈る。平安時代末期から似たかたちのものがあったとされるが、現在のかたちに落ち着いたのは江戸時代である。和歌山県指定の無形民俗文化財である。開催日は毎年第3日曜日。

- **大飯盛物祭**（紀の川市）　貴志の大飯祭ともよばれる。大飯盛物は、高さ5m、直径3m程度の気球のような形を竹軸でつくり、表面をむしろで覆って、直径7cmほどのもちを竹串にさして取り付けた大きな“握り飯”である。これを神前に供えるため、大国主神社までまち中を行列をつくって練り歩く。開催は不定期で、近年では2016（平成28）年、その前は2005（平成17）年。

- **椎出鬼の舞**（九度山町）　豊作や雨乞いの祈願などのため、言い伝えでは670年前（文献では350年前）から椎出厳島神社で続いている祭り。和歌山県指定の無形民俗文化財である。開催日は毎年8月16日。

- **杉野原の御田舞**（有田川町）　有田川上流の山村に伝承されている、稲作の過程を演じて五穀豊穣を祈願する予祝行事である。舞の会場は和宝雨山雨錫寺阿弥陀堂である。下帯1枚で大火鉢を囲み歌いながら押し合う「裸苗押し」はこの地ならではの舞である。開催日は隔年（西暦偶数年）の2月11日。

- **色川神社例大祭**（那智勝浦町）　同神社の御神体は太田川上流の虚川に面した大岩である。参詣者は川向こうの大岩に手を合わせてから鳥居をくぐり本殿に向かう。例大祭では、五穀豊穣などを神に伝えるため宮司が祝詞を奏上する。色川神社は江戸時代中期には深瀬大明神とよばれ、色川7カ村の惣氏神だった。1914（大正3）年に当時の村内15社の神社を合祀し、現在の名前に改めた。例祭日は毎年9月15日。

31 鳥取県

地域の歴史的特徴

米子市の目久美遺跡からは紀元前250年頃とみられる水田や用水路などを整備した農耕集落が見つかっている。

飛鳥時代の頃、現在の鳥取市久松山付近は鳥取部とよばれた。部は、役割を与えられた人々を意味し、鳥を取る役目を与えられた人々が住んでいたことが鳥取県名の由来である。

江戸時代には、因幡、伯耆の2国を合わせた地域が鳥取藩になった。鳥取藩は、1759（宝暦9）年、鳥取県西部の日野川から取水し、弓ケ浜を通って境港に達する米川用水を開通させ、新田を開発するなど、米づくりの基盤整備に力を入れた。

1871（明治4）年の廃藩置県で、鳥取藩は鳥取県になったが、1876（明治9）年には島根県に合併された。その後、士族を中心に鳥取県再置運動が起き、1881（明治14）年9月12日に鳥取県が生まれた。同県は9月12日を「とっとり県民の日」に制定している。

コメの概況

水稲の作付面積、収穫量の全国順位はともに37位である。収穫量の多い市町村は、①鳥取市、②倉吉市、③米子市、④大山町、⑤八頭町、⑥日南町、⑦伯耆町、⑧琴浦町、⑨北栄町、⑩南部町の順である。県内におけるシェアは、鳥取市24.7％、倉吉市11.0％、米子市8.1％、大山町7.8％などで、鳥取市と倉吉市で県生産量の3分の1以上を生産している。

鳥取県における水稲の作付割合は、うるち米95.0％、もち米3.0％、醸造用米2.1％である。作付面積の全国シェアをみると、うるち米は0.9％で全国順位が香川県と並んで36位、もち米は0.7％で大分県、鹿児島県と並んで28位、醸造用米は1.3％で17位である。

224

知っておきたいコメの品種

うるち米

（必須銘柄）コシヒカリ、ひとめぼれ

（選択銘柄）あきたこまち、おまちかね、きぬむすめ、日本晴、ヒカリ新世紀、ヒノヒカリ、ミルキークイーン、ヤマヒカリ

　うるち米の作付面積を品種別にみると、「コシヒカリ」が最も多く全体の45.3%を占め、「ひとめぼれ」（27.1%）、「きぬむすめ」（25.4%）がこれに続いている。これら3品種が全体の97.8%を占めている。

- ●コシヒカリ　収穫時期は9月上旬〜下旬で、早生品種である。県内産「コシヒカリ」の食味ランキングはAである。
- ●ひとめぼれ　収穫時期は9月上旬〜中旬で、早生品種である。県内産「ひとめぼれ」の食味ランキングはAである。
- ●きぬむすめ　収穫時期は9月下旬〜10月上旬で、中生品種である。関西以西で販売されている。2015（平成27）年産の1等米比率は77.2%だった。県内産「きぬむすめ」の食味ランキングは2013（平成25）年産以降、特Aが続いている。

もち米

（必須銘柄）なし

（選択銘柄）オトメモチ、鈴原糯、ハクトモチ、ヒメノモチ

　もち米の作付面積の品種別比率は「ヒメノモチ」（全体の40.7%）、「ハクトモチ」（40.4%）がほぼ半々であり、この2品種が全体の81.1%を占めている。

- ●ハクトモチ　農水省（現在は農研機構）が「中国51号」と「アキシノモチ」を交配して1988（昭和63）年に育成した。耐倒伏性が強い。

醸造用米

（必須銘柄）なし

（選択銘柄）強力、五百万石、玉栄、山田錦

　醸造用米の作付面積の品種別比率は「山田錦」が最も多く全体の34.9%

中国地方　225

を占め、「玉栄」（15.7％）、「強力」（14.1％）がこれに続いている。この3品種が全体の64.7％を占めている。

● **玉栄**　愛知県が「山栄」と「白菊」を交配し1965（昭和40）年に育成した。

● **強力**　鳥取県東伯郡の渡辺信平が21種類の在来品種から選抜して1891（明治24）年に育成した。1915（大正4）年に鳥取県で「強力1号」「強力2号」が純系分離された。

知っておきたい雑穀

❶小麦

　小麦の作付面積の全国順位は鹿児島県と並んで40位である。収穫量の全国順位は41位である。産地は大山町、伯耆町などである。

❷二条大麦

　二条大麦の作付面積の全国順位は15位、収穫量は13位である。主産地は北栄町で、作付面積では県内の56.3％を占めている。

❸六条大麦

　六条大麦の作付面積、収穫量の全国順位はともに24位である。

❹ハトムギ

　ハトムギの作付面積の全国順位は5位である。統計では収穫量が不詳のため、収穫量の全国順位は不明である。主産地は八頭町（県内作付面積の41.9％）、鳥取市（40.0％）、岩美町（18.1％）である。

❺トウモロコシ（スイートコーン）

　トウモロコシの作付面積、収穫量の全国順位はともに15位である。主産地は鳥取市、大山町、琴浦町などである。

❻そば

　そばの作付面積の全国順位は22位、収穫量は24位である。産地は日南町、大山町、鳥取市、南部町などである。

❼大豆

　大豆の作付面積の全国順位は28位、収穫量は26位である。産地は倉吉市、鳥取市、北栄町、米子市、大山町などである。栽培品種は「サチユタカ」「黒大豆」などである。

❽小豆

　小豆の作付面積の全国順位は19位、収穫量は14位である。主産地は倉吉市、鳥取市、八頭町、日南町、大山町などである。

コメ・雑穀関連施設

- **大井手用水**（鳥取市）　鹿野城主亀井公が1602（慶長7）年から7年の歳月をかけて開削した。幹線の延長は16km余である。一級河川千代川左岸の鳥取市内670haの水田を潤し、鳥取県東部の穀倉地帯に欠かすことのできない疎水である。

- **安藤井手**（八頭町）　1823（文政6）年に完工した。八頭町安井宿の八東川から取水し、八頭町宮谷まで10.8kmの農業用水路である。受益面積は郡家地域の水田を中心に80haである。水路は、峠越えの箇所はトンネルとし、特産の「花御所柿」や「西条柿」の畑の近くを縫うように流れている。

- **狼谷ため池**（倉吉市）　国立公園「大山」のすそ野にある天神野台地の開拓田を潤すため1922（大正11）年に着工し、24（同13）年に完工した。戦後、貯水量132万トンの大規模なため池に拡大され、現在も150haの水田のかんがい用水として利用されている。湖面に映る逆さ「大山」の姿が美しい。

- **大成池**（伯耆町）　伯耆町丸山集落の上流、標高360m地点に位置する。池の外周は510mである。大山の伏流水を水源にしているため、貯水量は3万7,600トンで安定している。下流地域を含め約230haの水田を潤している。毎年春には、丸山集落主催で、「大成池ふれあい祭」が催される。

- **蚊屋井手**（伯耆町、米子市、日吉津村）　鳥取県西部の日野川右岸に広がる地域である。この地域は、井手が開削される前までは水害や干ばつに悩まされていた。このため、江戸時代前期に日野川を水源とする井手が開削された。その後、何度も改修を重ね、現在も1,130haの水田に水を送っている。

コメ・雑穀の特色ある料理

- **いただき**（県西部）　油揚げに包まれた炊き込みご飯である。三角の形

が大山の頂を思わせるところから名前が付いた。かつては、油揚げの形が防寒用の綿入れの布子に似ているため、なまって「ののこ」ともよばれた。現在も、寒の入りには、家族の健康を祈ってつくられている。

- **どんどろけめし**（県中部）　ふわふわの豆腐を入れた炊き込みご飯である。どんどろけは鳥取の方言で雷である。豆腐を炒めるときのバリバリという音が雷に似ていることから名前が付いた。豆腐はゴボウやニンジンなどと一緒にあらかじめ炒め、しょうゆで味付けしてから、ご飯に混ぜて炊く。

- **カニめし**　晩秋になり松葉ガニなどの漁が始まると、海寄りの地域ではカニを使った浜料理が並ぶ。カニめしもその一つである。カニをぶつ切りにして、調味料で味付けしてご飯と一緒に混ぜないで炊く。蒸してから全体をよく混ぜる。

- **大山おこわ**（県西部）　大山は、昔から修験者の道場として知られ、大山おこわなど山菜を主体にした精進料理が発達した。大山おこわは、もち米などをせいろなどで蒸し、いろいろな具を入れたおこわである。具はニンジン、シイタケ、ゴボウ、油揚げ、鶏肉、貝類などである。

コメと伝統文化の例

- **馬佐良の申し上げ**（南部町）　南部町の馬佐良集落に伝わる、収穫に感謝「申し上げ」る水神祭りである。竹でつくった荒神幣、新稲わらで編んだわら蛇などを持って荒神さんまで行列する。新米でつくった甘がゆを荒神様の玉垣内にある埋め瓶に入れるが、その際、中に残っている液体の量でその年の農作物の吉凶を占う。開催日は毎年12月4日以降の土曜日と日曜日。

- **赤松の荒神祭**（大山町）　わらでつくった全長25mの大ヘビを荒神に奉納する同町赤松の神事。1654（承応3）年、大干ばつに見舞われた赤松集落が氏神様のご神託を受けたところ、五穀豊穣などを祈って大ヘビを奉納せよと御告げのあったことが起源とされる。開催日は閏年の3月第1日曜日。

- **江尾の十七夜**（江府町）　江尾は江府町に合併前の江尾町である。戦国時代、伯耆の国江美城は蜂塚氏一門の居城で、盂蘭盆の8月17日の夜は城門を開放し、盆の供養と豊年を祈る踊りで農民たちと一夜を明かした。

1565（永禄8）年に落城し、毛利の支配下となった後も住民たちは17日の夜を忘れず、「江尾のこだいぢ踊り」を今日まで続けている。開催日は毎年8月17日。

- **諏訪神社の柱祭り**（智頭町）　神社の本殿の四隅に大きな柱を建て五穀豊穣を祈願する。その前には、深山から切り出した杉の神木をムカデとよぶ台座に載せて、若者が担いで町なかを練り歩く。1782（天明2）年の大火の際、火伏せを願って長野の諏訪大社の御柱祭りにならって始めた。開催は7年ごとの寅年、申年の4月の中の酉の日。

32 島根県

地域の歴史的特徴

島根県は、古代から出雲、石見、隠岐の3つに区分されていた。神話の舞台になった出雲には出雲大社をはじめ多くの古社がある。石見には柿本人麻呂が国司として赴任し、石見の情景をうたっている。

稲作の中心地である出雲平野は、水はけが悪い湿地だったが、江戸時代に用水路が敷設されてから米づくりが盛んになった。

1876（明治9）年には浜田県が島根県に編入され、鳥取県も合併された。ここに出雲、石見、隠岐、伯耆、因幡5カ国を合わせた大島根県が誕生したが、1881（明治14）年には、島根県から旧因幡、伯耆が鳥取県として分離したため、現在の島根県の県域が確定した。島根という県名については、①シマは岩礁、ネは付近で日本海岸岩礁地帯、②シマは孤立地で、島根半島一帯の孤立地、の2説がある。

コメの概況

水稲の作付面積、収穫量の全国順位はともに30位である。収穫量の多い市町村は、①出雲市、②安来市、③松江市、④雲南市、⑤奥出雲町、⑥浜田市、⑦大田市、⑧邑南町、⑨益田市、⑩飯南町の順である。県内におけるシェアは、出雲市24.1％、安来市11.4％、松江市10.7％、雲南市9.0％などで、出雲市と安来市で県内収穫量の3分の1強を占めている。

島根県における水稲の作付比率は、うるち米95.0％、もち米3.6％、醸造用米1.4％である。作付面積の全国シェアをみると、うるち米は1.2％で全国順位が宮崎県と並んで30位、もち米は1.1％で福井県、兵庫県と並んで23位、醸造用米は1.2％で18位である。収穫したコメの過半は、中国、四国、九州、京阪神など県外に出荷される。

知っておきたいコメの品種

うるち米

（必須銘柄）きぬむすめ、コシヒカリ、ハナエチゼン、ヒノヒカリ

（選択銘柄）あきだわら、LGC ソフト、春陽、つや姫、にこまる、夢の華

　うるち米の作付面積を品種別にみると、「コシヒカリ」が最も多く全体の64.6％を占め、「きぬむすめ」（25.1％）、「つや姫」（5.7％）がこれに続いている。これら3品種が全体の95.4％を占めている。

- **コシヒカリ**　奥出雲町などで生産する「仁多米」はコシヒカリの銘柄米である。県内産「コシヒカリ」の食味ランキングは特 A だった年もあるが、2016（平成28）年産は A だった。
- **きぬむすめ**　島根県では2006（平成18）年から県内全域で栽培が始まった。コシヒカリに次ぐ島根の主力品種である。2015（平成27）年産の1等米比率は66.5％だった。県内産「きぬむすめ」の食味ランキングは A である。阪神地区では周知度が高い。
- **つや姫**　県内平坦部での栽培に適している。県内産「つや姫」の食味ランキングは特 A だった年もあるが、2016（平成28）年産は A だった。
- **ハナエチゼン**　県内全域で早期栽培に適している。収穫時期は8月中旬〜下旬である。阪神地区では周知度が高い。

もち米

（必須銘柄）ココノエモチ、ヒメノモチ、ミコトモチ、ヤシロモチ

（選択銘柄）なし

　もち米の作付面積の品種別比率は「ヒメノモチ」が最も多く全体の43.6％を占めている。「ココノエモチ」（28.7％）、「ミコトモチ」（17.8％）がこれに続いている。この3品種が全体の90.1％を占めている。

- **ミコトモチ**　島根県が「山陰糯83号」と「ココノエモチ」を交配して2008（平成20）年に育成した、島根県オリジナルのもち米である。ヤシロモチの島根県における後継品種で、ヤシロモチの倒伏性や白度などを改良している。

醸造用米

（必須銘柄）改良雄町、改良八反流、神の舞、五百万石、佐香錦（さか）、山田錦
（選択銘柄）なし

　醸造用米の作付面積の品種別比率は「五百万石」が最も多く全体の51.7％を占め、「山田錦」（17.9％）、「佐香錦」（10.7％）がこれに続いている。この3品種が全体の80.3％を占めている。

● 佐香錦　島根県が「改良八反流」と「金紋錦」を交配し2001（平成13）年に育成した。「酒造りの神様」として信仰されている島根県出雲市の佐香神社にちなんで命名された。

知っておきたい雑穀

❶小麦

　小麦の作付面積の全国順位は33位、収穫量は新潟県と並んで38位である。産地は出雲市、松江市などである。

❷二条大麦

　二条大麦の作付面積、収穫量の全国順位はともに4位である。統計によると、島根県で二条大麦を栽培しているのは出雲市だけである。

❸六条大麦

　六条大麦の作付面積の全国順位は22位、収穫量は23位である。産地は益田市、江津市、美郷町などである。

❹はだか麦

　はだか麦の作付面積、収穫量の全国順位はともに14位である。産地は出雲市、益田市、吉賀町などである。

❺ハトムギ

　ハトムギの作付面積、収穫量の全国順位はともに4位である。栽培品種は「あきしずく」（県内作付面積の64.2％）と「とりいずみ」（35.8％）などである。統計によると、島根県でハトムギを栽培しているのは出雲市だけである。

❻トウモロコシ（スイートコーン）

　トウモロコシの作付面積の全国順位は14位、収穫量は16位である。主産地は安来市、松江市、出雲市、邑南町などである。

❼そば

そばの作付面積の全国順位は14位、収穫量は18位である。主産地は出雲市、松江市、奥出雲町などである。栽培品種は「信濃1号」「在来種」「出雲の舞」などである。

❽大豆

大豆の作付面積の全国順位は27位、収穫量は25位である。産地は出雲市、安来市、松江市、浜田市、益田市などである。栽培品種は「サチユタカ」「黒大豆」などである。

❾小豆

小豆の作付面積の全国順位は14位、収穫量の全国順位は18位である。主産地は出雲市、雲南市、大田市、松江市などである。

コメ・雑穀関連施設

- **川東水路**（奥出雲町） 疎水は同町上阿井にあり、延長は8kmである。1935（昭和10）年に着工し、37（同12）年に幹線水路が完成している。1997（平成9）年から2002（同14）年度にかけて全面改修された。受益面積は64haで、「仁多米」などを生産している。昭和時代の約30年間この水路で小水力発電が行われた。

- **都賀西用水**（美郷町） 1938（同13）年に完成した。江の川支線の角谷川に井堰を設け、固い岩盤に300mのトンネルを掘り、急斜面の山肌を縫うように2.5kmの水路を建設した。これによって、それまで用水不足で桑などの畑作を余儀なくされていた美郷町都賀西の沖積地に稲穂が実ることになった。

- **うしおの沢池**（雲南市） 標高400m近い高原状の地形に立地している。1763（宝暦13）年に築造された後、何回か増築や改修を行い、現在も50haの農地に水を送っている。池の2カ所から湧水が出ている。山間地の棚田では、この池の水を使って棚田米を生産している。

- **やぶさめのため池**（江津市） 十数年放置されていた農業用のため池を地元の人たちが再生し、9枚の棚田の水源として活用している。ため池のすぐ下は昔、流鏑馬の射場だった。今は棚田に変わり、「やぶさめの棚田」とよばれている。池ではモリアオガエルの産卵が見られ、周辺の

中国地方 233

棚田を含め、子どもたちの生き物観察や農業体験の場にもなっている。

- **天川の水**（海士町）　奈良時代に、僧行基が隠岐行脚でこの地を訪れた際、洞くつから流れ出る水に霊気を感じ、天川（天恵の水）と名付けた。一時は簡易水道の水源になっていたが、現在は主に農業用水として利用されている。

コメ・雑穀の特色ある料理

- **すもじ**（出雲地方）　すもじは、室町時代初期に宮中に仕える女性たちが使い始めた女房詞である。出雲地方では、サバ風味のちらしずしをいう。サバは、塩サバか焼きサバを使う。祝い事があるとつくる風習がある。

- **うずめめし**（津和野町）　地元産の山菜、豆腐、シイタケ、ニンジンなどを煮て、濃い目の味を付け具にする。これを、蓋付きの大きな茶碗の底の3分の1くらいまで煮汁ごと入れ、オロシワサビなどをのせる。その上に炊きたてのご飯を盛って蓋をしてできあがり。具や汁をご飯でうめることから名前が付いた。

- **メノハめし**（出雲地方）　島根半島一帯は、日本海の荒波によって浸食され、岩礁では肉が薄く幅広でやわらかいワカメが育つ。それを、小舟に乗って箱めがねなどを用いる「カナギ」漁法で採取する。これを乾かした板ワカメをメノハとよぶ。メノハめしには、軽くあぶって手もみしたメノハと、魚の身をほぐして入れる。

- **十六島紫菜の雑煮**（出雲市）　十六島紫菜は出雲市の十六島地方で12月～1月に収穫される岩ノリである。奈良、平安時代の頃から朝廷に献上されていた。雑煮は、もちとノリを基本にしている。カツオとコンブの合わせだしにしょうゆを使った吸い物仕立てである。ほのかに潮の香りが立ちのぼる雑煮は、この地方の正月文化の一つである。

コメと伝統文化の例

- **流鏑馬神事**（松江市）　豊作、大漁などを祈願して町内を歩き、爾佐神社前で3本の矢で天・地・海の魔を払うという松江市美保関町に伝わる古式ゆかしい神事である。京都に御所があった頃、爾佐神社が鬼門にあたるとして始まり、約450年の歴史がある。開催日は毎年4月3日。

- **萬歳楽の椀隠し**（吉賀町）　山盛りのご飯を食べて満腹になり、椀を後ろに隠す男性たち。おかわりを盛りつけるためそれを奪おうとする女性たち。そんな攻防が展開される奇祭である。吉賀町柿木村下須地区に室町時代から伝わる。島根県の無形民俗文化財。開催は毎年12月初旬。

- **鹿子原の虫送り踊り**（邑南町）　邑南町矢上の鹿子原集落で200年以上続く害虫退散と五穀豊穣を願う伝統行事である。花笠に浴衣、紅だすき姿の若者たちが腰に太鼓をつけ、乗馬姿のわら人形を中心にくり出し、虫送り唄に合わせて行進し、村はずれの川に人形を流す。開催日は毎年7月20日。

- **太鼓谷稲成神社春季大祭**（津和野町）　1773（安永2）年に石州津和野城主7代亀井矩貞公が、三本松城の表鬼門にあたる東北端の太鼓谷の峰に、京都・伏見の稲荷大神を勧請したことにちなんで行われる。五穀豊穣などを願う参拝者が多い。神社に奉納された約1,000本の鳥居が参道に並び、長いトンネルをつくっている。開催日は毎年5月15日。

33 岡山県

地域の歴史的特徴

岡山市の津島遺跡からは紀元前300年頃とみられる稲作を行う農耕集落が出現している。

飛鳥時代の7世紀に吉備国が備前、備中、備後の3国に分割された。

713（和銅6）年には備前国の北部を割いて美作国を置いた。1573（天正元）年には宇喜多直家が築城し、岡山に城下町が完成した。岡山という地名は城のあった小さい丘（岡山明神）が由来である。

17世紀には、児島湾を中心とした大規模な干拓による新田開発が行われた。その後、干拓地では塩抜きや、児島湖を淡水化してかんがい用に用いるなど工夫した結果、稲作が盛んになった。

美作、備前、備中の3国によって岡山県が創立されたのは1876（明治9）年である。

コメの概況

岡山県の耕地面積の78.3％は水田、農業産出額に占めるコメの産出額は22.2％で品目では鶏卵を上回りトップと、コメ中心の農業が営まれている。

水稲の作付面積の全国順位は19位、収穫量は18位である。収穫量の多い市町村は、①岡山市、②津山市、③倉敷市、④真庭市、⑤美作市、⑥総社市、⑦赤磐市、⑧新見市、⑨瀬戸内市、⑩吉備中央町の順である。県内におけるシェアは、岡山市26.9％、津山市8.6％、倉敷市8.6％、真庭市6.0％などで、県都の岡山市が県全体の収穫量の4分の1強を占めている。

岡山県における水稲の作付比率は、うるち米92.8％、醸造用米3.8％、もち米3.4％である。作付面積の全国シェアをみると、うるち米は2.0％で全国順位が19位、醸造用米は5.5％で3位、もち米は1.8％で15位である。

236

知っておきたいコメの品種

うるち米

（必須銘柄）あきたこまち、アケボノ、朝日、コシヒカリ、ヒノヒカリ

（選択銘柄）あきだわら、アキヒカリ、キヌヒカリ、きぬむすめ、吉備の華、中生新千本、にこまる、日本晴、ヒカリ新世紀、ひとめぼれ、みつひかり、ミルキークイーン、夢の華

　うるち米の作付面積の品種別シェアは、「アケボノ」（18.8％）、「ヒノヒカリ」（17.7％）、「あきたこまち」（17.4％）の順であり、他の道府県に比べ特定品種への集中度は低い。

- **アケボノ**　農林省（現農研機構）が「農林12号」と「朝日」を交配し1953（昭和28）年に育成した。県南部一帯で広く栽培されている。胚芽の残存率が高く、胚芽精米、すし米、酒造用米など幅広い用途に使われている。2015（平成27）年産の1等米比率は54.6％だった。
- **ヒノヒカリ**　主に県中南部で栽培している。2015（平成27）年産の1等米比率は77.8％だった。県内産「ヒノヒカリ」の食味ランキングはAである。
- **あきたこまち**　主に県北部で栽培している。2015（平成27）年産の1等米比率は70.8％だった。
- **きぬむすめ**　県内産「きぬむすめ」の食味ランキングは、2016（平成28）年産で初めて最高の特Aに輝いた。
- **コシヒカリ**　主に県中北部で栽培している。県内産「コシヒカリ」の食味ランキングはAである。
- **朝日**　コシヒカリ、ハツシモ、あいちのかおりなどのルーツとなった優良米である。主に県南部で栽培している。郷土料理の祭りずしにも適している。2015（平成27）年産の1等米比率は84.6％だった。

もち米

（必須銘柄）ココノエモチ、ヒメノモチ、ヤシロモチ

（選択銘柄）なし

　もち米の作付面積の品種別比率は「ヒメノモチ」が最も多く全体の47.1

中 国 地 方　237

％を占め、「ココノエモチ」（27.9％）、「ヤシロモチ」（8.7％）がこれに続いている。この3品種が全体の83.7％を占めている。

● **ヤシロモチ**　島根県が「陸稲×朝日と朝日のF4」と「早生桜糯」を交配して1961（昭和36）年に育成した。岡山県と島根県が中心である。

醸造用米

（必須銘柄）雄町、山田錦
（選択銘柄）吟のさと

醸造用米の作付面積の品種別比率は「山田錦」54.4％、「雄町」45.6％の割合である。

● **雄町**　県南部の適地で集団栽培に取り組んでおり、現在は雄町の全国生産量の9割近くが岡山産である。

知っておきたい雑穀

❶小麦

小麦の作付面積の全国順位は23位、収穫量は22位である。主産地は県内作付面積の76.8％を占める岡山市である。これに津山市、瀬戸内市、鏡野町が続いている。

❷二条大麦

二条大麦の作付面積の全国順位は4位、収穫量は5位である。栽培品種は「スカイゴールデン」などである。作付面積を市町村別にみると、岡山市が68.7％と群を抜き、瀬戸内市（11.5％）、玉野市（6.7％）などと続いている。

❸はだか麦

はだか麦の作付面積、収穫量の全国順位はともに13位である。主産地は笠岡市（県内作付面積の35.7％）と岡山市（28.6％）である。

❹ハトムギ

ハトムギの作付面積の全国順位は13位である。収穫量の全国順位は三重県と並んで11位である。主産地は岡山市（県内作付面積の42.5％）と津山市（40.0％）で、両市に続く玉野市のシェアは17.7％である。

❺アワ

アワの作付面積の全国順位は7位である。収穫量は四捨五入すると1ト

ンに満たず統計上はゼロで、収穫量の全国順位は不明である。

主産地は美作市と玉野市で、作付面積はともに全体の48.8%を占める。両市に続く岡山市のシェアは2.4%である。

❻キビ

キビの作付面積の全国順位は8位である。収穫量の全国順位は山梨県と並んで6位である。主産地は玉野市で県内作付面積の90.9%を占め、瀬戸内市は9.1%である。

❼そば

そばの作付面積、収穫量の全国順位はともに27位である。真庭市が県内作付面積の41.0%、収穫量の50.0%を占めている。栽培品種は「在来種」などである。

❽大豆

大豆の作付面積の全国順位は20位、収穫量は24位である。県内の全市町村で広く栽培されている。主産地は津山市、勝央町、岡山市、吉備中央町、美作市などである。栽培品種は「サチユタカ」「青大豆」「丹波黒」などである。

❾小豆

小豆の作付面積、収穫量の全国順位はともに5位である。主産地は真庭市、高梁市、美作市、吉備中央町などである。

コメ・雑穀関連施設

- **東西用水**（高梁川・笠井堰掛、倉敷市、早島町）　井堰で取水された高梁川の水は、1924（大正13）年に完工した取水樋門を通って酒津配水池に貯められ、南北配水樋門から西岸用水、西部用水、南部用水、備前樋用水、倉敷用水、八ケ郷用水によって倉敷市、早島町などの農地に供給されている。南配水樋門は15連である。

- **西川用水**（岡山市）　旭川の合同堰から取水し、福田、浦安など下流の農業地域に用水を供給する稲作に欠かせない農業用水路である。全長は16kmである。西川は、岡山市の中心部を北から南に流れていることもあって、川沿いの散策路など親水公園としての整備も進んだ。

- **神之淵池**（久米南町）　大正期（1912～26）に築造された。「日本の棚田百選」に認定されている棚田のある北庄地区の45haの水田を潤して

中国地方　239

いる。「棚田米」は有機農法で栽培している。同地区では、地元小学校の農業体験学習が行われている。池は棚田と溶け込み、独特の中山間地の景観を形成している。

- **倉安川用水**（岡山市） 倉安川は、1679（延宝7）年に津田永忠が築造した、吉井川と旭川を結ぶ20 kmの人工河川である。南部の干拓地へかんがい用水を送るとともに、高瀬舟の運河でもあった。江戸時代、高瀬舟は倉安川吉井水門に築かれた二重式水門で水位を調節して倉安川に入り、旭川へ出て、岡山城下まで通じていた。

- **和気町田原井堰資料館**（和気町） 国営事業である新田原井堰の完成によって、江戸時代に津田永忠が築いた岡山県指定史跡の田原井堰が撤去されたことを受けて、300年の歴史をもつ同堰の資料を保存し、後世に伝えるため1986（昭和61）年に建設された。旧井堰で使われていた多くの巨大な石も保存されている。

コメ・雑穀の特色ある料理

- **祭りずし** 祭りずしは、ばらずし、岡山ずしともいわれる。新鮮な海の幸や、彩り豊かな山菜などを具に使った、ちらしずしである。昔、岡山藩主池田光正公が、「庶民は一汁一菜」にせよ、との節約令を出したのがきっかけだった。人々は、魚や野菜を寿司の具に使えばお菜ではないから、別に一菜口にできると考え、すし飯に何種類もの具を入れてかき混ぜて食べた。岡山の代表的な郷土料理として、祭りだけでなく、来客や祝い事でもつくられる。

- **どどめせ** 炊き込みごはんに酢を混ぜた炊き込みずしで、祭りずしなどの元祖とされる。鎌倉時代末期、「備前福岡の市」の渡しがあり、ふとしたはずみに船頭の弁当にどぶろくがかかってしまった。これが美味だったため、「どぶろくめし」が「どどめせ」となまって、後世に伝えられたという。

- **ママカリずし** ママカリは、ニシン科のサッパの岡山での呼び名である。長さ10 cmほどの小魚で、瀬戸内海で水揚げされる。この魚がおいしくて、まま（ご飯）がなくなり、隣家に借りにいくということから名前が付いた。祭りや祝い事などの際、ふるまわれることが多い。ママカリは、産卵前の6月頃が最もおいしい。

- **蒜山おこわ**（蒜山高原）　県北部の同高原は、中国地方で最も高い大山のすぐ南東に位置しているため、岡山側からも多くの人々が大山参りに出掛けた。その土産に持ち帰った大山おこわと似たようなおこわが蒜山おこわの名前でつくられるようになった。

コメと伝統文化の例

- **七日祈禱**（岡山市）　岡山市延友地区ではかつて7月7日におにぎりを握り、集落中で食べた。これは、田植えが終わり、過酷な、い草刈りが始まる前に地域のコミュニケーションを深めるための行事である。開催日は、その後、人の集まりやすい5月5日の祝日に変更された。
- **渡り拍子**（西部）　岡山県西部の農村地帯で豊作などを祈る秋祭りの伴奏楽として広く伝わってきた民俗芸能である。神輿とともに地域を巡りながら踊る渡り拍子の一団は、秋祭りを彩る。開催日は地域ごとに異なる。
- **岡山後楽園お田植祭**（岡山市）　日本三名園の一つである後楽園内の田んぼ「井田」で昔ながらの田植えと田植え踊りが披露される。「さげ」とよばれる男衆の太鼓と歌に合わせて、紺がすりに菅笠姿の早乙女がテンポよく苗を植えていく。新見市の哲西町はやし田植保存会や神代強度民謡保存会のメンバーが協力する。開催日は毎年6月第2日曜日。
- **布施神社のお田植祭**（鏡野町）　豊年祈願の行事である。境内を清める獅子練りの後、荒起こし、しろかき、くめじろ、田植えの神事が行われる。最後に殿様と福太郎の掛け合いで見物人は笑いに包まれるが、殿様は笑わない。殿様が笑うと不作になるといわれるからである。開催日は毎年5月5日。

中国地方　241

34 広島県

地域の歴史的特徴

広島県の南部は瀬戸内式気候に属し、年間を通じて少雨のため、農業用水を確保する必要があった。このため，江戸時代から多くのため池や用水が築造されてきた。

1717（享保2）年には福山藩領で年貢2,000石減免などを要求して惣百姓一揆が起き、翌年には三次、広島藩領にも波及した。1871（明治4）年には旧藩主の東京移住を引き止めるため広島県下で一揆・武一騒動が発生し、福山県下にも広がった。

広島県は瀬戸内海沿岸地域のほぼ中央に位置する。太田川は河口付近で七つに分流し、広いデルタを形成している。広島という県名については、①広い中洲、②広い砂洲、三角洲、の2説があるが、デルタ地帯が名前につながったことは間違いない。

コメの概況

広島県は山が多く、耕地面積は県全体の6.6%にすぎない。耕地面積のうち、74.5%を水田が占めている。しかし、小規模な農家が多く、農業産出額に占めるコメの比率は19.2%にとどまっている。

水稲の作付面積、収穫量の全国順位はともに25位である。収穫量の多い市町村は、①東広島市、②庄原市、③三次市、④三原市、⑤安芸高田市、⑥北広島町、⑦世羅町、⑧福山市、⑨広島市、⑩神石高原町の順である。県内におけるシェアは、東広島市15.4%、庄原市13.8%、三次市13.2%、三原市9.7%などで、上位3市で4割以上を生産している。

広島県における水稲の作付比率は、うるち米93.0%、もち米3.6%、醸造用米3.4%である。作付面積の全国シェアをみると、うるち米は1.6%で全国順位が24位、もち米は1.5%で石川県と並んで17位、醸造用米は4.0%で7位である。

知っておきたいコメの品種

うるち米

（必須銘柄）あきたこまち、あきろまん、キヌヒカリ、こいもみじ、コシヒカリ、どんとこい、中生新千本、ひとめぼれ、ヒノヒカリ、ホウレイ、ミルキークイーン

（選択銘柄）あきさかり、あきだわら、JGCソフト、恋の予感、にこまる、ヒカリ新世紀、夢の華

うるち米の作付面積を品種別にみると、「コシヒカリ」が最も多く全体の45.9％を占め、「ヒノヒカリ」（17.3％）、「あきろまん」（9.5％）がこれに続いている。これら3品種が全体の72.7％を占めている。

- **コシヒカリ** 主産地は庄原市、三次市、尾道市、広島市などである。収穫時期は9月上旬である。2015（平成27）年産の1等米比率は89.0％だった。北部産「コシヒカリ」の食味ランキングはAである。

- **ヒノヒカリ** 主産地は広島市、三原市、東広島市などである。収穫時期は9月下旬である。2015（平成27）年産の1等米比率は88.9％だった。

- **あきろまん** 広島県が「ミネアサヒ」と「中生新千本」を交配して1993（平成5）年に育成した。主産地は広島市、三次市などである。収穫時期は9月下旬である。2015（平成27）年産の1等米比率は90.0％と高かった。県内産「あきろまん」の食味ランキングはAである。

- **あきさかり** 福井県が「あわみのり」と「越南173号」を交配して、2008（平成20）年に育成した。2014（平成26）年に採用した。主産地は庄原市、広島市などである。収穫時期は9月中旬である。2015（平成27）年産の1等米比率は92.9％と高かった。北部産「あきさかり」の食味ランキングは2016（平成28）年産で初めて特Aに輝いた。

- **恋の予感** 農研機構が「きぬむすめ」と「中国178号」を交配して、1989（平成元）年に育成した。2014（平成26）年に採用した。近畿、中国、四国向けに、登熟期の高温による品質低下が生じにくい品種として開発した。主産地は県南部である。収穫時期は10月上旬～中旬である。南部産「恋の予感」の食味ランキングはAである。

中国地方 243

もち米

（必須銘柄）ココノエモチ、ヒメノモチ

（選択銘柄）なし

　もち米の作付面積の品種別比率は「ヒメノモチ」が最も多く全体の50.0％を占め、「ココノエモチ」（41.7％）、「タンチョウモチ」（8.3％）がこれに続いている。

醸造用米

（必須銘柄）なし

（選択銘柄）雄町、こいおまち、千本錦、八反、八反錦1号、山田錦

　醸造用米の作付面積の品種別比率は「八反錦1号」が最も多く全体の46.8％を占め、「山田錦」（32.2％）、「八反35号」（11.7％）がこれに続いている。この3品種が全体の90.7％を占めている。

- **八反錦1号**　広島県が「八反35号」と「アキツホ」を交配して1984（昭和59）年に育成した。多収、大粒の早生品種で、心白が多い。
- **八反35号**　広島県が「八反10号」と「秀峰」を交配して1962（昭和37）年に育成した。

知っておきたい雑穀

❶小麦

　小麦の作付面積の全国順位は28位、収穫量は29位である。主産地は県内作付面積の45.9％を占める北広島町である。これに東広島市、三次市、三原市などが続いている。

❷六条大麦

　六条大麦の作付面積、収穫量はともに17位である。主産地は世羅町で、作付面積は県内の57.1％を占めている。

❸はだか麦

　はだか麦の作付面積の全国順位は宮崎県と並んで18位である。収穫量の全国順位も18位である。主産地は三原市、世羅町などである。

❹そば

　そばの作付面積の全国順位は19位、収穫量は22位である。産地は庄原市、

北広島町、安芸高田市などである。

❺大豆

大豆の作付面積、収穫量の全国順位はともに30位である。主産地は三次市、世羅町、東広島市、三原市、庄原市などである。栽培品種は「サチユタカ」などである。

❻小豆

小豆の作付面積の全国順位は18位、収穫量は20位である。主産地は庄原市、三次市、神石高原町などである。

コメ・雑穀関連施設

- **芦田川用水**（福山市）　瀬戸内海にそそぐ一級河川芦田川の福山市・七社頭首工から取水し、同市一円の農地に水を供給している。幹線の延長は19kmである。七社頭首工は、1961（昭和36）年に国営三川ダム付帯かんがい排水事業として築造された。その後の農業振興に大きく貢献している。

- **服部大池**（福山市）　大池は現在も200haにかんがい用水を供給しており、地域農業に欠かせない水源である。築造時、1643（寛永20）年に人柱に捧げられたとする「お糸伝説」が伝えられ、池の畔に石像が設置されている。池にはしゃれた取水塔が立つ。周辺には多くの桜が植えられており、花見客も多い。

- **八木用水**（広島市）　稲作における慢性的な用水不足を解決するため、江戸時代中期の1768（明和5）年に大工、桑原卯之助が開削した水路である。広島市の八木から長束の間を流れ、延長は16.3kmである。郷土の歩みを語り継ぐ歴史的遺産としても活用されている。

- **小野池**（東広島市）　時の庄屋の黒川三郎左衛門が、18世紀後半、水源の乏しい小野が原に小野原池、小野原新池、小野原大池の3池を築造した。1939（昭和14）年に西日本を襲った大干ばつを受けて、昭和20年代にこれら3池を水底に沈めて貯水容量57万トン、かんがい面積114haの現在の小野池が築造された。その池の礎を築いた三郎左衛門は、後世長く住民から追慕されている。

中国地方　245

コメ・雑穀の特色ある料理

● **アナゴめし**　沿岸漁業が盛んで、豊かな海の幸からアナゴめしや、カキめしなど伝統ある名物料理が生まれた。アナゴが捕れる宮島の近海では、昔からアナゴどんぶりが漁師料理としてつくられた。そのどんぶりの白飯を工夫して駅弁として売り出したのがアナゴめしの始まりである。アナゴの頭と中骨を昆布と一緒に煮込み、そのだし汁としょうゆでご飯を炊き上げ、たれを何度も塗りながら蒲焼にしたアナゴを上にのせたものである。

● **カキめし**　太田川などから栄養分の豊かな水が流れ込むためプランクトンの多い広島湾では古くから天然のカキがとれ、縄文時代の貝塚からもカキ殻が発掘されている。養殖は室町時代の天文年間（1532〜55）からとされる。地元の新鮮なカキを炊き込んだのがカキめしである。

● **タコめし**（三原市）　県東部の三原市では、良質のタコの育成に力を入れており、タコ料理が郷土料理として定着している。タコめしもその一つである。タコめしは、新鮮な生の地ダコを使った炊き込みご飯である。漁師が獲ったばかりのタコを船上で料理していたのが、家庭に広がったとみられる。

● **庄原焼き**（庄原市）　広島風お好み焼きの肉玉をベースにして、そばではなく「庄原の特産米」を使い、お好みソースの代わりにポン酢だれで味わうお好み焼き。地元のグループがまちおこしとして開発したご当地グルメである。焼かれた香ばしいご飯と、野菜のうまみで上品な味が楽しめるという。

コメと伝統文化の例

● **壬生の花田植**（北広島町）　江戸時代から続く豊作祈願の神事芸能である。飾り牛によるしろかき、かすりの着物、すげ笠姿の早乙女によるお囃子に合わせた田植えなどが行われ、華やかな行事になっている。2011（平成23）年にユネスコの無形文化遺産に登録された。開催日は毎年6月第1日曜日。

● **虫送り**（三次市）　虫送りの行列が行われる同市君田の聖神社は建立以来約500年が経つ。先端に「聖神社蟲送り」と書いた笹を持ってあぜ道

などを歩いて有害な虫を追い払い、稲の豊作を祈願する。100年以上も前から続く伝統行事で、小学生も参加する。開催は毎年8月上旬。

- **能登原とんど**（福山市）　福山市沼隈町能登原地区に伝わる磐台寺観音への奉納行事である。古代に朝廷で行われていた行事が、室町時代に民間に広がった。木材をやぐら状に組み、表面に稲わらなどを付けた高さ10m近いとんど6基がきらびやかに飾りつけられ、田園地帯を練り歩く。開催日は毎年1月の第2日曜日。

- **ちんこんかん**（三原市）　三原市新倉町の大須賀神社（通称牛神社）の例祭日に奉納される数百年前からの伝統行事である。害虫よけ、雨乞いの願いを込めて、赤い衣装と鬼面をつけ破魔矢（はまや）を持った大鬼と、6尺棒を持った小鬼が、大太鼓、小太鼓、鉦（かね）に合わせて力強く踊る。開催日は毎年8月16日。

- **たのもさん**（廿日市市）　「安芸の宮島」で知られる廿日市市宮島は、古来から島全体が神様と信じられ土地を耕さない信仰があった。このためコメなど農作物に対する感謝の念が厚く、「たのも船」という小舟をつくり、農作物を栽培している対岸の同市大野町のお稲荷様に向けて流す祭りが続いている。たのも船には、新米の粉で練っただんご、おはぎなどをのせる。かつては対岸の農家の人などがこれを拾い上げ、田畑のあぜなどに供えて豊作を祈願したが、拾い上げるのは現在はすたれている。開催日は毎年旧暦の8月1日。

35 山口県

地域の歴史的特徴

下関市綾羅木では、紀元前200年頃の遺跡から数百基もの貯蔵穴が見つかっている。小豆、麦、キビ、アワなどの穀物が貯蔵されていたことを示すものである。

7世紀には、大化の改新により、周防、長門の2国に統合された。室町時代には大内氏が防長2国を平定した。山口に京の都を模したまちをつくり、「西の京」とよばれるようになった。

毛利元就は一時、中国地方の全域に勢力を広げたものの、1600（慶長5）年の関が原の戦いで東軍に破れて領地を減らされ、居城を萩に築いた。吉田松陰、高杉晋作など優れた人材を輩出した長州藩は、明治維新を推進する中心的な役割を果たした。

江戸時代に、長州藩は新田や棚田を盛んに開発した。古くから稲作の基盤が整備されたことが、今日でもコメが山口県の農業産出額のトップを占めることにつながっている。山口県のコメの農業産出額に占める割合は32.2％で中国地方では最も高い。

現在の山口県は、1871（明治4）年の廃藩置県で誕生した。県名は、室町時代の大内氏の城下町名に由来する。山口の意味については、①山地、森林への入り口、②山地の縁、山裾の地、の2説があるが、本州の最西端に位置し、山が迫っている地勢から命名されたことは間違いない。

コメの概況

水稲の作付面積の全国順位は鹿児島県と並んで28位である。収穫量の全国順位は27位である。収穫量の多い市町村は、①山口市、②下関市、③萩市、④美祢市、⑤長門市、⑥周南市、⑦宇部市、⑧岩国市、⑨防府市、⑩山陽小野田市の順である。県内におけるシェアは、山口市24.2％、下関市17.6％、萩市8.6％、美祢市8.0％などで、山口、下関両市で4割以上を

248

生産している。

山口県における水稲の作付比率は、うるち米94.7％、醸造用米2.9％、もち米2.4％、である。作付面積の全国シェアをみると、うるち米は1.4％で全国順位が佐賀県と並んで28位、醸造用米は2.9％で9位、もち米は0.9％で三重県と並んで26位である。

知っておきたいコメの品種

うるち米

（必須銘柄）コシヒカリ、晴るる、ひとめぼれ、ヒノヒカリ

（選択銘柄）あきたこまち、あきまつり、きぬむすめ、恋の予感、せとのにじ、中生新千本、にこまる、日本晴、ミルキークイーン、やまだわら

うるち米の作付面積を品種別にみると、「コシヒカリ」（30.7％）、「ヒノヒカリ」（25.2％）、「ひとめぼれ」（24.9％）の順で、これら3品種が全体の80.8％を占めている。

- **コシヒカリ**　主産地は、萩市、山口市、周南市などである。収穫時期は9月上旬〜中旬である。2015（平成27）年産の1等米比率は79.7％だった。県中産「コシヒカリ」の食味ランキングはAである。
- **ヒノヒカリ**　主産地は、岩国市、下関市、山口市、宇部市などである。収穫時期は10月上旬である。2015（平成27）年産の1等米比率は77.6％だった。
- **ひとめぼれ**　主産地は山口市、下関市、長門市などである。収穫時期は9月上旬〜中旬である。県中産「ひとめぼれ」の食味ランキングはA'である。
- **きぬむすめ**　主産地は下関市、美祢市、長門市などである。収穫時期は9月下旬〜10月上旬である。県西産「きぬむすめ」の食味ランキングは2015（平成27）年以降2年連続で特Aに輝いた。
- **晴るる**　山口県が「ヤマホウシ」と「コシヒカリ」を交配し1997（平成9）年に育成した。主産地は美祢市などである。収穫時期は9月上旬〜中旬である。県西産「晴るる」の食味ランキングはAである。

中国地方　249

もち米

（必須銘柄）なし

（選択銘柄）ヒヨクモチ、マンゲツモチ、ミヤタマモチ

　もち米の作付面積の品種別比率は「ミヤタマモチ」が最も多く全体の45.8％を占め、「マンゲツモチ」（25.0％）、「ヒヨクモチ」（12.5％）がこれに続いている。これら3品種が全体の83.3％を占めている。

- **ミヤタマモチ**　宮崎県が「南海76号」と「みのたまもち」を交配して1990（平成2）年に育成した。倒伏しにくい多収品種である。

醸造用米

（必須銘柄）なし

（選択銘柄）五百万石、西都の雫、白鶴錦、山田錦

　醸造用米の作付面積の品種別比率は「山田錦」が最も多く全体の86.2％を占め、「西都の雫」（10.3％）、「白鶴錦」（3.4％）がこれに続いている。

- **西都の雫**　山口県が「穀良都」と「西海222号」を交配して2004（平成16）年に育成した。西都は県都の山口市が「西の京」といわれることに因んでいる。雫は、淡麗でキレの良い酒をイメージしている。

- **白鶴錦**　兵庫県の白鶴酒造が「新山田穂1号」と「渡船2号」を交配し2004（平成16）年に育成したオリジナル品種である。

知っておきたい雑穀

❶小麦

　小麦の作付面積の全国順位は18位、収穫量は20位である。主産地は県内作付面積の47.7％を占める山口市である。これに下関市、宇部市、防府市、山陽小野田市などが続いている。

❷二条大麦

　二条大麦の作付面積、収穫量の全国順位はともに14位である。主産地は山口市で、作付面積は県内の61.3％を占めている。

❸はだか麦

　はだか麦の作付面積の全国順位は4位、収穫量は5位である。主産地は美祢市（県内作付面積の48.0％）と山口市（41.6％）である。防府市（3.9％）、

阿武町（3.0％）などでも産出している。

❹そば

そばの作付面積は35位、収穫量の全国順位は37位である。産地は萩市、美祢市などである。

❺大豆

大豆の作付面積は25位、収穫量の全国順位は27位である。主産地は山口市、美祢市、長門市、下関市、萩市などである。栽培品種は「サチユタカ」「のんたぐろ」などである。

❻小豆

小豆の作付面積は24位、収穫量の全国順位は28位である。主産地は下関市、長門市、山口市などである。

コメ・雑穀関連施設

- **寝太郎堰**（寝太郎用水、山陽小野田市）　江戸時代中期に、山陽小野田市厚狭地区を貫流する厚狭川の本流を柳瀬付近でせき止め、固定堰を築いて千町ケ原にかんがい用水を導入した。この事業を行ったのが伝説上の「厚狭の寝太郎」で、堰や用水の名前になっている。伝説によると、寝太郎は3年ほど寝て暮らした後、千石船に新品のぞうりを積んで佐渡の金山に行き、古ぞうりと交換した。この古ぞうりに付いていた砂金を集め、資金にした。

- **藍場川**（大溝、萩市）　疏水は、城下町のたたずまいを残す萩市平安古、江向、川島の武家屋敷地域を東西に流れている。毛利藩36万石の時代に、大溝として開削された。延長2.6km、幅員4mで、川岸は石で組まれている。当時から、かんがい用水だけでなく、生活用水や防火用水としても使われている。

- **常盤湖**（宇部市）　宇部の領主・福原広俊が農民からの訴えを聞き入れ、1695（元禄8）年に常盤湖の築堤に着手した。ため池、用水路などを含め1701（元禄14）年に工事が完成し、305haの水田にかんがい用水を供給できるようになった。湖は南北1.8km、東西1.3kmで、手のひらの形状で、指先にあたる北部には入り江がある。地元の実業家たちが湖周辺の土地を購入して市に寄贈し、1925（大正14）年にときわ公園が開設された。

中国地方　251

- **長沢ため池**（阿武町）　1602（慶長7）年に、領主益田越中守元詳が、かんがい用に築造した。今も40ha余の水田に農業用水を提供し、地域の農業生産に貢献している。2004（平成16）年の改修をきっかけに、地元では特定農業法人を立ち上げ、ミネラル米の栽培に取り組んでいる。絶滅危惧種の淡水産貝「フネドブガイ」が生息している。
- **深坂ため池**（下関市）　毎年水不足に頭を痛めてきた下関市安岡地区で、明治の末期に、村の有志は河川の源流部にため池の築造を計画した。10年間で延べ13万人が工事に従事し、1924（大正13）年に完成した。現在も下流の水田300haを潤している。水は、ふぐ料理や瓦そばなど郷土料理に欠かせない特産の「安岡ネギ」の栽培にも貢献している。

コメ・雑穀の特色ある料理

- **岩国すし**　別名「殿様すし」ともいう。岩国藩主に命じられた料理番が、山頂にある岩国城への運搬や保存に便利な料理として考案したからである。炊いたご飯を酢飯にし、魚の身をほぐして混ぜ、木枠に詰める。その上に錦糸卵、岩国レンコンなどを飾り、仕切りに芭蕉の葉を敷き詰める。それらを重ね、木の蓋をして重石をのせて仕上げる。
- **岩国茶がゆ**　煎じた番茶にコメを入れて炊き上げる。番茶特有の味わいがコメにしみ込み風味がよい。炊き方には家々で秘訣があり、柳井地方では甘みを出すため、さつま芋も加えることが多い。約400年前の関が原の戦いの後、吉川広家が出雲富田14万石から岩国6万石に移封された際、家臣団を養うコメの節約のために始めた。
- **フク雑炊**　フグは、山口の貝塚から出土したフグの骨によって、3,000年以上前から食べられていたことが判明している。フグのことを山口では、縁起をかついで「フク（福）」とよぶ。フクちりの鍋にご飯、卵を入れてつくる。卵巣や肝臓に毒があるため、一時は食用が禁止されていたが、伊藤博文が1888（明治21）年に下関でフグ料理を許可して広まった。
- **あんこずし**　祝い事や地区の祭りでつくられる押しずしの一つである。あんこは小豆ではなく、野菜などを調理した具のことである。これをすし飯の中に包み込んでつくる。コメが貴重だった時代にご飯の量を増やすために考案された。

コメと伝統文化の例

- **稲穂祭り**（下松市）　五穀豊穣を祝い、実りの秋に感謝する祭りである。キツネに扮した新郎・新婦が、キツネの面を着けた大勢の親族や小狐などとともに旧山陽道の花岡の町を練り歩く「きつねの嫁入り」を中心とした「白狐伝説」の奇祭として知られる。開催日は毎年11月3日。

- **山崎八幡宮本山神事**（周南市）　本山神事は稲穂が実った後の鳥の害などを防ぐためだったが、現在は豊作を感謝する秋祭りと一体となって行われている。神事に係わる山車は、徳山藩主毛利元次が五穀豊穣を祈願して馬場を新設し、本山などを奉納したことで始まった。山車の組み立てにはくぎを使わなど古来のしきたりが続いている。開催日は9月下旬の土曜日（前夜祭）と日曜日（本祭）。

- **笑い講**（防府市）　防府市大道小俣地区で800年以上受け継がれている笑いの神事である。紋付き袴で正装した講員たちが、サカキを手に「ワーハッハッハッ」と3回笑い合う。笑い声の第1声は今年の豊作を喜んで、第2声は来年の豊作を祈って、第3声は今年苦しかったことや悲しかったことを忘れる笑いである。開催日は毎年12月の第1日曜日。

- **秋吉台の山焼き**（美祢市）　カルスト台地として知られる秋吉台の1,500 haの草地を燃やす日本最大級の野焼きである。草原の景観を維持し、山火事を防ぐほか、農業面では害虫を一斉に駆除するとともに、大量の灰を土に戻すことで肥料にするという意味もある。開催日は毎年2月の第3日曜日だが、天候によって延期されることもある。

- **お田植祭**（下関市）　下関市一の宮住吉の住吉神社で行われる五穀豊穣を祈願する神事である。約1,800年前、神功皇后が住吉の大社を祭った際、コメを毎日備えるため苗を植えたことに由来する。神饌田で八乙女が稲を植え、あぜ道では早乙女が神楽に合わせて田植え舞を踊る。開催日は毎年5月の第3日曜日。

中国地方　253

36 徳島県

地域の歴史的特徴

現在の徳島県は7世紀半ばまで、北部は粟国（あわのくに）、南部は長国（ながのくに）とよばれていた。当時、北部は穀物のアワを多く産出したため粟国と名付けられた。645（大化元）年頃、粟国と長国はまとめられて阿波国となった。

846（承和13）年には、山田古嗣が阿波介（ふるつぐ）（朝廷に任命された官吏で、旧国名＋介で国司としての官職を示す）となり、干害を防ぐため各地に池をつくった。1585（天正13）年、豊臣秀吉の家臣だった蜂須賀正勝・家政父子が阿波国を与えられ、徳島城を築いた。徳島は川に囲まれた良い地を意味する。中心の徳島市は吉野川河口付近の三角州で島状の地形である。1752（宝暦2）年には第10堰が完成し、旧吉野川と別宮川の分離が始まった。

1871（明治4）年7月の廃藩置県で徳島県が設置されたが、11月には名東県に改称された。1873（明治6）年には香川県を編入して名東県の管轄とした。1876（明治9）年には旧淡路国が兵庫県に編入され、旧阿波国は高知県の管轄となり、名東県が廃止された。徳島県が再設置され現在の徳島県の姿になったのは1880（明治13）年である。

コメの概況

水稲の作付面積の全国順位は40位、収穫量は39位である。収穫量の多い市町村は、①阿南市、②阿波市、③徳島市、④小松島市、⑤美馬市、⑥吉野川市、⑦石井町、⑧上板町、⑨鳴門市、⑩海陽町の順である。県内におけるシェアは、阿南市21.3％、阿波市16.7％、徳島市13.8％、小松島市9.2％などで、上位3市が県内生産量の半分以上を担っている。

徳島県における水稲の作付比率は、うるち米96.0％、もち米2.8％、醸造用米1.2％である。作付面積の全国シェアをみると、うるち米は0.8％で全国順位が高知県、長崎県と並んで38位、もち米は0.6％で群馬県、愛知県、

京都府と並んで31位、醸造用米は0.7％で25位である。美馬郡は、徳島県で唯一の水稲種子の産地であり、キヌヒカリ、ヒノヒカリなどの種子を各産地に供給している。

知っておきたいコメの品種

うるち米

（必須銘柄）あきたこまち、あわみのり、キヌヒカリ、コシヒカリ、日本晴、ハナエチゼン、ヒノヒカリ

（選択銘柄）あきさかり、イクヒカリ、はるみ、ヒカリ新世紀、ひとめぼれ、ミルキークイーン

うるち米の作付面積を品種別にみると、「コシヒカリ」が最も多く全体の53.9％を占め、「キヌヒカリ」（28.9％）、「ヒノヒカリ」（7.3％）がこれに続いている。これら3品種が全体の90.1％を占めている。

● **コシヒカリ** 栽培適地は平坦部である。収穫時期は8月中旬～下旬である。南部産「コシヒカリ」の食味ランキングはAである。
● **キヌヒカリ** 北部産「キヌヒカリ」の食味ランキングはAである。
● **ハナエチゼン** 県南部の平坦部を中心に栽培されている。収穫時期は8月上旬～中旬で、徳島で最も早く収穫される極早生品種である。

もち米

（必須銘柄）モチミノリ
（選択銘柄）なし

もち米の作付面積の品種別比率では「モチミノリ」が最も多く、全体の85.7％を占めている。

モチミノリは、農研機構が「喜寿糯」と「関東125号」を交配して、1990（平成2）年に育成した。白葉枯病に対する抵抗性が強い。あられ用などに向いている。徳島県では必須銘柄、愛媛県では選択銘柄である。

醸造用米

（必須銘柄）なし
（選択銘柄）山田錦

公益社団法人米穀安定供給確保支援機構の調査では、品種別には把握できなかった。

知っておきたい雑穀

❶小麦

小麦の作付面積の全国順位は37位、収穫量は35位である。主産地は美馬市（県内作付面積の42.2％）と東みよし町（33.1％）である。栽培品種は「チクゴイズミ」などである。

❷二条大麦

二条大麦の作付面積、収穫量の全国順位はともに19位である。主産地は美馬市で、作付面積は県内の73.9％を占めている。

❸はだか麦

はだか麦の作付面積の全国順位は10位、収穫量は16位である。市町村別の作付面積の順位は①美馬市（県内作付面積の37.9％）、②小松島市（20.7％）、③阿南市（13.8％）、④阿波市（8.6％）で、これらが県全体の8割強を占めている。

❹アワ

アワの作付面積の全国順位は14位である。収穫量は四捨五入すると1トンに満たず統計上はゼロで、全国順位は不明である。統計によると、徳島県でアワを栽培しているのは牟岐町だけである。

❺トウモロコシ（スイートコーン）

トウモロコシの作付面積の全国順位は12位、収穫量は11位である。主産地は吉野川市、石井町、阿波市などである。

❻そば

そばの作付面積の全国順位は34位、収穫量は33位である。産地は美馬市、三好市、東みよし町などである。栽培品種は「美馬在来」などである。

❼大豆

大豆の作付面積の全国順位は42位、収穫量の全国順位は44位である。産地は美馬市、阿南市、三好市、東みよし町、小松島市などである。栽培品種は「フクユタカ」などである。

❽小豆

小豆の作付面積の全国順位は神奈川県と並んで39位である。収穫量の

全国順位は40位である。主産地は美馬市、三好市、つるぎ町、東みよし町などである。

コメ・雑穀関連施設

- **那賀川用水**（阿南市を中心とする周辺地域）　那賀川流域では抜本的な洪水対策として、1955（昭和30年）頃までに南岸堰が県営事業で、北岸堰が国営事業としてそれぞれ完成し、水路なども整備された。どちらもそれぞれ三つの堰を統合したものである。これによって堰の破壊を心配しないで安定的な農業ができることになり、早期米の産地として発展している。受益面積は4,000 ha である。
- **金清1号池、金清2号池**（阿波市）　大正年間に築造された農業用のため池である。れんが造りの導入路樋門は歴史ある施設である。金清2号池には、白鳥が訪れ、「白鳥池」の愛称がついている。受益面積は100 ha で、稲作のほか、野菜やブドウの栽培も盛んである。
- **川俣疏水**（吉野川市）　疏水がある吉野川市山川町は、徳島県北部のほぼ中央で、吉野川と四国山地の間に位置する。吉野川の支流である川田川上流の合流点に堰堤を築造し、沖積層の台地が3段になっている段丘にある耕作地に自然流水によってかんがいする仕組を1899（明治32）年に完成させた。これによって、稲作ができなかった地域でコメができるようになった。
- **箸蔵用水**（三好市）　疏水は三好市の西州津地区を流れる。1897（明治30）年に土地改良区の前身である箸蔵普通水利組合が結成され、トンネル開削工事を行い、1899（明治32）年に通水した。受益面積は30 ha である。事業の原動力になったのは地域の青年たちで、私財も投入して工事に着手した。

コメ・雑穀の特色ある料理

- **ボウゼの姿ずし**　ボウゼはイボダイのことで、東京ではエボダイ、大阪ではウボゼとよぶ。徳島では夏の終わり頃が漁期である。酢でしめたボウゼに、スダチの搾り汁を加えた酢飯を詰めてつくる。食べやすい大きさに切って皿に盛り、ショウガ、スダチの輪切りなどを添える。秋祭りには欠かせない料理である。

- **そば米雑炊**（祖谷<ruby>地<rt>い</rt>方<rt>や</rt></ruby>地方）　そば米は、そばの実を塩ゆでして、殻をむいて乾燥させたものである。そばを粉にしないで、実のまま食べるのは珍しい。祖谷地方の郷土料理である。源平の合戦に破れて逃げてきた平家の落人たちが、稲作ができないため、そばの栽培を始めた。プチプチした歯ざわりが好まれ、近年は徳島県全体に広がっている。
- **アジの押しずし**　押しずしには一般に小型のアジを使用する。アジには、ぜいご、ぜんごなどとよばれる硬いうろこがある。このため、アジの押しずしは新築祝いの土産など縁起物として牟岐町など県南地方を中心につくられている。
- **タイのピリ辛がゆ**　渦潮にもまれた鳴門タイは身がしまって味の良いことで知られる。タイのピリ辛がゆは、タイの刺身、空炒りしたそば米、炒めた千切り長ネギをご飯の上に盛り、ワサビをのせて熱湯をかけて食べる。好みでスダチ、粉サンショウなどをかける。

コメと伝統文化の例

- **天王はん市**（三好市）　米の収穫と麦播きの終わる時期に、新穀の感謝と来年の豊作祈願、農具の準備を行うための市で、江戸時代から続く。会場は三野町の武大神社境内。鎌、ナイフ、なた、のこぎりなど農具の店が軒を並べ、赤ん坊の土俵入りや子ども相撲が奉納される。開催日は毎年11月の最終日曜日。
- **西祖谷の神代踊り**（三好市）　夏祭りに、豊作などを祈願して三好市西祖谷山村の善徳天満宮神社に奉納される風流踊りである。平安時代初期の雨乞いが起源とされる。国の重要無形民俗文化財である。開催日は毎年7月25日頃。
- **お亥の子さん**（つるぎ町）　つるぎ町貞光の<ruby>猿飼<rt>さるかい</rt></ruby>集落で行われる五穀豊穣を祈る伝統行事。子どもたちが集落の家々を回り、地元の名所や特産などを歌詞にした「亥の子唄」を歌いながら、里芋の茎にわらを巻き付けた「ぼて」で縁側をたたく。また、カシの木でつくった「たてづき」に取り付けたカズラを1本ずつ持って上下に動かし、庭先の地面を打ちつける。集落にあった<ruby>端山<rt>はばやま</rt></ruby>小学校猿飼分校の廃止に伴い1990（平成2）年を最後に休止していたが、2015（平成27）年に復活した。開催日は毎年旧暦10月の最初の亥の日。

- **力餅大会**（上板町）　正月の初会式の行事として大山寺境内で行われる。戦国時代に、出羽守兼仲公が大山観世音菩薩から怪力を授かったことが始まりとされる。三方に乗った大鏡もちを担いで歩いた距離を競う。担ぐもちの重さは男性が169kg、女性が50kgである。開催日は毎年1月第3日曜日。

- **太刀踊り**（那賀町）　その昔、屋島の合戦に破れた平家の落人が旧木頭村に入った。住み着いた中内地区の神社での踊りの際に切り込む争いになったが、それをもとに五穀豊穣などを祈願し、落人も京の都をしのんで共に踊ったとされる。木頭和無田の八幡神社の秋祭りで奉納される。開催日は毎年11月1日。

37 香川県

地域の歴史的特徴

　香川県は、昔、高松藩、丸亀藩、多度津藩などからなる讃岐国の一部だった。讃岐国が置かれ、現在の坂出市に国府ができたのは7世紀である。稲作には水が必要だが、讃岐国は水源が乏しかった。讃岐国の国守（国司の長官）に任ぜられた道守朝臣は701（大宝元）年頃、かんがい用のため池として満濃池を築造した。

　1871（明治4）年の廃藩置県で高松県と丸亀県ができ、同年11月に了見が合併して香川県（第1次）が生まれた。

　1873（明治6）年には現在の徳島県を含めた名東県となり、1875（明治8）年には香川県（第2次）が分離した。しかし、1876（明治9）年には愛媛県に合併された。現在の香川県（第3次）ができたのは1888（明治21）年12月3日である。香川は「香りの川」に由来する。香川の奥山の樺川（河）に「樺の木」が生えており、そこから流れる川の水に樺の良い香りがのって流れていたためという。

　1988（昭和63）年には坂出市と岡山県倉敷市を結ぶ瀬戸大橋が本四架橋の第1号として開通した。これによって四国産農作物などの輸送経路が大きく変化した。

コメの概況

　水稲の作付面積、収穫量の全国順位はともに36位である。収穫量の多い市町村は、①高松市、②三豊市、③丸亀市、④観音寺市、⑤さぬき市、⑥綾川町、⑦まんのう町、⑧東かがわ市、⑨三木町、⑩善通寺市の順である。県内におけるシェアは、高松市21.6％、三豊市12.0％、丸亀市10.2％、観音寺市9.7％などで、上位3市で県全体の収穫量の4割を超えている。

　香川県における水稲の作付比率は、うるち米97.9％、もち米2.1％で、醸造用米の作付は農林統計では計上されていない。作付面積の全国シェア

260

をみると、うるち米は0.9％で全国順位が鳥取県と並んで36位、もち米は0.5％で愛媛県、高知県と並んで35位である。

知っておきたいコメの品種

うるち米

（必須銘柄）コシヒカリ、はえぬき、ヒノヒカリ

（選択銘柄）あきげしき、あきたこまち、おいでまい、オオセト、キヌヒカリ、さぬきよいまい、にこまる、ヒカリ新世紀、姫ごのみ

　うるち米の作付面積を品種別にみると、「コシヒカリ」（39.2％）と「ヒノヒカリ」（39.0％）が伯仲し、「おいでまい」（9.8％）が続いている。これら3品種が全体の88.0％を占めている。

- **コシヒカリ**　香川県では1977（昭和52）年から作付けが始まった。中讃産「コシヒカリ」の食味ランキングはAである。
- **ヒノヒカリ**　香川県では1993（平成5）年から作付けが始まった。中讃産「ヒノヒカリ」の食味ランキングはAである。
- **おいでまい**　香川県が「あわみのり」と「ほほえみ」を交配し2010（平成22）年に育成した。香川県オリジナルの温暖化対応品種である。玄米の粒は丸みがあり、粒揃いが良い。東讃・中讃・西讃産「おいでまい」の食味ランキングは2016（平成28）年産で特Aに返り咲いた。
- **キヌヒカリ**　香川県では1991（平成3）年から作付けが始まった。1993（平成5）年の東四国国体では国体米として人気が出た。
- **オオセト**　農水省（現在は農研機構）が「奈系212」と「コチカゼ」を交配し、1979（昭和54）年に育成した。倒伏しにくく、いもち病にも強い。主に酒米として京阪神方面を中心に出荷されている。

もち米

（必須銘柄）なし

（選択銘柄）クレナイモチ

　社団法人米穀安定供給確保支援機構の調査では、もち米の作付面積については品種別に把握できなかった。

四　国　地　方　261

醸造米

（必須銘柄）なし

（選択銘柄）雄町、山田錦

知っておきたい雑穀

❶ **小麦**

　小麦の作付面積、収穫量の全国順位はともに17位である。栽培品種は「さぬきの夢2009」などである。主産地は高松市、綾川町、丸亀市、さぬき市、三豊市などである。

❷ **はだか麦**

　はだか麦の作付面積の全国シェアは16.7％で愛媛県、大分県に次いで全国3位である。収穫量のシェアは20.4％で愛媛県に次いで2位である。栽培品種は「イチバンボシ」などである。水田の裏作の基幹作物として、古くから県内各地で広く栽培されている。作付面積が広いのは①丸亀市（シェア20.1％）、②善通寺市（15.2％）、③まんのう町（12.3％）、④観音寺市（11.4％）、⑤高松市（9.5％）の順である。主にみそ、麦茶の原料や、白米に混ぜて麦ごはんの材料として使われている。

❸ **トウモロコシ（スイートコーン）**

　トウモロコシの作付面積の全国順位は16位、収穫量は13位である。主産地は観音寺市、三豊市、善通寺市などである。

❹ **そば**

　そばの作付面積、収穫量の全国順位はともに42位である。産地は綾川町、まんのう町、高松市などである。栽培品種は「常陸秋そば」「信州大そば」「祖谷在来」などである。

❺ **大豆**

　大豆の作付面積の全国順位は41位、収穫量は40位である。産地は丸亀市、高松市、さぬき市、綾川町、善通寺市などである。栽培品種は「フクユタカ」「香川黒1号」などである。

❻ **小豆**

　小豆の作付面積の全国順位は37位、収穫量は36位である。主産地は高松市、三豊市、綾川町、観音寺市などである。

コメ・雑穀関連施設

- **香川用水**（香川県一円） 吉野川総合開発計画の一環として建設された多目的水路である。高知県に建設された早明浦ダムに貯えられた吉野川の水を、徳島県の池田ダムを通じて、香川県に導水する大がかりな事業である。香川用水事業の起工は1968（昭和43）年、通水を開始したのは1975（昭和50）年である。用水の総延長は106km。農業用水の受益面積は2万3,670haである。

- **香川用水記念公園水の資料館**（三豊市） 常設展示室では、「水系に見る讃岐の開拓」として、①土器川・金倉川水系と満濃池、②財田川・柞田川水系と豊稔池の、県内二大河川における開拓の歴史などを紹介している。「暮らしと水利技術コーナー」では、ため池の構造や、その築造技術が人々の暮らしに与えた影響などを解説している。

- **満濃池**（まんのう町） 香川県内には約1万6,000のため池があり、全国の約10%を占めている。貯水量1,540万m³、満水面積138.5haの満濃池はそのなかで、日本最大級のかんがい用のため池である。平安時代の821（弘仁12）年に、弘法大師空海が大池に改修した。1628（寛永5）年には生駒高俊の招きで、伊勢から西島八兵衛が来て満濃池の復旧などに努力した。受益面積は、善通寺市、丸亀市、まんのう町、多度津町、琴平町の5市町に広がる丸亀平野の3,200haである。

- **豊稔池**（観音寺市） 1926（大正15）年に、工学博士の佐野藤次郎の指導で着工し、1930（昭和5）年に完工した。堤長は128m、堤高は30.4mである。石積式マルチプルアーチ構造の堤体は国の重要文化財。農業用水の受益面積は530ha。地上30mの堤からの放水は、この地方に本格的な田植えの季節を告げる風物詩である。

- **国市池**（三豊市） 安土桃山時代の1597（慶長2）年に築造された。三豊市高瀬町の231haの農業用水源である。別格の満濃池以外では讃岐一の大きさとして当初は「国一池」と表記されていた。「国市池」と改記されたのは明治初期である。晩秋から冬にかけては珍しい野鳥が飛来してニュースになることが多い。

四　国　地　方　263

コメ・雑穀の特色ある料理

- **あんもち雑煮**　煮干しのだしに、ダイコン、ニンジン、あん入りの丸もちを入れ、煮えたら白みそで味付けする。江戸時代に、砂糖は、塩、綿とともに讃岐三白といわれ、讃岐（香川県）を代表する特産品だった。普段は口にすることができなかった砂糖を正月くらいはと、砂糖で甘くしたあんもちを雑煮にしたのが起こりという。

- **サワラ押し抜きずし**　瀬戸内海のサワラ料理の主役である。松、梅、四角、扇形などの木枠を使って、手で押さえて抜く。旬のサワラを使い、味付けした特産のソラ豆などを飾る。嫁がサワラを持って里帰りして、実家で押し抜きずしをつくり、これを婚家に持ち帰るしきたりがあった。祭りや法事でもつくられる。

- **カンカンずし**　大きな木枠とすし箱で作る押しずしである。くさび型の締め栓を木槌でカーン、カーンと打ち込み重石をかけることから名前が付いた。木枠は放り投げても壊れないため「ほったらずし」ともよばれる。母親が娘に伝える香川の代表的な郷土料理である。

- **イリコめし**　瀬戸内海で獲れるカタクチイワシをさっとゆでて乾かしたイリコと、季節の野菜を入れた炊き込みご飯である。田植えなどの農作業を地域の人たちが共同で行った昔は、これを大量に炊き、おにぎりにして出した。

コメと伝統文化の例

- **滝宮の念仏踊り**（綾川町）　滝宮神社と滝宮天満宮で、平安時代初期に讃岐の国司として赴任していた菅原道真が888（仁和4）年の大干ばつの際、7日間の断食の後、雨乞い祈願を行い、降りだした大雨に喜んだ人々が踊ったのが起源である。その後、法然上人が現在のかたちに振り付けを変えた。開催日は毎年8月25日。

- **綾子踊り**（まんのう町）　まんのう町佐文の加茂神社に奉納する綾子踊りは、干ばつ時に雨乞いの踊りとして行われる風流踊りの一つである。香川県は古くから水不足に悩み、ため池などを多く築造してきた歴史がある。昔、弘法大師が通りかかった際、村の綾という女性に雨乞いの踊りを教え、綾たちが踊ったところ滝のように降雨があったという言い伝

えに基づく。開催は隔年で、8月下旬～9月上旬の日曜日。

- **仁尾竜まつり**（三豊市）　稲わらと青竹でつくった長さ35m、重さ3トンの巨大竜が150人以上の担ぎ手によってまちを練り歩き、観客らが手桶やバケツで願いを込めて水を浴びせる雨乞いの祭りである。竜は3年に一度新調される。祭りの会場は三豊市仁尾支所周辺である。開催日は毎年8月の第1土曜日。

- **善通寺大会陽**（善通寺市）　その年の五穀豊穣を祈る法会を開く。2日目には、祈念した稲穂を五重塔から投下する稲穂投げ（ホナゲ）が行われる。この稲穂を種もみに混ぜて苗にすると豊作になるといわれる。力餅競技（大人の部、女性の部）、ちびっこ力餅大会なども催される。開催日は毎年2月の第4土曜日と日曜日。

- **長尾寺大会陽**（さぬき市）　五穀豊穣と国土安穏などを祈念する大法要が営まれ、福もちなどが本堂から投下される。その後、大鏡餅上下と台の三宝を合わせた約150kgを持ち上げ歩いた距離を競う力もち運搬競技大会が行われる。競技は、100年以上前に黒岩という力士が、長尾寺の仁王様に祈念して境内の大きな石を持ち上げ、金剛力を授かったことが始まりである。開催日は毎年1月7日。

38 愛媛県

地域の歴史的特徴

480年頃、松山に大規模なかんがい水利施設が構築されていたことが古照遺跡などの発掘で判明している。

幕末まで愛媛県には松山、大洲、新谷、宇和島、吉田、今治、西条、小松の「伊予八藩」があったが、1871（明治4）年に合併して松山県と宇和島県になった。翌年、松山県は石鐵県、宇和島県は神山県に改称された。

1873（明治6）年2月20日に石鐵県と神山県が合併して、愛媛県が設置された。同県は2月20日を「愛媛県政発足記念日」と定めている。愛媛は、国生みの神話に出てくる「愛比売」にちなんでいる。愛比売は織物に巧みな比売（女性）である。

コメの概況

水稲の作付面積、収穫量の全国順位はともに35位である。収穫量の多い市町村は、①西条市、②松山市、③今治市、④西予市、⑤宇和島市、⑥東温市、⑦四国中央市、⑧伊予市、⑨松前町、⑩大洲市の順である。県内におけるシェアは、西条市22.2％、松山市13.1％、今治市10.0％、西予市9.7％などで、上位3市で県内収穫量の3分の1以上を占めている。

愛媛県における水稲の作付比率は、うるち米97.6％、もち米2.4％である。醸造用米については区分して面積が把握できないため、うるち米に包含している。作付面積の全国シェアをみると、うるち米は0.9％で全国順位が京都府と並んで34位、もち米は0.5％で香川県、高知県と並んで35位である。

知っておきたいコメの品種

うるち米

（必須銘柄）愛のゆめ、あきたこまち、キヌヒカリ、こいごころ、コシヒカリ、ヒノヒカリ、松山三井

（選択銘柄）きぬむすめ、にこまる、ひとめぼれ、フクヒカリ、みつひかり

　うるち米の作付面積を品種別にみると、「コシヒカリ」（全体の31.0％）と「ヒノヒカリ」（28.1％）に「あきたこまち」（20.9％）が続いている。これら3品種が全体の80.0％を占めている。

- コシヒカリ　中山間地を中心に、一部平坦地でも栽培されている。収穫時期は8月中旬の極早生品種である。県内産「コシヒカリ」の食味ランキングはAである。
- ヒノヒカリ　平坦地から中山間地まで広く栽培されている。収穫時期は10月中旬の中生品種である。県内産「ヒノヒカリ」の食味ランキングは、特Aだった年もあるが、2016（平成28）年産はAだった。
- あきたこまち　平坦地、中山間地、肥沃な沖積土壌などで広く栽培されている。収穫時期は8月上旬～中旬の極早生品種である。県内産「あきたこまち」の食味ランキングはAである。
- にこまる　平坦地で栽培されている。収穫時期は10月中旬の中生品種である。県内産「にこまる」の食味ランキングは、2016（平成28）年産で初めて特Aに輝いた。

もち米

（必須銘柄）なし

（選択銘柄）クレナイモチ、モチミノリ

　もち米の作付面積の品種別比率は「クレナイモチ」が最も多く全体の48.4％を占め、「モチミノリ」（22.6％）が続いている。

- クレナイモチ　農林省（当時、現在は農研機構）が「ホウヨクと祝い糯のF1」と「コシヒカリ」を交配し、1974（昭和49）年に育成した。玄米は中粒である。栽培適地は、暖地平坦部から中山間地の地力中よう地

四国地方　267

である。愛媛県、香川県で普及している。

醸造用米

（必須銘柄）しずく媛、山田錦
（選択銘柄）なし

● **しずく媛**（ひめ）　愛媛県が、酒造米の「松山三井」を突然変異で改良し、2007（平成19）年に育成した。菌糸の伸びも良好な麹が得られる。晩成種である。

知っておきたい雑穀

❶小麦

小麦の作付面積、収穫量の全国順位はともに27位である。主産地は県内作付面積の79.8％を占める西予市である。これに今治市、四国中央市、大洲市などが続いている。

❷はだか麦

はだか麦の作付面積の全国シェアは35.1％、収穫量は36.1％でともに全国一である。作付面積では1986（昭和61）年以降、収穫量では87（同62）年以降、連続して日本一である。愛媛県の麦類のほぼ9割ははだか麦である。栽培品種は「マンネンボシ」などである。市町村別の作付面積では、西条市が全体の51.8％と半分を超え、松前町（13.7％）、東温市（13.4％）、今治市（8.4％）、松山市（5.7％）などと続いている。みそ、麦茶、焼酎の原料や、主食用などに使われている。

❸キビ

キビの作付面積の全国順位は15位である。収穫量は四捨五入すると1トンに満たず統計上はゼロで、全国順位は不明である。統計によると、愛媛県でキビを栽培しているのは久万高原町だけである。

❹エン麦

エン麦の作付面積の全国順位は岩手県、愛知県に次いで3位である。収穫量は四捨五入すると1トンに満たず統計上はゼロで、全国順位は不明である。統計によると、愛媛県でエン麦を栽培しているのは大洲市だけである。

❺モロコシ

モロコシの作付面積の全国順位は4位である。収穫量は四捨五入すると1トンに満たず統計上はゼロで、全国順位は不明である。

統計によると、愛媛県でモロコシを栽培しているのは久万高原町だけである。

❻そば

そばの作付面積の全国順位は38位、収穫量は36位である。産地は西予市、内子町などである。栽培品種は「在来早生」「在来種」「祖谷在来」などである。

❼大豆

大豆の作付面積の全国順位は32位、収穫量は31位である。主産地は西条市、西予市、宇和島市、大洲市、伊予市などである。栽培品種は「フクユタカ」「丹波黒」「ういろう豆」などである。

❽小豆

小豆の作付面積の全国順位は31位、収穫量の全国順位は30位である。主産地は久万高原町、西予市、大洲市、内子町などである。

コメ・雑穀関連施設

- **道前道後用水**（西条市、松山市など）　石槌山脈南面の面河渓谷一帯に降った雨水を久万高原町の面河ダムに貯留し、それを四国山脈の山並みにトンネルを掘り、道前平野と道後平野に導いている。山並みを越えて架かる水の連なりのため、「虹の用水」とよばれている。工事はいずれも国営事業として2度行われ、最初の工事は1967（昭和42）年度に完工した。後の工事は最初の事業の改修のほか、志河川ダムなどが新設され、2010（平成22）年度に完工した。
- **通谷池**（砥部町）　久万高原町の面河ダムからの農業用水を貯え、それ以前に完工した赤坂泉の用水と合わせ、砥部町と伊予市の田畑1,250haを潤している石槌山麓のため池である。通谷池は1793（寛政5）年に、当時の宮内村と麻生村の共有というかたちで築造された。
- **赤蔵ケ池**（久万高原町）　標高870mの雑木林に囲まれたため池で、同町沢渡地区の田畑13haの水源になっている。この水を使って特別栽培米の「久万清流米」などを生産している。築造の時期は定かではないが、

四　国　地　方　　269

平安時代後期の1151（仁平元）年頃にはその原形があったとされる。湖面は深い紺碧である。

- **大谷池**（伊予市）　貯水量175万トンで愛媛県では最大のため池である。同市平野部の田畑838haに農業用水を供給している。大谷池のある旧伊予村は降雨が少なく、干ばつに悩まされてきた。当時の武智惣五郎村長は農民の窮状を見かねて池の掘削を決意し、1945（昭和20）年に完成させた。工事には延べ37万3,000人が従事した。
- **堀江新池**（松山市）　江戸時代後期の庄屋、門屋一郎次が築造し、1835（天保6）年に完成した松山市最大のため池である。池のできた旧堀江村は田畑の水は河川水を利用していたが不足しがちであり、数年おきに干ばつによる被害を受けていた。大雨のときの波立ちで堤体が壊されるのを防止するため、池の中ほどに中土手の波止場を設けている。
- **宇和米博物館**（西予市）　西予市宇和町は愛媛県における米どころの一つである。旧博物館は、旧宇和町小学校の校舎を移築したものだったが、リノベーションして2017（平成29）年に新博物館が開業した。約80種類の稲の実物標本や同地方で使われていた農耕具などを展示している。

コメ・雑穀の特色ある料理

- **ひゅうがめし**　アジなど小魚の身を、しょうゆ、いりごま、みりんなどにつけて生卵を加え、熱いごはんにかけて豪快に食べる。新鮮さが売り物のため、火を使わずに、手早く調理するのがコツである。伊予水軍が日向（現在の宮崎県）からこの食べ方を持ち帰ったとされる。
- **タイめし**　愛媛県の真ダイの生産量は全国でもトップクラスである。タイめしは、この瀬戸内海で育ったタイを一尾丸ごとコメと一緒に炊き込む。木の芽やミツバなどを加えることもある。神功皇后が朝鮮出兵の途中、鹿島明神に戦勝祈願した際、漁師から献上されたタイをごはんに炊いて供えたという言い伝えがある。
- **宇和島タイめし**（宇和島市）　同じタイめしでも、宇和島タイめしは炊き込みでなく、ひゅうがめしに近い調理を行う。宇和海で獲れたタイの切り身を、ワカメ、卵、ごまを、独特のたれとともにかき混ぜながら、熱いごはんにかけて食べる。宇和海で活躍した水軍の船上での魚の新鮮さを生かした料理が起こりである。

- タコめし　好物のエビ、カニ、貝類が多い瀬戸内海に生息するタコをぶつ切りにしてご飯に炊き込む。地元の漁師が船上で獲れたてのタコを使って炊いたのが始まりである。春先に出る200〜400ｇの小さな「木の芽ダコ」にこだわるファンもいる。

コメと伝統文化の例

- **実盛送り**（西予市）　西予市城川町の田穂・魚成地区で行われる伝統の虫送り行事である。実盛送りは、稲に足をとられて敵に討たれて害虫となったとされる平安末期の武将、斎藤別当実盛の霊を鎮めるために始まった行事で300年以上前から続く。住民らは害虫退散と五穀豊穣を祈願し、実盛の人形を掲げて念仏を唱えながらあぜを進み、最後に人形を黒瀬川の河原に置く。それが、大水で流された年は豊作になるという。開催日は毎年6月最後の日曜日。

- **お供馬の走りこみ**（今治市）　五穀豊穣などを祈願する加茂神社の菊間祭で約500年前から行われている。正装された馬に、祭り用の蔵や装身具をつけた6〜15歳くらいの子どもが「乗子」となって乗り、約300ｍの神社の参道を一気に駆け抜ける。開催日は10月の第3日曜日。

- **虫送り**（今治市）　今治市伯方町北浦地区の虫送りは、地元の善福寺での祈禱から始まる。参加者は車座になって、鉦、太鼓に合わせて、長さ10ｍの数珠を回し、五穀豊穣を祈る。その後、アシでつくった長さ1.5ｍ程度の小舟「豊年丸」に害虫や野菜などを乗せて地区内を巡回し、北浦港から海に流す。開催は6月。

- **どろんこ祭り**（西予市）　田植えが終わったことに感謝し、五穀豊穣などを祈って西予市城川町の三島神社の神田で行われる。御田植祭りともよばれる。勇壮な代かきで始まり、若者たちが繰り広げるどろんこ活劇「畦豆植え」、早乙女の手踊り・田植えなどが続く。開催日は毎年7月第1日曜日。

- **大山祇神社抜穂祭**（今治市）　一力山が目に見えない稲の精霊と相撲をとる一人角力が大三島の同神社に奉納される。3番勝負を行い、2勝1負で精霊が勝つ。600年以上続く収穫祭で、新穀祭ともよばれる。愛媛県の無形民俗文化財に指定されている。開催日は毎年旧暦9月9日。

四国地方

39 高知県

地域の歴史的特徴

紀元前300年頃には広大な水田のある農耕集落が出現していたことが南国市の田村遺跡の発掘などで判明している。

1869（明治2）年には、山内豊範が、薩摩、長州、肥前の藩主とともに版籍奉還を申し立てた。1871（明治4）年には土佐藩が高知県となった。高知の由来は①河内、つまり鏡川と江ノ口川との河内の地域、②山内一豊が築城時に河中（コウチ）山と名付けた、の2説がある。どちらも水害の連想を嫌い、表記を高知とした。

コメの概況

水稲の作付面積の全国順位は39位、収穫量は40位である。高知県は平野が少なく水田をつくるのが難しかったことや、台風の被害を受けやすいことなどから、農業産出額に占めるコメの割合は多くない。収穫量の比較的多い市町村は、①南国市、②高知市、③四万十町、④四万十市、⑤香南市、⑥香美市、⑦佐川町、⑧宿毛市、⑨土佐市、⑩安芸市の順である。県内におけるシェアは、南国市13.6％、高知市12.0％、四万十町11.7％、四万十市9.0％、香南市6.1％などで、南国市と高知市で4分の1以上を占めている。

高知県における水稲の作付比率は、うるち米97.1％、もち米2.3％、醸造用米0.6％である。作付面積の全国シェアをみると、うるち米は0.8％で全国順位が徳島県、長崎県と並んで38位、もち米は0.5％で香川県、愛媛県と並んで35位、醸造用米は0.3％で茨城県、山梨県、熊本県と並んで29位である。

かつては温暖な気候を利用して1年の間に2回作付けして2回収穫する二期作が行われていた。しかし、政府の減反政策などを受けて二期作はほとんどみられなくなった。現在は、早期米の産地として、大半の田が8月

には刈り入れを終わる。

知っておきたいコメの品種

うるち米

（必須銘柄）あきたこまち、コシヒカリ、さわかおり、ナツヒカリ、南国そだち、ヒエリ、ヒノヒカリ

（選択銘柄）アキツホ、イクヒカリ、キヌヒカリ、黄金錦、土佐錦、にこまる、ヒカリ新世紀、ヒカリッコ、ひとめぼれ、フクヒカリ、ミルキークイーン、夢ごこち

　うるち米の作付面積を品種別にみると、「コシヒカリ」が最も多く全体の52.8％を占め、「ヒノヒカリ」（30.0％）、「にこまる」（4.6％）がこれに続いている。これら3品種が全体の87.4％を占めている。

● コシヒカリ　平坦地で多く栽培されている。収穫時期は9月上旬である。県中産「コシヒカリ」の食味ランキングはAである。

● ヒノヒカリ　平坦地から中山間地まで幅広く栽培されている。収穫時期は9月中旬〜下旬である。県北産「ヒノヒカリ」の食味ランキングはAである。

● にこまる　県西産「にこまる」の食味ランキングは、2016（平成28）年産で初めて最高の特Aに輝いた。

もち米

（必須銘柄）なし

（選択銘柄）サイワイモチ、たまひめもち、ヒデコモチ

　もち米の作付は他品種に分散しており、比較的多いのは「たまひめもち」（13.0％）、「サイワイモチ」（同）、「ヒデコモチ」（8.7％）などである。

醸造用米

（必須銘柄）風鳴子、吟の夢、山田錦

（選択銘柄）なし

　醸造用米の作付面積の品種別比率は「吟の夢」が全体の83.3％と大宗を占め、「山田錦」は16.7％である。

四 国 地 方　273

- **吟の夢**　高知県が「山田錦」と「ヒノヒカリ」を交配し1998（平成10）年に育成した。高知県の風土で淡麗な酒ができる。耐倒伏性は中、いもち病抵抗性はやや弱い。

知っておきたい雑穀

❶小麦

　小麦の作付面積、収穫量の全国順位はともに45位である。主産地は四万十町で、県内作付面積の50.0％を占めている。

❷そば

　そばの作付面積の全国順位は45位、収穫量は神奈川県と並んで44位である。産地は南国市、梼原町などである。栽培品種は「高知在来」などである。

❸大豆

　大豆の作付面積の全国順位は40位、収穫量は42位である。産地は四万十町、香美市、梼原町、高知市、南国市などである。栽培品種は「フクユタカ」などである。

❹小豆

　小豆の作付面積の全国順位は静岡県と並んで41位である。収穫量の全国順位は43位である。主産地は四万十市、大豊町、大月町などである。

コメ・雑穀関連施設

- **山田堰井筋**（香美市）　山田堰は、江戸時代初期の儒学者で土佐藩の重臣、野中兼山が一級河川物部川をせき止めてかんがい用に築造した取水堰である。堰の長さは324m、幅11m、高さは1.5mである。延長25kmの用水路で香長平野の田園地帯1,462haを潤している。このあたりはかつて水稲二期作地帯だった。

- **弁天池**（安芸市）　江戸時代初期の1673（延宝元）〜80（同8）年頃、土佐藩山内家の家老で、安芸を治めていた五藤家5代当主五藤正範が築造した。新田開発の一環で、財政を安定させるのが目的だった。弁天池を中心とした内原野公園は県立自然公園にも指定されている。園内では春に1万5,000本のツツジが咲き乱れる。

- **四ケ村溝**（四万十市）　江戸時代に野中兼山が、中村平野の秋田村、安

並村、佐岡村、古津賀村の4村の水田かんがい用に建設した用水路。四万十川の支流である後川に長さ160m、幅11mの井堰を築造した。住民は水車で田に水を引いた。水車は現在も稼働している。4村はその後、合併して東山村に、さらに合体し中村市に、現在は四万十市の一部である。

- **鎌田用水**（土佐市と周辺地域）　江戸時代に野中兼山が、高岡平野の水田かんがい用に建設した。延長は47kmである。当時の技術を駆使して八田堰を築造した。受益面積は673haである。これによって、沼地だった高岡平野は田園地帯に変貌した。疎水は紙すきにも活用された。

コメ・雑穀の特色ある料理

- **土佐巻**（県内各地）　カツオのタタキと生ニンニク、大葉などの薬味を巻いた高知定番の太巻きすしである。カツオの下ごしらえのとき、塩を振って30分ほど置き、カツオの表面に浮いた水分をペーパータオルで拭き取ると、魚の臭みがとれてうま味が増す。好みでネギを入れてもよい。巻きずしを切るときは包丁に水をつけ、刃をゆっくり引くと断面がきれいになる。

- **田舎ずし**（県内各地）　ネタはコンニャク、タケノコ、シイタケ、ミョウガ、イタドリなど山の幸が中心というユニークなすしである。イタドリは、高知では普通に食べる春の山菜で、コリコリとした食感がある。田舎ずしは、県内各地で地元の具材を使ってつくられているため、食べ比べも一興である。決め手はユズ酢の効いたすし飯という。

- **キビナゴ丼**（宿毛市）　キビナゴは南日本に生息するニシン科の海水魚で、伊豆半島以西でよく食べられている。宿毛湾は古くからキビナゴの好漁場として知られ、全国有数の漁獲量を誇る。その刺し身をのせたどんぶりがキビナゴ丼である。一年中味わえるが、脂がのる5月〜6月が旬である。煮つけや天ぷらでも食卓に上る。

- **こけら**（東洋町など）　一度に一升から一斗の米を使ってつくる豪快な押しずしである。材料は、サバ、卵、ニンジン、干しシイタケ、ユズ酢などである。サバは三枚におろして炭火で焼き、身をほぐしてユズ酢に浸す。幾重にも重ねることで喜びが重なるようにという意味が込められている。

四国地方　275

コメと伝統文化の例

- **吉良川の御田祭**（室戸市）　室戸市吉良川町の御田八幡宮の神田で行われる祭事で、田植から収穫までを舞楽によって演じる。芸能史的に価値が高いとされる。鎌倉幕府の当初、源頼朝が五穀豊穣などを祈念するため全国の神社で奉納させたと伝えられる。開催日は西暦奇数年の5月3日。

- **久礼八幡宮大祭**（中土佐町）　戦国時代から続く秋の豊作などに感謝する祭りである。久礼八幡宮で天狗の面を被って海に向かって豊作、豊漁を祈る神事が行われる。地元では「久礼八」「おみこくさん」などの愛称で親しまれている。長さ6m、重さ1トンの大松明が、深夜、町の中心部である久礼のまちを練り歩く「御神穀様」が見どころである。開催日は旧暦の8月14、15日。

- **八代農村歌舞伎**（いの町）　歌舞伎が全国的に流行した江戸時代後期に「氏神様は芝居がお好き」として、稲作の区切りに豊作を感謝し八代八幡宮の舞台で歌舞伎を奉納したのが始まりである。明治初期に再建された八代の回り舞台は昔は神楽殿で、国の重要有形民俗文化財である。開催日は毎年11月5日。

- **百手祭**（香南市）　五穀豊穣などを願って、氏子のなかから選ばれた12人の射手が2日間で1,200本以上の矢を射る祭りである。400年以上の伝統がある。田畑を荒していた牛鬼を弓の名手・近森左近が退治したことに由来する。開催日は毎年1月の2回目の卯と辰の日。北川村の「星神社の御弓祭り」、大豊町の「百手の祭り」と並ぶ高知県内三大弓神事の一つである。

- **どろんこ祭り**（高知市）　五穀豊穣などを祈って若宮八幡宮で行われる春祭りである。400年以上の歴史がある。「女天下のどろんこ祭り」で、早乙女など浴衣姿の女性が男性の顔に泥を塗りたくる。泥を塗られた男性は、その夏病気にかからないという言い伝えがあり、お礼をいうのが習わしである。地元の長浜を中心に、桂浜や高知市内まで浴衣姿の女性が繰り出す。開催日は4月の第1土曜日から3日間。

40 福岡県

地域の歴史的特徴

　紀元前350年頃には、朝鮮半島から農耕文化が伝わり、玄界灘沿岸の平野部で水稲栽培が開始されていたことが福岡市の板付遺跡の発掘などで判明している。紀元前300年頃には、水田を伴う環濠集落が成立していたことも板付遺跡や有田遺跡（ともに福岡市）の発掘などで明らかになっている。

　1601（慶長6）年、黒田長政が福岡城（別名舞鶴城）を築き城下町を開いた。福岡は黒田長政ゆかりの豊前福岡に由来する。住みよい幸福な岡の意味である。江戸時代の1697（元禄10）年には、筑前福岡藩士の宮崎安貞が日本初の農学書である『農業全書』を刊行した。同書は、全11巻から成り、九州を中心に西日本の農業の状態を調査、研究して農事、農法を詳述している。第2巻「五穀之類」では、稲、麦、小麦、蕎麦、粟、黍、蜀黍、稗、大豆、赤小豆など19章に分けている。

　1871（明治4）年には、廃藩置県に先立って福岡藩が福岡県になった。同年、福岡ほか7県を福岡（旧筑前国）、三潴（旧筑後国）、小倉（旧豊前国）の3県に統合した。1876（明治9）年には、福岡県、小倉県（旧宇佐郡、下毛郡を除く）、三潴県を統合し、ほぼ現在の福岡県域が確定した。

コメの概況

　福岡県の品目別農業産出額ではコメが、2位のイチゴを大きく離しトップである。福岡県のコメの農業産出額は、熊本県をやや上回り、九州・沖縄8県で1位である。

　水稲の作付面積の全国順位は14位、収穫量は15位である。収穫量の多い市町村は、①久留米市、②柳川市、③朝倉市、④糸島市、⑤みやま市、⑥飯塚市、⑦八女市、⑧北九州市、⑨みやこ町、⑩筑前町の順で、南部に広がる筑紫平野での稲作が盛んである。県内におけるシェアは、久留米市

九州・沖縄地方　277

10.3％、柳川市5.6％、朝倉市5.4％、糸島市5.0％、みやま市4.9％などで、県内全市町で広く収穫されている。

　福岡県における水稲の作付比率は、うるち米96.1％、もち米2.6％、醸造用米1.4％である。作付面積の全国シェアと順位をみると、うるち米は2.5％で順位が13位、もち米は1.6％で16位、醸造用米は2.4％で11位である。

　筑紫平野では、稲刈り取り後の田で、二毛作として小麦や二条大麦などを栽培している。

知っておきたいコメの品種

うるち米

（必須銘柄）元気つくし、コシヒカリ、つくしろまん、にこまる、ヒノヒカリ、ミルキークイーン、夢つくし

（選択銘柄）ツクシホマレ、つやおとめ、姫ごのみ、実りつくし、夢一献(いっこん)、レイホウ

　うるち米の作付面積を品種別にみると、「夢つくし」（41.5％）と、「ヒノヒカリ」（35.1％）が双璧で、「元気つくし」（17.6％）が続いている。これら3品種が全体の94.2％を占めている。

- 夢つくし　福岡県が「キヌヒカリ」と「コシヒカリ」を交配して育成した。県内産「夢つくし」の食味ランキングは2016（平成28）年産で初めて特Aに輝いた。
- ヒノヒカリ　収穫時期は10月上旬〜中旬である。県内産「ヒノヒカリ」の食味ランキングは2016（平成28）年産で特Aに返り咲いた。
- 元気つくし　福岡県が「つくしろまん」と「つくし早生」を交配して育成した。暑さに強い品種として開発し、2009（平成21）年にデビューした。名前には「暑さに強く元気に育つ、おいしいお米」「食べる人に元気を与える、おいしいお米」の意味を込めている。2015（平成27）年産の1等米比率は88.0％だった。県内産「元気つくし」の食味ランキングは特Aだった年もあるが、2016（平成28）年産はAだった。

もち米

（必須銘柄）ヒヨクモチ

（選択銘柄）なし

もち米の作付品種は全量が「ヒヨクモチ」である。

醸造用米

（必須銘柄）山田錦

（選択銘柄）雄町、吟のさと、壽限無

醸造用米の作付面積の品種別比率は、「山田錦」が72.0％、「夢一献」が28.0％である。

- 夢一献　福岡県が「北陸160号」と「夢つくし」を交配して2003（平成15）年に育成した。

知っておきたい雑穀

❶小麦

小麦の作付面積、収穫量の全国順位はともに北海道に次いで2位である。栽培品種は「シロガネコムギ」「チクゴイズミ」「ミナミノカオリ」などである。産地は分散しており、作付面積が広いのは①柳川市（シェア18.4％）、②久留米市（16.3％）、③みやま市（7.5％）、④筑前町（7.3％）、⑤朝倉市（7.0％）、⑥うきは市（4.2％）、⑦筑後市（4.0％）の順である。収穫時期は5月末～6月10日頃である。

❷ラー麦

福岡県農林業総合試験場がラーメン用の小麦として開発した国産の小麦である。コシが強く、ゆで伸びしにくいといった細めんに合った特性を備えている。福岡県が商標登録し、2009（平成21）年に販売を開始した。県内の農家が限定生産している。

❸二条大麦

二条大麦の作付面積の全国シェアは15.7％で、佐賀県、栃木県に次いで3位である。収穫量シェアは13.2％で栃木県、佐賀県に次いでやはり3位である。栽培品種は「はるしずく」「ニシノホシ」「ほうしゅん」「しゅんれい」「はるみやび」などである。産地は分散しており、作付面積が広いのは①みやま市（シェア13.6％）、②筑前町（10.2％）、③筑後市（9.2％）、④糸島市（8.1％）、⑤朝倉市（6.8％）の順である。収穫時期は5月中旬～下旬である。

九州・沖縄地方　279

❹はだか麦

はだか麦の作付面積の全国順位は5位、収穫量は4位である。市町村別の作付面積の順位は①筑紫野市（シェア33.9％）、②久留米市（26.7％）、③福岡市（22.1％）、④糸島市（6.1％）、⑤筑後市（1.6％）で、上位3市が県全体の8割強を占めている。

❺ハトムギ

ハトムギの作付面積の全国順位は7位、収穫量は6位である。主な栽培品種は「あきしずく」で県内作付面積の90.1％を占め、これに続く「とりいずみ」は9.9％である。統計によると、福岡県でハトムギを栽培しているのは久留米市だけである。

❻そば

そばの作付面積の全国順位は37位、収穫量は奈良県と並んで40位である。産地は豊前市、朝倉市、うきは市などである。

❼大豆

大豆の作付面積の全国順位は4位、収穫量は5位である。主産地は柳川市、久留米市、みやま市、筑前町、朝倉市などである。栽培品種は「フクユタカ」「キヨミドリ」などである。

❽小豆

小豆の作付面積の全国順位は山梨県と並んで26位である。収穫量の全国順位は29位である。主産地は宗像市、久留米市、大刀洗町、うきは市などである。

コメ・雑穀関連施設

- **裂田の溝**（那珂川町）　那珂川町は、福岡平野の西側を北流して博多湾にそそぐ那珂川の上流に位置している。裂田の溝は同町山田の一の井出から取水する延長5kmの人工水路である。受益地一帯はかなりの農地が残り、7集落の150haの水田を潤している。1,200年以上前の開削とされるが、今も現役の水路として地域に貢献している。

- **山田堰**（朝倉市）　筑後川中流域に立地する山田堰は、大小の石を水流に対して斜めに敷き詰めることで、川の勢いを抑えながら用水路に導水する珍しい石畳堰である。江戸時代中期の1790（寛政2）年に古賀百工が築造した。生態系への影響が小さく、大型機材がなくてもつくれる特

徴がある。江戸時代の技術はアフガニスタンでも応用されている。

- **堀川用水と三連水車**（朝倉市）　山田堰から導水している農業用水路の堀川用水は、一部で地盤の高い地点があり、流水を利用した自動回転式の重連水車を設置して揚水量を確保している。三連水車と二連水車は現在も使われており、日本最古の実働しているかんがい用の水車である。堀川の延長は11 kmに及び、650 haの水田を潤している。
- **柳川の掘割**（柳川市）　市内には掘割（水路）が網の目のように走っており、総延長は930 kmに及ぶ。柳川地域はもともと湿地帯だった土地に、掘割を掘ることによって、土地の水はけを良くし、掘割を巡らせることで水を確保した。掘割の水は、八女市矢部村に源流がある矢部川を本流としいくつかの支流を通って流れてくる。水は農業だけでなく、生活用水としても使われた。こうした水利体系は江戸時代初期の1600（慶長5）年の田中吉政公時代に整備された。
- **蒲池山ため池**（みやま市）　1717（享保2）年に、柳河藩の水利土木、田尻惣馬が延べ7万6,000人を動員して完成させた。みやま市山川町と高田町の一部の地区の農地147 haを潤し、稲作を中心とした地域の農業に欠かせない施設である。ため池の上流では、5月下旬〜6月上旬にカケテゲンジボタルが乱舞する。

コメ・雑穀の特色ある料理

- **ウナギのせいろ蒸し**（柳川市）　たれを付けて焼いたウナギを味付けしたご飯にのせて竹皮で包み、あつあつになるまでせいろで蒸してつくる。ウナギは有明海と矢部川の水が交じり合った汽水域に棲息する。1863（文久3）年、柳川出身の本吉七郎衛が、江戸で人気のウナギの蒲焼に興味をもち、この調理法を開発した。
- **柿の葉ずし**（飯塚市、朝倉市）　甘辛く煮付けた鶏、ニンジン、シイタケ、ゴボウなどをすし飯に混ぜて小さく握り、上に酢じめした魚やデンブをのせて柿の葉でくるむ。それを木箱に詰めて重しをかけてつくる。秋のおくんちのごちそうである。
- **明太子おむすび**（福岡市）　明太子のめんたいは、朝鮮語でスケソウダラである。すなわち、からし明太子はスケソウダラの卵巣（タラコ）を塩漬けして唐がらしの入った調味液に漬け込んでつくる。終戦後、福岡

九州・沖縄地方　281

市で販売され、土産品として知られるようになった。これを具に入れたおにぎりである。

- ヒシとキノコの炊き込みご飯（柳川市）　ヒシはヒシ科の植物で、夏に白い花を付ける。実は斜め四角で突起がある。ひし型はヒシの実が語源である。キノコとともに炊き込みご飯にすると、秋らしい独特の風味が楽しめる。ヒシはサラダの材料にもなり、実は羊羹、まんじゅう、クッキーなどにも使われる。

コメと伝統文化の例

- 松尾山のお田植祭（上毛町）　修験道最大の祭りである松会行事のうち、田行事が継承されたものである。松尾山三社神社の神前で、稲作の所作を演じる田行事、まさかりやなぎなたを使った刀行事などが演じられ、五穀豊穣などを祈る。開催日は毎年4月19日に近い日曜日。

- おしろい祭り（朝倉市）　収穫した新米の白い粉をおしろいのように参拝者たちの顔に塗って翌年の豊作を願う行事で、300年以上続いている。おしろいがつくほど、豊作とされる。会場は朝倉市杷木大山の大山祇神社。同神社は女の神様を祭るとされ、その神様が化粧をすることを意味する。開催日は毎年12月2日。

- 博多おくんち（福岡市）　博多区の櫛田神社で行われる秋の実りに感謝する行事で、約1,200年の伝統がある。牛車にひかれたみこしや、立烏帽子などをかぶった子どもたちによる稚児行列を含めた御神幸パレードが櫛田神社から出発し博多の中心街を一巡する。開催日は毎年10月23、24日。

- 泥打祭り（朝倉市）　江戸時代から阿蘇神社で続く伝統の行事である。酔った白装束の代宮司に、子どもたちが泥を投げ付け、汚れ具合でその年の農作物の作柄を占う。代宮司は氏子の中からくじ引きで選ばれる。約500m離れた道祖神まで歩く間、12人の子どもたちが沿道に用意された泥を投げつける。開催日は毎年3月の第4日曜日。

- 祈年御田祭（添田町）　英彦山神宮の春の神事である。境内に設けた仮田で、くわ入れ、うね切り、あぜ切り、種まきなど田植えまでの所作を執り行う。参拝者は、種まきでまかれるもみや、苗を持ち帰って苗代にまき、五穀豊穣を祈る。飯載では、氏子が妊婦に扮し、はんぎりを頭

にのせて参拝者に白飯を配る。開催日は毎年3月15日。

九州・沖縄地方　283

41 佐賀県

地域の歴史的特徴

　紀元前350年頃には玄界灘沿岸の低地で稲作が開始されていたことが唐津市の菜畑遺跡の発掘などで明らかになっている。紀元前1世紀～3世紀にかけては神崎市付近で大規模な環濠集落が造営されていたことが吉野ケ里遺跡などの発掘で判明している。

　1871（明治4）年7月の廃藩置県で佐賀県（第1次）、蓮池県、小城県、鹿島県、唐津県、厳原県が生まれ、同年11月に厳原県の一部が長崎県となった他は合併して伊万里県になった。1872（明治5）年には伊万里県が佐賀県（第2次）と改称された。1876（明治9）年には三潴県と合併して三潴県となり、さらに三潴県の一部と長崎県が合併して長崎県になった。

　1883（明治16）年には、長崎県から佐賀県（第3次）が再び分離し、現在の佐賀県となった。県名の佐賀の音のサガについては①坂の濁音化、②砂州のスカ（州処）の音韻変化、つまり砂州を縦横に水路が走る里、の2説がある。

　佐賀平野は九州を代表する米どころの一つである。10a当たりのコメの収穫量が過去に二度、全国一に輝いている。一度目は1933（昭和8）～35（同10）年で「佐賀段階」とよばれる。そのきっかけになったのは22（大正11）年に電気かんがいというポンプによる水の汲み上げである。水田に簡単に水が入るようになると、コメの品種改良、それに合わせた肥料の改善が行われ、生産性が向上した。

　二度目は第2次世界大戦後である。佐賀段階の栄光を取り戻そうと取り組んだのが水資源開発である。1953（昭和28）年から国営事業によって北山ダム、川上頭首工、近代的な水路網が完成した。これに伴い、栽培方法や農薬散布など基本的な農作業の基準を統一した。これによって、1965（昭和40）～66（同41）年の2年連続で佐賀平野の米づくりは再び日本一の座についた。

284

コメの概況

　佐賀県の総面積に占める耕地率は21.6％で、九州では鹿児島県に次いで高い。耕地面積に占める水田率は81.4％で、九州で最も高い。農業産出額に占めるコメの比率は19.1％で、これも九州で最も高い。

　水稲の作付面積、収穫量の全国順位はともに24位である。収穫量の多い市町村は、①佐賀市、②白石町、③唐津市、④小城市、⑤神埼市、⑥伊万里市、⑦武雄市、⑧みやき町、⑨鹿島市、⑩嬉野市の順である。県内におけるシェアは、佐賀市24.4％、白石町12.4％、唐津市9.4％、小城市8.0％、神埼市7.8％などで、県都の佐賀市と白石町の2市町で県内収穫量の3分の1以上を占めている。

　佐賀県における水稲の作付比率は、うるち米76.5％、もち米22.8％、醸造用米0.7％で、水稲の作付に占めるもち米のウエートが全国で1位である。作付面積の全国シェアをみると、うるち米は1.4％で全国順位が山口県と並んで28位、もち米は9.8％で北海道、新潟県に続いて3位、醸造用米は0.9％で24位である。

知っておきたいコメの品種

うるち米

（必須銘柄）コシヒカリ、さがびより、天使の詩、ヒノヒカリ、夢しずく
（選択銘柄）さとじまん、たんぼの夢、鍋島、にこまる、日本晴、ふくいずみ、ホシユタカ、レイホウ

　うるち米の作付面積を品種別にみると、「夢しずく」（全体の28.4％）、「ヒノヒカリ」（28.3％）、「さがびより」（27.1％）が三大品種で、これら3品種が全体の83.8％を占めている。

- 夢しずく　2000（平成12）年に、佐賀県で「キヌヒカリ」と「ひとめぼれ」の交配で生まれた。新世紀への佐賀米づくりへの夢と、朝霧にぬれる稲の新鮮なイメージを「しずく」という言葉で表現している。ヒノヒカリより10日ほど早く収穫できる早生品種である。県内産「夢しずく」の食味ランキングはAである。
- ヒノヒカリ　中生品種である。収穫時期は10月上旬である。

九州・沖縄地方　285

- **さがびより** 佐賀県が「天使の詩」と「あいちのかおり SBL」を交配し 2008（平成 20）年に育成、09（同 21）年に新県産米としてデビューした。2015（平成 27）年産の 1 等米比率は 68.8％だった。県内産「さがびより」の食味ランキングは 2010（平成 22）年産以降、特 A が続いている。
- **コシヒカリ** 県内産「コシヒカリ」の食味ランキングは特 A だった年もあるが、2016（平成 28）年産は A だった。2015（平成 27）年産の 1 等米比率は 90.4％と高かった。

もち米

（必須銘柄）ヒヨクモチ

（選択銘柄）ヒデコモチ、峰の雪もち

　もち米の作付面積の品種別比率は「ヒヨクモチ」が 98.8％と大宗を占め、「ヒデコモチ」（1.0％）と続く。「佐賀よかもち」もある。

醸造用米

（必須銘柄）なし

（選択銘柄）西海 134 号、さがの華、山田錦

　醸造用米の作付面積の品種別比率は「山田錦」が最も多く全体の 69.6％を占め、「さがの華」（27.7％）、「西海 134 号」（2.7％）が続いている。

- **さがの華** 佐賀県が「若水」と山田錦を交配して 1996（平成 8）年に育成した。コメの溶解に優れ、粕が少なく、純米酒向きである。心白は大きい。
- **西海 134 号** 農林省（当時、現在は農研機構）が「シラヌイ」と「山田錦」を交配して 1971（昭和 46）年に育成した。耐倒伏性はきわめて強く、大粒で多収である。

知っておきたい雑穀

❶小麦

　小麦の作付面積、収穫量の全国順位はともに北海道、福岡県に次いで 3 位である。栽培品種は「シロガネコムギ」「チクゴイズミ」「ミナミノカオリ」などである。作付面積が広い市町は①佐賀市（シェア 22.2％）、②小

城市（18.6％）、③白石町（13.5％）、④神埼市（12.3％）、⑤みやき町（9.0％）、⑥武雄市（6.5％）、⑦鳥栖市（4.2％）の順である。

❷二条大麦

二条大麦の作付面積の全国シェアは28.3％で1位である。収穫量のシェアは23.3％で、順位は栃木県に次いで2位である。栽培品種は「ニシノホシ」「サチホゴールデン」「白妙二条」「はるか二条」などである。県内各地で広く栽培されている。作付面積が広い市町は①佐賀市（シェア44.7％）、②白石町（10.0％）、③神埼市（8.3％）、④小城市（7.2％）、⑤みやき町（4.9％）の順で、県都である佐賀市のウエイトの高いのが目立つ。

❸はだか麦

はだか麦の作付面積、収穫量の全国順位はともに6位である。栽培品種は「イチバンボシ」「ユメサキボシ」などである。主産地は、県内における作付面積のシェア71.7％の江北町である。これにみやき町（6.5％）、白石町（4.3％）、鳥栖市（2.2％）と続いている。

❹アワ

アワの作付面積の全国順位は15位である。統計では収穫量が不詳のため、収穫量の全国順位は不明である。統計によると、佐賀県でアワを栽培しているのは嬉野市だけである。

❺そば

そばの作付面積の全国順位は40位、収穫量は39位である。産地は佐賀市、神埼市、有田町などである。栽培品種は「信濃1号」などである。

❻大豆

大豆の作付面積の全国順位は5位、収穫量は4位である。主産地は佐賀市、白石町、小城市、神崎市、みやき町などである。栽培品種は「フクユタカ」「黒大豆」などである。

❼小豆

小豆の作付面積の全国順位は25位、収穫量は岐阜県と並んで25位である。主産地は唐津市、佐賀市、武雄市、伊万里市などである。

コメ・雑穀関連施設

● **佐賀平野の水利施設**（佐賀市と周辺地域）　佐賀平野は河川の堆積作用と有明海の干拓によって形成されたため、農業用水の不足が昔から大き

九州・沖縄地方　287

な問題だった。この問題に取り組んだのが鍋島家の家老、成富兵庫茂安である。1615（元和元）年頃から、嘉瀬川本流に大井手堰や石井堰を設け、多布施川を通じて農業用水を佐賀平野東部の広大な水田に送るシステムを構築した。この結果、同地域のコメの反収が日本一を記録したこともある。

- **池ノ内湖**（武雄市）　もともとは1625（寛永2）年に武雄領内のかんがい用水として築造した小池だったが、1808（文化5）年に周囲の新田開発に伴って堤をかさ上げした。戦後も食料増産を目指してかさ上げや改修を繰り返してきた。一級河川六角川の沖積平野の肥沃な農地156haに水を供給している。佐賀県立武雄高校科学部の魚類相変化の調査は高い評価をうけている。

- **岳の棚田**（有田町）　有田町北部、国見山系の標高400～100ｍの農村地帯に点在する。平均勾配1/5の傾斜地に570枚の棚田が広がっている。水源は、上流域の森林からの流出水と、それらを貯えたため池である。地域の若手グループが岳信太郎棚田会を結成し、棚田オーナー制や、留学生の田植え、稲刈り体験など都市との交流に力を入れている。

- **町切用水と揚水水車**（唐津市）　江戸時代初期の1650（慶安3）年頃、唐津市相知町に松浦川の支流である厳木川から取水する町切堰を築くとともに、5kmの町切用水を開削した。用水路には揚水水車を設置して水を汲み上げ、27haの高台の畑地を水田に換えた。当時は8基の水車が稼働していた。地元の水車保存会がその一部を復元し、活用している。

コメ・雑穀の特色ある料理

- **須古ずし**　箱すし（押しずし）の一種で、有明海の新鮮な魚の切り身や野菜のみじん切りをのせる。白石町須古地区では、藩政時代から500年以上も、祭りや祝いに欠かせない家庭の味として代々受け継がれてきた。須古の領主は米の品種改良に熱心だった。これに、領民が感謝してすしをつくり、献上したのが起こりである。

- **肥前茶がゆ**（県内各地）　佐賀県の北東部に連なる脊振山地では鎌倉時代に茶の栽培が始まった。江戸末期の佐賀藩主・鍋島直正は質素な暮らしを奨励したため、武士の主食は茶がゆだった。土鍋で、コメと水、布

袋に茶の葉や粉茶を入れて煮出した茶を使った。こうした歴史から、今も高齢者を中心に、腹にもたれない茶がゆのファンがいる。漬物などとともに食べる。

- **レンコンの炊き込みご飯**（白石町） 佐賀平野や白石平野の農地は長年の干拓によって重粘土質の土壌が広がり、レンコンの一大産地を形成している。特に1922（大正11）年から栽培を開始した旧福富町を中心とした白石町のレンコンは「しろいしレンコン」として知られる。炊き込みご飯の具は、地元産のレンコンの他、豚の挽き肉、シメジ、ショウガなどである。

- **栗おこわ** 特産のクリと、モチ米のヒヨクモチを使ったおこわで、県内各地でつくられる。特に10月のおくんちの席には欠かせない。有田では、末広形の木枠で抜いたものが出される。伊万里の旧家ではおくんちの来客への土産に使われる。

コメと伝統文化の例

- **浮立**（鹿島市） 農作業の邪魔になる鬼が神社で神と戦って負ける様子を音楽と踊りで表現したものである。大太鼓を中心に、大鉦、笛、つづみなどではやしながら、華やかな装束や仮面を着けた一行が道行きする。浮立は風流の当て字と思われる。鬼面を着け、胸に太鼓を吊り下げた一行が参加する浮立は面浮立という。面浮流は鹿島市七浦を中心に、太良町、杵島郡、武雄市、多久市など県内各地に広がっている。開催日は地域によって異なる。

- **山谷浮立と、お日待ち祭り**（有田町） 山谷浮立は有田町北部の山谷で江戸時代初期の1650（慶安3）年頃から続いている伝統芸能である。渇水時の雨乞い祈願の神事が発祥とされる。夏祭りと秋祭りに集落の持ち回りで氏神様に奉納している。お日待ち祭りは五穀豊穣に感謝し、当番農家で催される。開催日は毎年11月14日夜〜15日朝。

- **大島の水かけ祭り**（神埼市） 神埼市千代田町大島地区の若者たちが豊作などを祈り、真冬の厳寒のなか、締め込み姿でクリーク（水路）の水を掛け合い、身を清める行事で、250年以上続く。その頃、疫病がはやり、英彦山（福岡県）から訪れた山伏の祈禱で静まったため、感謝を込めて始まった。1カ月後、若者たちは英彦山詣でに出掛ける。開催は毎年2

月中旬。

- **百手祭り**（神埼市）　豊作や健康など1年の運勢を1人5本の矢で3種の的を射て占う祭りである。当たったのが大的なら「良いことがある」、紙的なら「家内安全」、菱的なら「豊作になる」とされる。会場は横武地区の乙龍神社。神埼市の重要無形民俗文化財である。開催日は毎年1月の第4日曜日。
- **お粥試し**（みやき町）　「おかいさん」ともいう。2月26日におかゆを炊いて神器に盛り、箸を十文字に渡して東西南北に分け、筑前、筑後、肥前、肥後の4カ国に分け、かびの生え具合から1年間の天候や農作物の出来などを占う。724（神亀元）年に壬生春成が始めたと伝えられる。結果は、毎年3月15日に一般公開される。

42 長崎県

地域の歴史的特徴

紀元前150年頃、平戸市の旧田平町で木製農工具が大量に製作されていたことが里田原遺跡の発掘などで判明している。

1571（元亀2）年にはポルトガル船が長崎に初めて入港した。1635年（寛永12）年には日本人の海外渡航と帰国が禁止され、外国船の入港地が長崎1港に限定された。1641（寛永18）年には平戸のオランダ商館を出島に移し、鎖国体制が完成した。

1869（明治2）年には版籍奉還により各藩主を藩知事とし、同時に長崎府は長崎県に改称された。長崎は、長く突き出した岬を意味する。1876（明治9）年には三潴県の一部を合併した。1883（明治16）年には佐賀県が分離して現在の長崎県の姿になった。

コメの概況

平地の少ない長崎県の耕地面積の比率は11.6％である。大消費地に遠いことも影響して、コメの農業産出額は、沖縄を除く九州7県では最も低い。品目別の農業産出額は、肉用牛、ばれいしょに次いで3位である。

水稲の作付面積、収穫量の全国順位はともに38位である。収穫量の多い市町村は、①諫早市、②佐世保市、③雲仙市、④壱岐市、⑤平戸市、⑥南島原市、⑦松浦市、⑧大村市、⑨五島市、⑩波佐見町の順である。県内におけるシェアは、諫早市18.8％、佐世保市11.8％、雲仙市11.6％、壱岐市9.3％などで、この4市で半分以上を生産している。

長崎県における水稲の作付比率は、うるち米98.1％、もち米1.5％、醸造用米0.4％である。作付面積の全国シェアをみると、うるち米は0.8％で全国順位が徳島県、高知県と並んで38位、もち米は0.3％で埼玉県と並んで39位、醸造用米は0.2％で神奈川県、大分県と並んで33位である。

九州・沖縄地方　291

知っておきたいコメの品種

うるち米

（必須銘柄）あさひの夢、コシヒカリ、にこまる、ヒノヒカリ

（選択銘柄）おてんとそだち、キヌヒカリ、つや姫、レイホウ

　うるち米の作付面積を品種別にみると、「ヒノヒカリ」が最も多く全体の63.4％を占め、「にこまる」（18.4％）、「コシヒカリ」（11.5％）がこれに続いている。これら3品種が全体の93.3％を占めている。

- **ヒノヒカリ**　収穫時期は10月上旬である。県内産「ヒノヒカリ」の食味ランキングはAである。
- **にこまる**　農研機構が「北陸174号」と「きぬむすめ」を交配して育成した。おいしくて笑顔が「にこにこ」こぼれる様子と、粒張りが「まるまる」とよいことにちなんで命名された。収穫時期は10月中旬である。県内産「にこまる」の食味ランキングは特Aだった年もあるが、2016（平成28）年産はA'だった。
- **コシヒカリ**　収穫時期は8月上旬〜中旬である。県内産「コシヒカリ」の食味ランキングはA'である。
- **つや姫**　収穫時期は8月中旬である。県内産「つや姫」の食味ランキングはAである。

もち米

（必須銘柄）ヒヨクモチ

（選択銘柄）なし

　もち米の作付面積の品種別比率は「ヒヨクモチ」（20.4％）、「サイワイモチ」（9.3％）、「モチミノリ」（8.1％）などで、多様な品種に分散している。

- **サイワイモチ**　農水省（現在は農研機構）が「レイホウ」と「クレナイモチ」を交配して1982（昭和57）年に育成した。玄米はやや小粒で、色白。耐倒伏性は中〜やや強い。

醸造用米

（必須銘柄）山田錦

（選択銘柄）なし

　醸造用米の作付面積の品種別比率は「レイホウ」が63.6％、「山田錦」が36.4％である。

● **レイホウ**　農林省（現在は農研機構）が「ホウヨク」と「綾錦」を交配して1969（昭和44）年に育成した。収穫時期は10月上旬～中旬である。うるち米だが、酒造用掛米としてよく使われている。

知っておきたい雑穀

❶小麦

　小麦の作付面積、収穫量の全国順位はともに24位である。主産地は、県内作付面積の55.5％を占める諫早市である。これに波佐見町、五島市、雲仙市などが続いている。

❷二条大麦

　二条大麦の作付面積、収穫量の全国順位はともに9位である。諫早市（作付面積シェア45.3％）と五島市（38.6％）が二大産地で、この両市だけで県内作付面積の8割強を占めている。これに壱岐市（13.7％）が続き、雲仙市と波佐見町がともに0.9％で並んでいる。

❸はだか麦

　はだか麦の作付面積の全国順位は7位、収穫量は10位である。五島市が県内の作付面積の78.3％を占め、諫早市（19.8％）が続いている。

❹アワ

　アワの作付面積の全国シェアは34.1％、収穫量は14.3％で、ともに全国順位は岩手県に次いで2位である。統計によると、長崎県でアワを栽培しているのは南島原市だけである。

❺キビ

　キビの作付面積の全国シェアは25.2％で、全国順位は岩手県に次いで2位である。収穫量の全国シェアは13.6％で、全国順位は岩手県、沖縄県に次いで3位である。統計によると、長崎県でキビを栽培しているのは南島原市だけである。

❻そば

　そばの作付面積、収穫量の全国順位はともに29位である。産地は対馬市、諫早市、五島市などである。

九州・沖縄地方　293

❼大豆

大豆の作付面積の全国順位は31位、収穫量は32位である。主産地は諫早市、壱岐市、波佐見町、五島市、川棚町などである。栽培品種は「フクユタカ」「黒大豆」などである。

❽小豆

小豆の作付面積の全国順位は岐阜県と並んで29位である。収穫量の全国順位は愛知県、奈良県と並んで31位である。主産地は諫早市、佐世保市、東彼杵町などである。

コメ・雑穀関連施設

- **諫早干拓資料館**（諫早市）　諫早市は有明海（諫早湾）、大村湾、橘湾と三方を海に面している。干拓の歴史は古く、鎌倉時代の1330年（正中7）年頃から始まっている。諫早平野は長崎県内最大の穀倉地帯である。資料館では、干拓の資料に加え、昭和初期から干拓地の小野平野などで使用してきた農機具などを展示している。同館は柱を使わないフレーム架構式の構造である。諫早ゆうゆうランド干拓の里内にある。生徒、学生の見学や修学旅行なども受け入れている。

- **小野用水**（諫早市）　江戸時代後期に地域住民が築造した。三方が海に面する市の中央部を流れる一級河川本明川から取水する延長8.5kmの疏水である。受益面積は600haである。下流の諫早平野の水田地帯は、干拓によって規模を拡大し、県内最大の穀倉地帯を形成している。

- **野岳ため池**（大村市）　1663（寛文3）年に捕鯨頭領の深澤儀太夫が私財を投じて築造した。今日でも129haの田畑を潤している。儀太夫は、捕鯨で築いた財を社会事業に寄付し、干ばつの被害が出た領内各地にため池を築造した。地元では儀太夫の遺徳をしのぶ例祭が毎年行われている。

- **諏訪池**（雲仙市）　雲仙天草国立公園地区内にある農業用のため池である。1712（正徳2）年に築造された。現在も92haの農地を潤している。池の外周部には緑地公園が広がり、ボートが浮かぶなど親水施設としても利用されている。地元自治会は、7月上旬のキャンプ場開きの前に、雲仙国民休暇村と一緒に池周辺の清掃活動を行っている。

- **新井手用水**（東彼杵町）　千綿川から赤瀬渕で取水し、大村湾に流下す

る 4.0 km のかんがい用の疏水で、江戸時代初期の 1680（延宝 8）年頃、完工した。受益面積は 25 ha である。用水が不足したため、1889（明治22）年、海軍が館山の中腹に、周囲の土の崩壊を防止する工事を行わずに掘り進める素掘りのトンネルを設置した。

コメ・雑穀の特色ある料理

● **具雑煮** 1637（寛永 14）年に島原で起きた島原の乱で、一揆の総大将だった天草四郎と農民やキリスト教徒たちが、もちを蓄え、山や海から多様な材料を集めて具たくさんの雑煮をつくり、栄養をとりながら戦ったのが具雑煮の始まりである。今も島原地方では正月に具雑煮を味わう。家庭によって具の材料や味付けは異なる。

● **大村ずし** 2 段重ねの酢めしの間に具を挟み、具と錦糸卵をのせた華やかな押しずしで、郷土料理である。500 年以上前の大村領主だった大村純伊が領地を奪回したとき領民たちが喜び、もろぶたにご飯を広げ、その上に魚の切り身や野菜などをのせてこれをつくった。領主や将兵たちは、それを脇差しで切って食べたという言い伝えがある。

● **蒸しずし**（長崎市） 伊予松山の藩士だった吉田宗吉が 1866（慶応 2）年、長崎市内に吉宗の屋号で、蒸しずしと茶わん蒸しの専門店を開業し、二つをセットにして夫婦蒸しとして売り出した。以後、この地を代表する庶民の味になっている。

● **トルコライス**（長崎市） ピラフ、スパゲティ、トンカツがほぼ同量ずつ一つの皿にのった盛り合わせ料理で、「大人のお子様ランチ」風である。長崎市内のレストランや喫茶店ではよくあるメニューである。同市はトルコライスの発祥の地でもある。

● **「五島三菜」おむすび**（五島市） 「五島三菜」は、東シナ海に浮かぶ五島列島で、ゆであげたダイコンとニンジンを厳寒期の 12 月～2 月に強い季節風を利用して自然乾燥させ、ヒジキを混ぜた五島に伝わる健康食品である。これを戻して、好みの味をつけた具を入れたおにぎりである。

コメと伝統文化の例

● **畳破り**（諫早市） 楠公神社に祭られている武将、楠木正成が 1333（元弘 3）年、鎌倉幕府と戦った千早城の攻防を模した 250 年以上続くとさ

れる伝統行事である。上半身裸の男たちが畳を引きちぎり、わらで身体
をこすり合う。外の鬼が人間界に入り込んで、稲わらをこすりつけるこ
とで、その年の稲霊を授ける。その霊力によって豊かな稲が実るという
わけである。開催日は1月中旬の日曜日か祝日。

- **平戸のジャンガラ**（平戸市）　ジャンガラは、笛、鉦（かね）、太鼓の囃子によ
る盆の豊年踊りである。江戸時代初期にはすでに奉納されていたが、起
源は不明である。各神社仏閣に踊りを奉納し、雨乞いや五穀豊穣を祈願
する。今日、伝承されているのは3組、9地区である。開催日は毎年8
月14日〜18日で地区ごとに異なる。

- **百手祭り**（ももて）（諫早市）　五穀豊穣などを祈願する神事として行われる伝統
行事である。木でつくった弓、雌竹でつくった12本の矢を使用し、宮
司が的の裏にある「鬼」の紙を射抜く。境内に集まった善男善女や子ど
もたちに天狗の面をかぶらせ、鈴を鳴らして厄除けなどのお払いも行う。
開催日は毎年2月1日。

- **ヘトマト**（五島市）　五島市下崎山地区に古くから伝わる民俗行事であ
る。着飾った新婚の女性2人が子孫繁栄を祈願して酒樽に乗って羽根つ
きを行う。続いて、身体にススを塗り付けた若者がわら玉を奪い合う「玉
せせり」、青年団と消防団が豊作と大漁を占う綱引き、大草履を若者が
担いで山城神社に奉納、と続く。起源や語源は不明である。開催日は毎
年1月の第3日曜日。

- **鬼木浮立**（ふりゅう）（波佐見町）　日照りで稲田が割れるとき、笛、鉦、太鼓を打
ち鳴らして乙女が踊って雨乞いをし、春に豊作を祈り、秋に満作に感謝
し、氏神の祭礼に奉納したのが浮立である。鬼木郷の大鬼木地区で継承
されてきた。大小6個の鉦が響き合う鉦浮立である。開催日は未定。

43 熊本県

地域の歴史的特徴

　温暖な気候と豊かな水に恵まれたこの地域では、弥生時代には稲作が始まっていた。玉名市では日本最古の鉄斧が出土しており、弥生文化が栄えていた。

　7世紀末に肥の国とよばれた九州の中央地域が肥前国と肥後国に分かれた。平安時代、肥後国には14の郡があった。熊本はかつては隈本と書いたが、1599（慶長4）年に加藤清正が熊本に改称した。熊本城を築造した加藤清正は1600（慶長5）年の関が原の戦いで滅んだ小西氏の後を受けて肥後を統一した。クマは入り組んだ地形、モトは本拠地、つまり入り組んだ地形の中央の地という意味である。

　熊本県南部の水田地帯では、江戸時代に、稲の刈り取りが終わった後で稲との二毛作として、畳表の材料であるいぐさの栽培が始まった。

　1869（明治2）年の版籍奉還、1871（明治4）年の廃藩置県により熊本藩は熊本県に、人吉藩は人吉県に、天草は一時長崎県に編入された。現在の熊本県が誕生したのは1876（明治9）年である。

コメの概況

　水稲の作付面積の全国順位は15位、収穫量は16位である。収穫量の多い市町村は、①熊本市、②八代市、③玉名市、④山鹿市、⑤阿蘇市、⑥菊池市、⑦宇城市、⑧山都町、⑨天草市、⑩南阿蘇村の順である。県内におけるシェアは、熊本市13.6％、八代市12.0％、玉名市8.0％、山鹿市6.6％、阿蘇市5.7％などで、熊本、八代両市で県全体の4分の1を収穫している。

　熊本県における水稲の作付比率は、うるち米91.0％、もち米8.8％、醸造用米0.2％である。県内産もち米の水稲の作付面積に対する比率は佐賀県に次いで全国で2番目に高い。作付面積の全国シェアをみると、うるち米は2.2％で全国順位が埼玉県、長野県、滋賀県、兵庫県と並んで14位、

九州・沖縄地方　297

もち米は5.2％で5位、醸造用米は0.3％で茨城県、山梨県、高知県と並んで29位である。

知っておきたいコメの品種

うるち米

（必須銘柄）あきまさり、コシヒカリ、ヒノヒカリ、森のくまさん
（選択銘柄）あきげしき、あきだわら、秋音色、いただき、キヌヒカリ、くまさんの輝き、くまさんの力、にこまる、ヒカリ新世紀、ひとめぼれ、北陸193号、ミズホチカラ、みつひかり、ミルキークイーン、やまだわら、夢の華、わさもん

　うるち米の作付面積を品種別にみると、「ヒノヒカリ」が最も多く全体の54.3％を占め、「森のくまさん」（15.3％）、「コシヒカリ」（11.6％）がこれに続いている。これら3品種が全体の81.2％を占めている。

- **ヒノヒカリ**　県北産「ヒノヒカリ」の食味ランキングは2008（平成20）年産以降、特Aが続いている。県南産「ヒノヒカリ」はAである。
- **森のくまさん**　熊本県が「コシヒカリ」と「ヒノヒカリ」を交配して1996（平成8）年に育成した。文豪・夏目漱石が熊本在住時代に、緑豊かな熊本を「森の都熊本」と表現した。その「森の都」「熊本」で「生産」されたという意味を込めて命名された。県北産「森のくまさん」の食味ランキングは特Aだった年もあるが、2016（平成28）年産はA'だった。
- **コシヒカリ**　2015（平成27）年産の1等米比率は79.5％だった。県北産「コシヒカリ」の食味ランキングはAである。
- **くまさんの力**　熊本県が「ヒノヒカリ」と「北陸174号」を交配して2008（平成20）年に育成した。2007（平成19）年に県の奨励品種に採用された。県北産「くまさんの力」の食味ランキングは特Aだった年もあるが、2016（平成28）年産はA'だった。
- **熊本58号**　熊本県が「南海137号」と「中部98号」を交配して育成した。県内の山麓準平坦地域を中心に作付けを推進している。県北産「熊本58号」の食味ランキングは、2016（平成28）年産で初めて最高の特Aに輝いた。

●にこまる　2015（平成27）年産の1等米比率は80.4％だった。

もち米

（必須銘柄）ヒヨクモチ

（選択銘柄）峰の雪もち

　もち米の作付面積の品種別比率は「ヒヨクモチ」が全体の84.5％と大宗を占め、2位は「峰の雪もち」（2.6％）である。

醸造用米

（必須銘柄）山田錦

（選択銘柄）吟のさと、神力、華錦

　醸造用米の作付面積の品種別比率は「山田錦」79.2％、「華錦」（20.8％）である。

知っておきたい雑穀

❶小麦

　小麦の作付面積の全国順位は9位、収穫量は10位である。市町村別の作付面積の順位は①熊本市（シェア23.0％）、②玉名市（17.2％）、③嘉島町（12.0％）、④山鹿市（8.5％）、⑤菊池市（7.2％）である。

❷二条大麦

　二条大麦の作付面積の全国順位は5位、収穫量は7位である。栽培品種は「ニシノホシ」「はるしずく」などである。市町村別の作付面積の順位は①あさぎり町（シェア25.3％）、②合志市（12.3％）、③菊池市（11.1％）、④阿蘇市（10.6％）、⑤大津町（8.5％）で、上位4市が県全体の6割近くを占めている。

❸はだか麦

　はだか麦の作付面積の全国順位は9位、収穫量は8位である。菊池市の作付面積は県全体の75.6％を占め主産地を形成している。これに続くのが湯前町（12.8％）、錦町（4.7％）、多良木町（2.3％）などである。

❹ハトムギ

　ハトムギの作付面積の全国順位は16位である。収穫量の全国順位は長野県、奈良県と並んで13位である。産地は八代市（県内作付面積の71.7％）

と湯前町（28.3％）である。

❺アワ

アワの作付面積の全国順位は5位である。収穫量の全国順位は4位である。主産地は湯前町で県内作付面積の84.2％を占めている。これに続くのが甲佐町で、シェアは15.8％である。

❻キビ

キビの作付面積の全国順位は14位である。収穫量は四捨五入すると1トンに満たず統計上はゼロで、全国順位は不明である。統計によると、熊本県でキビを栽培しているのは湯前町だけである。

❼ヒエ

ヒエの作付面積の全国順位は5位である。収穫量の全国順位は岩手県、青森県に次いで3位である。統計によると、熊本県でヒエを栽培しているのは湯前町だけである。

❽そば

そばの作付面積の全国順位は16位、収穫量は15位である。主産地は阿蘇市、南阿蘇村、菊池市、あさぎり町などである。栽培品種は「在来種」「春のいぶき」などである。

❾大豆

大豆の作付面積の全国順位は栃木県と並んで16位である。収穫量の全国順位も16位である。主産地は熊本市、嘉島町、大津町、玉名市、阿蘇市などである。栽培品種は「フクユタカ」「クロダマル」などである。

❿小豆

小豆の作付面積、収穫量の全国順位はともに15位である。主産地は山都町、天草市、御船町、菊池市、八代市などである。

コメ・雑穀関連施設

● **通潤用水**（山都町）　途中に、日本最大級の石造アーチ水路橋が架かる。水路橋は、矢部惣庄屋布田保之助が、轟川の渓谷に構を架け、6km離れた笹原川上流から水を引いてその上を通し、橋より高い白糸台地にサイフォンの応用で水を渡すようにし、1854（安政元）年に完工した。この結果、白糸台地の水田面積は3倍になった。過剰取水を防ぐ分水工、上下2段構造の水路による水の反復利用など当時の日本固有の技術が集

300

大成されている。

- **上井手用水**（大津町、菊陽町）　1618（元和4）年に加藤忠広が着手し、19年後の1637（寛永14）年に堰、制水門、24kmの水路が開削された。これによって大津町、菊陽町の460haを潤すことになり、新田が開発された。水車を活用した精米所なども増えた。

- **幸野溝**（湯前町、多良木町、あさぎり町）　1696（元禄9）年、相良藩主の命を受けた高橋政重が翌年開削に着手し、球磨川から取水する幸野溝が1705（宝永2）年に完成した。1958（昭和33）年の市房ダムの建設により、取水樋門や水路の改修が行われた。現在の延長は15.4kmである。

- **百太郎溝**（多良木町、あさぎり町、錦町）　鹿児島県、宮崎県と接する隈盆地の上流部に位置する。かんがい面積は1,490haである。本流の工事は鎌倉時代に始まり、何度も受け継がれてきた。

- **浮島**（嘉島町）　平安時代中期の1001（長保3）年に、領主が神のお告げで北方の山麓を掘ったところ2カ所から清泉が湧いたため、さらに開削を進め2.5haの池が完成した。周辺の水田地帯65haの水源である。朝霧が出ると、池に神社と森が浮かんでいるように見えるため「浮島」の名が付いた。環境保全に対する地域の意識が高い。

コメ・雑穀の特色ある料理

- **あげ巻きすし**（玉名市、南関町）　ノリの代わりに南関町特産の大きな南関あげを使った巻きずしである。具は、干しシイタケ、カンピョウ、ニンジン、ホウレン草、厚焼き卵などである。南関あげは油を抜き、味付け後に少し絞る。祝いのときなどにつくる。

- **馬肉入りまぜごはん**（宇城市）　有数の馬肉産地であり、消費量も多い熊本らしい料理である。材料は、馬肉、ニンジン、ゴボウ、コンニャク、イリコなどである。これらを炒めた後、調味料を入れて煮、ご飯と混ぜる。祭りや親族の祝いなどの家庭料理である。

- **大黒おこわ**（菊池市）　熊本には大豆を使った郷土料理が多い。大黒おこわもその一つである。肉や野菜をたっぷり入れ、黒大豆を加えるため、栄養のバランスがよい。豚バラ肉、干しシイタケ、干しエビ、ゴボウ、タケノコ、ネギなどは炒め、黒大豆は煮る。もち米を蒸して、これらを混ぜ、竹の皮で包む。これをもう一度、蒸す。

- **ときずし**（宇城地域）　四季折々の地元産の旬の魚を使って祝い事などの際につくられてきた伝統料理である。魚は三枚におろし、甘酢につける。骨や頭は甘辛く炊き煮汁をご飯に混ぜる。酢を混ぜて冷ましたご飯に甘酢に漬けた魚を混ぜる。使う魚によって多様な味が楽しめる。

コメと伝統文化の例

- **御田植神幸式**（阿蘇市）　御田祭りともいう。健磐龍命を主神とする12神に、火の神、水の神を加えた神々が4基の神輿に乗り、苗の生育を見て回る阿蘇神社の祭りである。神幸は白装束で宇奈利とよばれる14人の女性を先頭に、獅子、早乙女、田男、牛馬とともに、4基の神の神輿が続く。開催日は毎年7月28日。

- **火振り神事**（阿蘇市）　阿蘇神社の祭神12神の中の国龍神（彦八井命）が妃神をめとられるのに際し、氏子たちが松明を振り回して祝う火振り神事である。神婚で神々が結ばれることで作物が生まれるという言い伝えに基づく。土地の人は神事が終わるのを待って農作業を始めていた。開催日は毎年3月の中の日。

- **風鎮祭**（高森町）　台風シーズンの前に風の害から作物を守り、豊穣を祈る祭りである。肥後のばか騒ぎの一つといわれる「山引き」が呼び物である。町内では、日用品を使って、動物や漫画のキャラクターなどの造り物をつくり、台に乗せて町に繰り出す。開催日は毎年8月17、18日。

- **荻の草の瓢箪つき**（阿蘇市）　荻の草の氏神社である権現社に奉納される。豊作予祝の念仏踊りの一種である。踊りの途中で瓢箪を縛り付けた竹竿を手にした瓢箪つきが踊って回る。平家の落人たちが英彦山（現在は福岡県）より権現を観請して豊作などを祈願したのが始まりである。開催日は3月15、16日と7月29日。

- **八朔祭り**（山都町）　田の神に豊作を祈願する江戸時代中期から山都町矢部町で行われている祭りである。商家の人たちが農家の人たちをねぎらい、手厚くもてなしたのが起源である。「大造り物」は竹、杉、ススキ、松笠など自然の材料を使い、各連合組が技術を競い合いながら作成する。開催日は8月の第1土曜日と日曜日。

44 大分県

地域の歴史的特徴

684年に豊の国が豊前国と豊後国に分かれた。1871（明治4）年に旧豊後国の8県を統合し、大分県が成立した。大分の大は大きいことを示し、イタ（キタ）については①河岸段丘、②田、③分流、つまり大きく分かれる所、の3説がある。

その後、1876（明治9）年に小倉県（のち福岡県）の管轄だった下毛郡、宇佐郡を編入し、現在の大分県の県域となった。

1979（昭和54）年に当時の平松守彦知事が提唱した「一村一品運動」は地域づくり運動として脚光を浴びた。これに基づく特産品として、旧千歳村（現豊後大野市）でハトムギ、旧宇佐市で麦焼酎やハトムギ焼酎、日出町で麦焼酎などが選ばれた。この運動は、中国、タイ、ベトナム、カンボジアの農村など海外にも広がった。

コメの概況

水稲の作付面積の全国順位は27位、収穫量は28位である。収穫量の多い市町村は、①宇佐市、②豊後大野市、③竹田市、④中津市、⑤大分市、⑥由布市、⑦国東市、⑧杵築市、⑨日田市、⑩豊後高田市の順である。県内におけるシェアは、宇佐市18.0％、豊後大野市11.6％、竹田市10.1％、中津市7.9％などで、上位3市で4割近くを占めている。宇佐神宮を中心に発展してきた宇佐市は、県内で最も米づくりの盛んな地域でもある。

大分県における水稲の作付比率は、うるち米98.0％、もち米1.8％、醸造用米0.2％である。作付面積の全国シェアをみると、うるち米は1.5％で全国順位が岐阜県、鹿児島県と並んで25位、もち米は0.7％で鳥取県、鹿児島県と並んで28位、醸造用米は0.2％で神奈川県、長崎県と並んで33位である。

宇佐市などでは、コメの収穫が終わった田で、はだか麦や二条大麦を栽

九州・沖縄地方　303

培する二毛作が行われている。二毛作としてそばを栽培している地域もある。

知っておきたいコメの品種

うるち米

（必須銘柄）あきまさり、コシヒカリ、にこまる、ひとめぼれ、ヒノヒカリ

（選択銘柄）あきたこまち、あきだわら、キヌヒカリ、つや姫、はえぬき、みつひかり、ミルキークイーン、夢の華、ユメヒカリ

　うるち米の作付面積を品種別にみると、「ヒノヒカリ」が最も多く全体の76.1％を占め、「ひとめぼれ」（11.0％）、「コシヒカリ」（3.7％）が続いている。これら3品種が全体の90.8％を占めている。

- **ヒノヒカリ**　低標高地から中山間地まで広く栽培されている主力品種である。豊肥地区産「ヒノヒカリ」の食味ランキングは特Ａだった年もあるが、2016（平成28）年産はＡだった。
- **ひとめぼれ**　山間地の主力品種である。2015（平成27）年産の1等米比率は72.8％だった。久大地区産「ひとめぼれ」の食味ランキングは、2016（平成28）年産で初めて特Ａに輝いた。
- **コシヒカリ**　大分県の平坦地では早期栽培、標高300ｍ以上の地域では普通期栽培が行われている。
- **つや姫**　地元が期待を寄せる新品種である。県北産「つや姫」の食味ランキングはＡである。
- **にこまる**　低標高地を中心に作付けが拡大中。

もち米

（必須銘柄）なし

（選択銘柄）ヒヨクモチ

　もち米の作付面積の品種別比率は「ヒヨクモチ」が最も多く全体の72.9％を占めている。

醸造用米

（必須銘柄）なし

（選択銘柄）雄町、吟のさと、五百万石、山田錦、若水

　醸造用米の作付面積の品種別比率は「山田錦」が最も多く全体の44.7％を占め、「五百万石」（26.3％）、「若水」（10.5％）が続いている。この3品種が全体の81.5％を占めている。

知っておきたい雑穀

❶小麦

　小麦の作付面積の全国順位は13位、収穫量は15位である。栽培品種は「チクゴイズミ」などである。主産地は、県内作付面積の45.2％を占める宇佐市である。これに中津市、豊後高田市、国東市などが続いている。

❷二条大麦

　二条大麦の作付面積の全国順位は8位、収穫量は11位である。栽培品種は「ニシノホシ」「サチホゴールデン」などである。宇佐市の作付面積は県全体の78.1％を占め主産地を形成している。これに豊後大野市（14.8％）、杵築市（2.4％）、佐伯市（1.2％）などが続いている。

❸六条大麦

　六条大麦の作付面積、収穫量の全国順位はともに21位である。産地は竹田市などである。

❹はだか麦

　はだか麦の作付面積の全国シェアは18.0％で、順位は愛媛県に次いで2位である。収穫量のシェアは14.9％で、愛媛県、香川県に次いで3位である。主な栽培品種は「トヨノカゼ」「サヌキハダカ」「イチバンボシ」である。作付面積の県内シェアは宇佐市（37.2％）と中津市（23.1％）で6割強を占め、県内での2大産地を形成している。これに続くのが国東市（13.5％）、大分市（7.2％）、臼杵市（6.0％）などである。みそ用だけでなく、近年は麦焼酎の原料としての需要が伸びている。

❺ハトムギ

　ハトムギの作付面積の全国順位は10位、収穫量は8位である。栽培品種はすべて「あきしずく」である。統計によると、大分県でハトムギを栽培

しているのは豊後大野市だけである。

❻トウモロコシ（スイートコーン）

トウモロコシの作付面積の全国順位は11位、収穫量は12位である。主産地は竹田市、豊後大野市、大分市などである。

❼そば

そばの作付面積の全国順位は26位、収穫量は25位である。主産地は豊後高田市、中津市、由布市などである。栽培品種は「春のいぶき」「さちいずみ」「福島在来」などである。

❽大豆

大豆の作付面積の全国順位は22位、収穫量は23位である。主産地は宇佐市、国東市、豊後大野市、豊後高田市、竹田市などである。栽培品種は「フクユタカ」「キヨミドリ」「クロダマル」などである。

❾小豆

小豆の作付面積の全国順位は23位、収穫量は24位である。主産地は日田市、大分市、宇佐市、由布市などである。

コメ・雑穀関連施設

- **緒方疏水**（豊後大野市）　豊後大野市緒方町を流れる全長17km、受益面積は232haの疏水である。豊後岡藩主中川久盛公の1623（元和9）年に阿蘇山の大噴火があり、田畑に粉塵が積もったことが疏水を開削するきっかけになった。これによって江戸時代から「緒方五千石米どころ」とよばれている。
- **城原井路**（神田頭首工、竹田市）　総延長は130.7kmである。竹田市北西部の神田頭首工より取水した疏水は国道442号沿いの丘陵地を東西に流れ、受益地は300haである。岡藩主中川久清公の1661（寛文元）年に開削を始め、63（同3）年に完工した。
- **白水貯水池**（竹田市）　大野川上流の大谷川に、富士緒井路の貯水池とし1938（昭和13）年に完成した。重力式線石積ダムで、堤長は90m、堤高は14m、総貯水量は60万トンである。堰堤の表面に石を張り巡らせており、オーバーフローする水が独特な幾何学模様を描く。管理主体は富士緒井路土地改良区。
- **音無井路**（竹田市）　大野川支流の大谷川から熊本県内で取水し、延長

13kmの井路で同市宮砥地域にかんがい用水を供給している。1898（明治31）年に完工した。宮砥の3地区の水争いを防ぐため、「12号分水」とよばれる円形の分水施設を1933（昭和9）年に設置した。耕地面積に応じて比例分水できるように、施設の壁に小窓を付け、その数やふた、仕切り板の高さなどで分水量が調整される。

- **明正井路**（竹田市、豊後大野市）　緒方川の水を竹田市入田出合で取水し、豊後大野市の旧緒方町と旧清川村地域のかんがい用水に使用している。幹線の総延長は48km、かんがい面積は2,323haである。水路橋はいずれも石橋で、17基ある。これほど多数の石橋を用いた大規模なかんがい施設は全国的にも珍しい。明治時代に計画され、1919（大正8）年に完工したことが名前の由来である。

コメ・雑穀の特色ある料理

- **うれしの**（杵築市）　昔、杵築ではタイのしばり網が盛んだった。新鮮なタイを刺し身にしてごまだれに漬け込み、ご飯の上に並べて刻みノリ、ワサビを添える。通常は、熱いお茶をかけるが、そのまま食べてもよい。杵築藩の殿様の大好物で、この料理が出されるたびに殿様が「うれしいのう」と言ったことが名前の由来と伝えられている。

- **シイタケ飯**（宇佐地域）　この地域では、クヌギを利用した原木シイタケの栽培が伝統的に盛んである。原木干しシイタケを材料にしたシイタケ飯は昔からつくられているふるさとの味である。宇佐地域は「クヌギ林とため池がつなぐ国東半島・宇佐の農林水産循環」として世界農業遺産の認定を受けている。

- **かちエビちらしずし**（宇佐市）　宇佐市長洲地区の郷土料理である。材料のかちエビは、豊前海で獲れた小エビの一種であるアカエビをゆでて乾燥させたものである。このほか、あぜで栽培して乾燥させた豆や、名産の干しシイタケなどすべて地元産の乾物でつくる。祭りや来客のもてなしに用意する。

- **ミトリおこわ**（県北地域）　材料のミトリ豆はササゲの一種である。サヤは食べずに実だけをとるからミトリとよばれる。県北地域では、小豆の代わりにミトリでおこわをつくっている。ミトリは黒紫色と赤色の2種類があり、前者は仏事や新盆にもつくられる。

- **アミ飯**（宇佐地域）　豊前海沿岸で獲れたアミを干した干しアミに、しょうゆなどで味を付けて、ご飯に混ぜる。アミを前もって佃煮風に煮ておき、炊き上がり直前のご飯にのせ、蒸らしてから混ぜるのがコツという。名横綱・双葉山も好んだとか。

コメと伝統文化の例

- **二目川百手祭り**（大分市）　室町時代を起源とし、五穀豊穣などを祈願する伝統民俗行事である。約3m離れた二つの的に次々に矢を放ち、的射の結果でその年の吉凶を占う。二目川地区の家々が順番に頭人とよばれる祭主を務め、会場を提供する。開催日は毎年1月20日。

- **カッパ祭り**（中津市）　五穀豊穣などを祈願して行う。カッパに扮した5、6歳の4人の男児を大うちわを持った若者4人が封じ込め、その周りを40余人の行列が道楽を奏でながら踊る。平家落人伝説に由来し、カッパの霊を慰めるために氏神に奉納したとされる。300年以上前から伝承されている。開催日は毎年7月29日。

- **姫島盆踊り**（姫島村）　鎌倉時代の虫除け祈願の念仏踊りから発展したといわれる。ユーモラスな恰好や仕草の「キツネ踊り」、荒々しく踊る男性と優雅に踊る女性が組になって踊る「アヤ踊り」、フグの皮を張った太鼓に孔開き銭をつけて踊る「銭太鼓踊り」は伝統的な踊りである。新しく創り出される毎年の創作踊りも興味深い。開催日は8月14、15日。

- **風流杖踊り**（臼杵市）　江戸時代から伝わる豊作と豊猟を祈願する棒踊りである。長さ2mの花棒などを巧みに操り、若者たちが古武士の棒術を思わせる勇壮な踊りを披露する。一時、途絶えていたが復活し、臼杵市東神野の熊野神社の春の例祭で奉納される。開催日は毎年4月の第2土曜日。

- **吉弘楽**（国東市）　楽庭八幡神社に伝わる五穀豊穣、虫害防除などを祈念する舞楽である。南北朝時代に、領主・吉弘正賢公が豊作や戦勝を祈願したのが起源である。踊り手たちは、胸に吊るした太鼓を打ち鳴らし、隊列をさまざまに変化させながら踊る太鼓踊りで、念仏踊りの系譜を引く。開催日は毎年7月の第4日曜日。

45 宮崎県

地域の歴史的特徴

1871（明治4）年の廃藩置県によって美々津県と都城県の2県が置かれた。1873（明治6）年には美々津県と、都城県の一部が合併し、旧日向国の地域が宮崎県になった。県名の由来については、①ミヤは原野、サキは先端、つまり原野の先端という説、②宮のサキ（前）、つまり江田社の神前という説、の2説がある。

ところが、宮崎県成立3年後の1876（明治9）年には鹿児島県に併合された。1877（明治10）年に西郷隆盛たちが起こした西南戦争終結後、鹿児島から分離独立する動きが起こり、1883（明治16）年に宮崎県が再置され、現在の県域になった。

コメの概況

水稲の作付面積の全国順位は31位、収穫量は32位である。収穫量の多い市町村は、①都城市、②宮崎市、③えびの市、④西都市、⑤小林市、⑥延岡市、⑦日南市、⑧串間市、⑨川南町、⑩高千穂町の順である。県内におけるシェアは、都城市19.1％、宮崎市14.3％、えびの市7.7％、西都市6.8％などで、都城、宮崎両市で県内収穫量の3分の1を占めている。

宮崎県における水稲の作付比率は、うるち米98.5％、もち米1.4％、醸造用米0.1％である。作付面積の全国シェアをみると、うるち米は1.2％で全国順位が島根県と並んで30位、もち米は0.4％で38位、醸造用米は0.1％で群馬県、埼玉県、千葉県、奈良県と並んで36位である。

宮崎県南東部の日南市、串間市などは収穫時期の早い超早場米の生産地である。この地域は、超早場米と、通常の時期に収穫する普通米をほぼ半々の割合で生産している。超早場米は、県内で最も温暖で、冬も霜が降りない両市の沿岸部が中心である。3月下旬から田植えを行い、7月下旬には収穫、出荷が始まる。これによって、新米が早く出回るほか、台風の被害

九州・沖縄地方　309

を避けるという利点もある。普通米の田植えは6月上旬、収穫は10月である。

　陸稲の作付面積の全国順位は東京都、静岡県と並んで11位、収穫量は静岡県と並んで12位である。

知っておきたいコメの品種

うるち米

（必須銘柄）コシヒカリ、さきひかり、ヒノヒカリ、まいひかり
（選択銘柄）あきげしき、あきたこまち、おてんとそだち、きらり宮崎、黄金錦、つや姫、夏の笑み、にこまる、ひとめぼれ、ほほえみ、み系358、ミルキークイーン

　うるち米の作付面積を品種別にみると、「ヒノヒカリ」が最も多く全体の56.1％を占め、「コシヒカリ」（38.1％）、「おてんとそだち」（1.6％）が続いている。これら3品種が全体の95.8％を占めている。

- ヒノヒカリ　宮崎県が開発した品種である。収穫時期は10月頃である。水気でつぶれにくいため、丼物やカレーライスなどにも適している。霧島地区産「ヒノヒカリ」の食味ランキングは特Aだった年もあるが、2016（平成28）年産はAだった。西北山間地区産と沿岸地区産「ヒノヒカリ」もそれぞれAである。

- コシヒカリ　南部の日南市、串間市などでは超早場米コシヒカリを多く栽培している。3月頃田植えをし、7月～8月に収穫し、出荷される。秋の天候不順による日照不足や、台風による被害などを避けて収穫できるのが特徴である。沿岸地区産「コシヒカリ」の食味ランキングはA'である。

- おてんとそだち　宮崎県が「南海149号」と「北陸190号」を交配して2010（平成22）年に育成した。豊かな太陽の恵みをいっぱい浴びて育ったおいしいおコメであることをイメージして命名された。2011（平成23）年に品種登録された。

- まいひかり　宮崎県が「南海132号」と「かりの舞」を交配して2005（平成17）年に育成した。舞ってしまうほどおいしいという意味を込めて命名された。収穫時期は10月頃である。倒伏しにくい。

もち米

（必須銘柄）朝紫

（選択銘柄）なし

　もち米の作付面積の品種別比率は「クスタマモチ」が最も多く全体の49.1％を占め、「いわともち」（21.3％）、「ヒヨクモチ」（7.9％）と続いている。この3品種で78.3％を占めている。

醸造用米

（必須銘柄）はなかぐら、山田錦

（選択銘柄）ちほのまい

　醸造用米の作付面積の品種別比率は、「山田錦」（52.2％）と「はなかぐら」（43.5％）が全体の95.7％を占めている。

- **はなかぐら**　宮崎県が「南海113号」と山田錦を交配して2000（平成12）年に育成した。宮崎県の風土に合った酒米である。

知っておきたい雑穀

❶小麦

　小麦の作付面積の全国順位は31位、収穫量は36位である。主産地は、県内作付面積の51.3％を占める新富町である。これに宮崎市、都城市などが続いている。

❷二条大麦

　二条大麦の作付面積、収穫量の全国順位はともに18位である。主産地は延岡市で、作付面積は県内の44.6％を占めている。これに続くのは宮崎市（10.7％）である。

❸はだか麦

　はだか麦の作付面積の全国順位は広島県と並んで18位である。収穫量の全国順位は19位である。栽培品種は「宮崎裸」などである。

❹ハトムギ

　ハトムギの作付面積の全国順位は14位である。収穫量が判明しないため収穫量の全国順位は不明である。ハトムギ茶などに使われる。

❺アワ

アワの作付面積の全国順位は9位である。収穫量が判明しないため収穫量の全国順位は不明である。近年の作付面積は0.3haである。

❻キビ

キビの作付面積の全国順位は17位である。収穫量が判明しないため収穫量の全国順位は不明である。

❼ヒエ

ヒエの作付面積の全国順位は4位である。収穫量が判明しないため収穫量の全国順位は不明である。「庭の山椒の木　鳴る鈴かけて　ヨーオーホイ」で始まる宮崎県の民謡・ひえつき節は椎葉村が発祥の地である。ヒエをつく際に歌われた労作歌である。椎葉村尾八重地区には「ひえつき節発祥の地」の石碑が建てられている。

❽トウモロコシ（スイートコーン）

トウモロコシの作付面積の全国順位は10位、収穫量は9位である。主産地は西都市、川南町、宮崎市などである。

❾そば

そばの作付面積の全国順位は20位、収穫量は19位である。主産地は川南町、都農町、新富町などである。宮崎県では、従来、「鹿屋在来」と「みやざきおおつぶ」が「秋そば」として栽培されていた。ただ、両品種とも熟期が遅いため、県西部の標高の高い内陸盆地や県北部、中山間地域での栽培に適さなかった。このため、宮崎県は、成熟期が鹿屋在来より7日、みやざきおおつぶより9日早い「宮崎早生かおり」を開発、2010（平成22）年度に品種登録した。今では、作付面積の約7割が宮崎早生かおりである。

❿大豆

大豆の作付面積の全国順位は37位、収穫量は39位である。産地は都城市、三股町、西都市、国富町、宮崎市などである。栽培品種は「フクユタカ」「キヨミドリ」などである。

⓫小豆

小豆の作付面積の全国順位は三重県と並んで33位である。収穫量の全国順位は福井県と並んで34位である。主産地は椎葉村、延岡市、高千穂町、美郷町、日南市などである。

コメ・雑穀関連施設

- **杉安堰**（西都市、新富町）　干害などで苦しむ村民を見かねた児玉久衛門が私財を投げ売ってまでして完成させた全長20kmの用水路である。着工は1720（享保5）年、第1期工事の完成は1722（享保7）年である。杉安土地改良区は翁への感謝の気持ちから毎年11月に慰霊祭を行っている。疎水百選に選定。

- **松井用水路**（宮崎市）　江戸時代初期の1640（寛永17）年、飫肥藩清武郷の松井五郎兵衛が干ばつに困窮する農民を救済するため、私財を投げ打って清武川の井堰の建設と、用水路の開削に着手し、翌年完成させた。用水路の延長は11km、受益面積は220haである。井堰はその後、1934（昭和9）年にコンクリート堰に改築された。

- **岩熊頭首工**（延岡市）　江戸時代中期に延岡藩家老の藤江監物が、1724（享保9）年に郡奉行の江尻喜多右衛門に命じ、五ヶ瀬川河口から10kmの地点に築造した。1734（享保19）年に用水路を含めて完工後、受益地の恒富村（現延岡市）出北のコメの収穫量は5倍に増えた。頭首工は1933（昭和8）年と71（同46）年に大改修が完工している。

- **享保水路**（えびの市）　享保水路井堰は川内川上流に江戸時代中期の享保年間（1716〜36）に築造された。享保水路の延長は6.8km、幅は平均2.1mで、途中5カ所にトンネルを設けた。飯野平野の水田150haを潤している。1850（嘉永3）年頃には、石積みの太鼓橋が完成し、橋流失の心配がなくなった。

- **上郷用水**（日南市）　大正時代、同市北郷町の上郷地区と郷之原地区は、広渡川に敷設した芝井堰から水を引いていたが、大雨のたびに流失した。「鬼の頭」とよばれる大岩にトンネルを掘る案も出されたが、その困難さを知っていた人たちは取り合わなかった。角利吉が名乗り出て工事が始まったものの、十数人の作業員は遠ざかるようになり、最後は利吉一人で掘り、着工から2年余で116mのトンネルを貫通させた。今日、両地区の水田105haの貴重な水源である。

コメ・雑穀の特色ある料理

- **小林チョウザメずし**（小林市）　小林市は、日本で初めてシロチョウザ

九州・沖縄地方　313

メの人工種苗生産に成功した「チョウザメのふるさと」である。すしは、にぎりと、あぶって使うあぶりちらしがある。いずれも、上品で淡白な味わいの白身を使う。地域の名物料理である。

- **カツオめし**（沿岸部）　白ごまをいってすり鉢ですり、しょうゆを入れてカツオの刺し身を漬け込む。刺し身をごはんにのせ、たれと熱いお茶を注いでつくる。いりごまがカツオの匂いを消し、こおばしい香りが口に広がる。ワサビ、ネギ、もみのりなどを薬味に使う。カツオ船の中で、とれたてのカツオの刺し身を食べ、仕上げに残った刺し身をごはんに入れ、茶を注いでかき込んだのが起源という。

- **七とこずし**（都城地方）　すしといっても雑炊である。都城地方では1月7日に、子供の無事な成長を願って、数え年7歳の子どもが保護者とともに近隣の7軒の家を回って七草を炊き込んだ雑炊をもらうしきたりがあった。この日を「ななとこさん」の日といい、同日つくる雑炊が「七とこずし」である。他の土地の七草がゆとは意味合いが異なる。最近は神社などでおはらいをしてもらうことが多くなっている。

- **甘い赤飯**　コメともち米を2対1の割合で炊いて、炊きあがりに甘納豆を混ぜ合わせたコメ料理である。甘納豆でなく、小豆などの豆類と砂糖を加えることもある。農作業の合間に疲れをいやすおやつとして食べることが多い。

コメと伝統文化の例

- **御田祭**（美郷町）　美郷町西郷の田代神社の御田祭は、主祭神彦火々出見命の御神霊を上円野神社より迎えて、上の宮田から中の宮田への御神幸により行われる田植え祭で、1,000年近い伝統があるとされる。古来から世襲制の家柄が中心となって祭事役を務め、豊作などを祈願する。開催日は毎年7月上旬の土曜、日曜。

- **川南のもぐらたたき**（川南町）　春の耕作期を前にモグラを追い払って五穀豊穣を祈る。川南町では100年以上続く各地区の伝統行事である。子どもたちが家々を訪ねて青竹にわらを巻いてつくった棒で地面をパンパンとたたいて回る。開催日は1月15日の小正月に合わせて地区ごとに決める。

- **牛越祭り**（えびの市）　地面から50cmの高さに設置した長さ4mの丸

太を子牛が飛び越える。豊作と、家畜の無病息災を願い、400年以上前から西川北地区に伝わる農耕文化と結び付いた行事である。菅原神社で行われ、例年約20頭の牛が参加する。開催日は毎年7月28日。

- **石山の花相撲**（都城市）　江戸時代の享保年間（1716〜36）にため池の築堤を祝い、堤防の安全と五穀豊穣を願って、堤防を踏み固める意味で奉納したのが始まりである。数え年で7歳になる男児が無病息災を願って参加する。花相撲は、都城市高城町石山で催される高城観音池まつりの行事として開催される。高城観音池は江戸時代に定満池として築造されたかんがい用のため池である。開催日は毎年8月最終日曜日。

- **高千穂の夜神楽**（高千穂町）　各地域ごとに民家や公民館を神楽宿として33番の神楽を一晩かけて奉納する昔からの神事である。神楽は天照大神の岩戸開きの神話が主題になっているが、農耕の収穫を祈る舞もあり、五穀豊穣などを神に感謝する習俗は現在も継承されている。国の重要無形民俗文化財である。開催は毎年11月下旬〜翌年2月。

46 鹿児島県

地域の歴史的特徴

県の本土は、水はけのよい火山灰土のシラスで覆われている。このため、水田には向かず、畑で大麦、アワなどを栽培し、かつては主食にしてきた。ただ、紀元前300年頃に現在の南さつま市周辺に弥生文化が波及し、稲作が開始されたことが旧金峰町高橋貝塚の発掘などで明らかになっている。

1871（明治4）年には旧薩摩国と、旧大隅国の一部の郡で鹿児島県となった。

1873（明治6）年には、都城県になっていた旧大隅国の地域を合併した。1876（明治9）年には現在の宮崎県を合併したものの、83（同16）年に宮崎県が分離、独立して現在の鹿児島県の姿に戻った。

1953（昭和28）年には奄美諸島が日本に復帰し、鹿児島県に戻った。

古くは桜島を鹿児島とよんでいた。鹿児島の名前の由来は、①野生のシカの子が多く生息していたから、②火山を意味するカグという言葉から、③多くの水夫が住んでいたから、などさまざまな説がある。

コメの概況

鹿児島県内の土地は火山灰などによるシラス台地が多い。シラス台地は水もちが悪いため稲作には適していない。耕地面積に占める水田の比率は32.1％で、全国で6番目に低い。このため、品目別農業産出額を見ると、コメはキュウリの次の5位にとどまっている。

水稲の作付面積の全国順位は山口県と並んで28位である。収穫量の全国順位は29位である。収穫量の多い市町村は、①伊佐市、②薩摩川内市、③霧島市、④出水市、⑤曽於市、⑥さつま町、⑦鹿屋市、⑧日置市、⑨姶良市、⑩鹿児島市の順である。県内におけるシェアは、伊佐市13.3％、薩摩川内市9.3％、霧島市8.6％、出水市7.5％、曽於市7.4％、さつま町7.2％などである。水稲が収穫できるのは本土と、種子島、屋久島などに限定さ

316

れており、これ以外の島では収穫できても少量である。

　鹿児島県における水稲の作付比率は、うるち米98.0％、もち米2.0％である。醸造用米については区分して面積が把握できないため、うるち米に包含している。作付面積の全国シェアをみると、うるち米は1.5％で全国順位が岐阜県、大分県と並んで25位、もち米は0.7％で全国順位が鳥取県、大分県と並んで28位である。

　陸稲の作付面積の全国順位は7位、収穫量は青森県、福島県と並んで8位である。

　鹿児島県では、台風による被害を避けるため、コメの作付面積の4分の1は3月下旬から田植えが始まり、7月中旬から収穫する超早場米である。特に、種子島、薩摩半島、大隅半島などでは超早場米の作付けが多い。

知っておきたいコメの品種

うるち米

（必須銘柄）あきほなみ、彩南月、イクヒカリ、コシヒカリ、はなさつま、ヒノヒカリ

（選択銘柄）あきのそら、なつほのか、にこまる、ミルキークイーン、レイホウ

　うるち米の作付面積を品種別にみると、「ヒノヒカリ」が最も多く全体の64.3％を占め、「コシヒカリ」（16.3％）、「あきほなみ」（11.2％）がこれに続いている。これら3品種が全体の91.8％を占めている。

- ●ヒノヒカリ　県本土を中心に広く栽培されており、収穫時期は10月上旬～11月上旬である。県北産「ヒノヒカリ」の食味ランキングはA'である。

- ●コシヒカリ　主産地は薩摩半島中南部、大隅半島南部、種子島などである。早期水稲で、田植えは3月中旬～4月上旬頃、収穫時期は7月中旬～8月中旬頃である。県南産「コシヒカリ」の食味ランキングはA'である。

- ●あきほなみ　鹿児島県が育成した。秋に実った稲穂が風に吹かれてなびいているイメージから命名された。鹿児島県の本土を中心に広く栽培されており、収穫時期は10月上旬～11月上旬である。県北産「あきほなみ」

の食味ランキングは、2014（平成26）年産以降、特Aが続いている。

- **イクヒカリ** 主産地は薩摩半島中南部、大隅半島南部、種子島などである。早期水稲で、田植えは3月中旬～4月上旬頃、収穫時期は7月中旬～8月中旬頃である。県南産「イクヒカリ」の食味ランキングはA'である。
- **なつほのか** 外食やコンビニ弁当など業務用向けに投入された。高温に強く、収量も多いと地元が期待を寄せている新品種である。

もち米

（必須銘柄）さつま雪もち

（選択銘柄）さつま赤もち、さつま絹もち、さつま黒もち、峰の雪もち

　もち米の作付面積の品種別比率は「サイワイモチ」と「さつま絹もち」がともに22.0％で、「峰の雪もち」（13.0％）が続いている。この3品種で57.0％を占めている。

- **さつま絹もち** 鹿児島県が「サイワイモチ」と「峰の雪もちとさつま白もちのF5」を交配し2012（平成24）年に育成した。出来上がったもちの質はサイワイモチに比べて白く、きめが細かい。2014（平成26）年産から鹿児島県の選択銘柄になっている。

醸造用米

（必須銘柄）なし

（選択銘柄）山田錦

知っておきたい雑穀

❶小麦

　小麦の作付面積の全国順位は鳥取県と並んで40位である。収穫量の全国順位は43位である。産地はさつま町、南九州市、姶良市などである。

❷二条大麦

　二条大麦の作付面積の全国順位は13位、収穫量は17位である。主産地は南さつま市で、作付面積は県内の59.7％を占めている。これに出水市（15.1％）、日置市（12.6％）、指宿市（5.7％）、南九州市（4.4％）などと続いている。

❸はだか麦

はだか麦の作付面積の全国順位は16位、収穫量は17位である。主産地は姶良市で、作付面積は県内の81.8％と大宗を占めている。

❹そば

そばの作付面積の全国順位は12位、収穫量は10位である。主産地は南さつま市、鹿屋市、志布志市、日置市、大崎町などである。

❺大豆

大豆の作付面積の全国順位は33位、収穫量は37位である。主産地は伊佐市、南九州市、日置市、南さつま市、湧水町などである。栽培品種は「フクユタカ」「黒大豆」などである。

❻小豆

小豆の作付面積の全国順位は43位、収穫量は39位である。主産地は鹿児島市、霧島市、さつま町などである。

コメ・雑穀関連施設

- **筒羽野の疏水**（湧水町）　疎水の水源は約1haの竹中池である。この池は、湧水町という町名のとおり霧島山系からの湧水が豊富で、透明度が高い。全長14kmの用水路によって、約90haの水田を潤している。受益地域では、有機米など品質にこだわった米づくりも行われている。

- **野井倉用水路**（志布志市）　同用水の建設に尽力したのは野井倉甚兵衛であり、用水路名にもなっている。菱田川上流の牛ケ迫井堰から取水し、420haの水田を潤す延長12.9kmの水路が1953（昭和28）年に完工した。この地域は、大隅半島の南東部に位置し、菱田川と安楽川に挟まれたシラス台地のため、かつては水の乏しい土地だった。1996（平成8）年に改修した。

- **宮内原用水路**（霧島市）　天降川から取水し、霧島市隼人町や天降川西側の田にかんがい用水を供給している。時の郡奉行・汾陽盛常が計画し、1711（正徳元）年から16（享保元）年にかけて薩摩藩の事業として工事が行われた。農民たちは奉公して水溝を掘削した。延長は11.3km、受益面積は436haである。

- **清水用水**（南九州市）　薩摩半島を流れる万之瀬川の篠井手堰から岩屋公園を経て、下流の旧川辺町清水にかんがい用水を供給している。受益

九州・沖縄地方　319

面積は28haである。江戸時代初期の1663（寛文3）年に築造された。トンネルの下流域には名水百選に選定されている「清水の湧水」がある。

- **二渡新田用水**（さつま町）　用水は、紫尾山水系の泊野川の水を二渡井手山の山之内井堰から取り入れている。江戸時代中期の1729（享保14）年に着工し、31（同16）年に完工した。溝幅は2.1m、延長は約6km、受益面積は60haである。途中、10カ所以上のトンネルがある。その後、何度か改修工事が行われている。

コメ・雑穀の特色ある料理

- **鶏飯**（けいはん）　奄美が薩摩藩の支配下にあった時代、藩の役人をもてなすために鶏を使った料理が出されたのが始まりである。熱々のご飯を椀に盛り、細かく裂いた鶏のささみ、錦糸卵、甘辛く煮たシイタケ、パパイヤの漬物のみじん切り、薬味の島ミカンの皮などをのせ、鶏ガラでとった熱いスープをかけて食べる。スープの味が決め手である。

- **酒ずし**　鹿児島のすしには、酒ずしと、さつますもじがあり、酒ずしは上級武士の豪華な料理である。ともにちらしずしである。ただ、酢の代わりに地酒を使うため、酒に弱い人は食べると酔っぱらう。使う具や飾り方などには家ごとのしきたりがある。

- **さつますもじ**　「すもじ」は朝廷につかえる女性たちが使う言葉で、すしのことである。鹿児島では昔からちらしずしを「すもじ」とよんでいる。入手しやすい旬の食材を混ぜ込んだ料理で、ひな節句を祝う庶民に親しまれている代表的なご飯料理である。

- **あくまき**　もち米を灰汁（あく）で煮たものを竹の皮で包んだ甘いちまきである。5月5日の端午の節句につくられる。包丁だとべたつくため、糸を巻いて厚さ2〜3cmの輪切りにする。食べる際は、きなこ、砂糖、砂糖しょうゆなどをつける。日もちが良いため、1600（慶長5）年の関ヶ原の戦いに薩摩藩は兵糧として携行した。

コメと伝統文化の例

- **秋名（あきな）の新節（あらせつ）行事**（龍郷町）　夜明けの「ショチョガマ」では、奄美大島北部の水田が見渡せる高台に建てたわらぶき小屋に男たちが集まり、五穀豊穣を祈願して小屋を揺すって倒す。夕方の「平瀬（ひら）マンカイ」では、

海岸の二つの岩に男女の神役が乗り、歌を歌いながら海の向こうの神を招き、豊作を願う。開催日は毎年旧暦8月の初丙の日。

- 「ソラヨイ」（南九州市）　南九州市知覧町の集落ごとに行われる「ソラヨイ」では、わらでつくった笠と腰みのを着けた男の子たちが「ソーラヨイ、ソーラヨイ」と歌いながら、輪をつくってシコを踏み、月に豊作を感謝する。枕崎市、南さつま市坊津町とともに「南薩摩の十五夜行事」として国の重要無形民俗文化財に指定されている。開催は毎年9月中旬。
- 与論の十五夜踊り（与論町）　与論島与論城の地主神社で、豊作を願い奉納される。踊りは、1番組が本土の狂言風、2番組が琉球風で、交互に行われる。1561（永禄4）年に、与論領主が、島民に島内、琉球、大和の芸能を学ばせ、一つの芸能にまとめあげた。国指定の重要無形民俗文化財である。開催日は毎年旧暦3、8、10月の15日。
- 諸鈍芝居（瀬戸内町）　大島海峡を挟み奄美大島南岸と向き合う位置にある加計呂島の諸鈍集落に残る村芝居で、800年前、平家の落人、平資盛が土地の人を招いて上演したのが起源とされる。大屯神社で上演される芝居の踊り手は集落の男だけである。踊りの一つ、今年の豊作を感謝し、来年の豊作を祈願するカマ踊りは、両手にカマを持って踊る。開催日は毎年旧暦の9月9日。
- ガウンガウン祭り（いちき串木野市）　いちき串木野市野元の深田神社の春の大祭に五穀豊穣を願って奉納される。神事の後、田植えまでの一連の所作をテチョ（おやじ）、太郎、次郎、牛に扮した男の4人で滑稽に演じる300年以上続く鹿児島県の無形民俗文化財である。開催日は毎年旧暦2月2日に近い日曜日。

47 沖縄県

地域の歴史的特徴

南城市知念の久高島は、琉球の国土創成神であるアマミキヨが最初に降臨し、琉球に初めて麦、粟などの五穀をもたらしたとされる。ただ、大小160の島々が太平洋に南北に連なっているこの地域は、古来から台風や日照りの被害を受けやすいという悩みを抱えている。

1872（明治5）年に琉球藩が設置された。1879（明治12）年には琉球藩を廃止し、沖縄県の設置が通告された。沖縄返還協定が発効し、施政権が日本に返還され、沖縄県が復活したのは1972（昭和47）年である。沖縄という県名の由来については、沖は岸から遠く離れたところで、ナハ（なわ）は①ナは魚、ハは場所で、魚の多く獲れる海、②ナハは平地、つまり平地の島、の2説がある。

コメの概況

沖縄県の耕地面積に占める水田率は、東京都より低い2.2％で、全国の最下位である。平地が少なく、かんがい用水に利用できる川の少ないことなどが影響しているとみられる。このため、農業産出額の上位10品目には、肉用牛、サトウキビ、豚などが並んでおり、コメは入っていない。

水稲の作付面積、収穫量の全国順位はともに46位である。収穫している市町村は、多い順に①石垣市、②伊平屋村、③竹富町、④伊是名村、⑤金武町、⑥名護市、⑦与那国町、⑧恩納村、⑨渡嘉敷村、⑩久米島町の10自治体だけである。県内におけるシェアは、石垣市52.6％、伊平屋村11.4％、竹富町9.0％、伊是名村8.9％などで、石垣市が県内全体の半分以上を生産している。

沖縄県における水稲の作付比率は、うるち米97.2％、もち米2.6％、醸造用米0.2％である。作付面積の全国シェアをみると、うるち米は0.1％で全国順位が46位、もち米は0.04％で46位、醸造用米は0.01％で41位である。

322

沖縄県では、水稲を1年に2回、栽培し、収穫する二期作が行われている。作付面積でみると、第一期作は年全体の約70％、第二期作は約30％である。

知っておきたいコメの品種

うるち米

（必須銘柄）ちゅらひかり、ひとめぼれ
（選択銘柄）ミルキーサマー

　うるち米の作付面積を品種別にみると、「ひとめぼれ」が最も多く全体の78.4％を占め、「ちゅらひかり」（15.3％）、「ミルキーサマー」（3.5％）がこれに続いている。これら3品種が全体の97.2％を占めている。

- **ひとめぼれ**　第一期作の収穫時期は6月下旬を中心に5月末〜7月上旬で、「日本一早い新米」である。第二期作の収穫時期は10月下旬〜11月下旬である。
- **ちゅらひかり**　農研機構が「ひとめぼれ」と「奥羽338号」を交配して2004（平成16）年に育成した。ちゅらは美しいという意味の沖縄の言葉で、「ちゅらひかり」は輝くコメを表現している。いもち病などに強いため、減農薬、無農薬栽培向きである。第一期作の収穫時期は6月下旬を中心に5月末〜7月上旬で、「日本一早い新米」である。第二期作の収穫時期は10月下旬〜11月下旬である。
- **ミルキーサマー**　農研機構が「和系243」と「ミルキークイーン」を交配して育成した。沖縄県の二期作地帯や、暖地・温暖地の早期栽培地帯が栽培適地である。2010（平成22）年度に品種登録し、沖縄県で2011（平成23）年度から奨励品種に採用された。第一期作の収穫時期は、名護で6月下旬、石垣で6月中旬である。第二期作の収穫時期は、名護で10月下旬、石垣で10月中旬〜下旬である。

もち米

（必須銘柄）なし
（選択銘柄）なし

　もち米については品種別に把握されていない。

九州・沖縄地方　323

醸造用米

（必須銘柄）なし

（選択銘柄）なし

醸造用米の作付品種は全量が「楽風舞」である。

● **楽風舞** 農研機構が「どんとこい」と「五百万石」を交配し2011（平成23）年に育成した。清酒と泡盛の両方に適した沖縄県で初の酒造好適米である。台風銀座の沖縄で、倒伏しにくい。

知っておきたい雑穀

❶小麦

小麦の作付面積の全国順位は43位、収穫量は44位である。主産地は、県内作付面積の74.1％を占める伊江村である。これに読谷村などが続いている。

❷キビ

キビの作付面積の全国シェアは24.7％で、全国順位は岩手県、長崎県に次いで3位である。収穫量の全国シェアは20.4％で、全国順位は岩手県に次いで2位である。産地は竹富町（県内作付面積の59.2％）、粟国村（23.0％）、渡名喜村（17.9％）である。

❸そば

そばの作付面積の全国順位は36位、収穫量は35位である。産地は伊江村などである。

❹大豆

大豆の作付面積、収穫量の全国順位はともに47位である。

コメ・雑穀関連施設

● **カンジン貯水池**（久米島町） 地下に止水壁を設けてせき止めた地下水を凹地を利用して地表まで貯留している地表たん水型地下ダムによるため池である。2005（平成17）年に造成された。ため池周辺の水路や湿地棚田では、水生植物などを育て、富栄養物を緩やかに浄化する機能をもたせている。

● **仲村渠（ナカンダカリ）樋川**（南城市） 沖縄本島南東部に位置する南

城市玉城には、透水性の高い琉球石灰岩の台地から湧水が出る泉が多くある。その湧水を引いて水を貯える施設を樋川（ヒージャー）という。1912（大正元）年から翌年にかけて琉球石灰岩などを用いてつくり替えられた。集落の生活用水だったが、現在は農業用水の水源として活用されている。

- **受水走水（ウキンジュハインジュ）**（南城市）　南城市玉城字百名の海岸近くにある二つの泉で、西側を受水、東側を走水という。下流に御穂田（ミフーダ）と親田（ウェーダ）とよばれる田があり、沖縄の稲作の発祥地とされる。首里城の東方にある霊地を巡拝する東御廻り（アガリウマーイ）の行事で訪れる拝所の一つである。

- **金武大川（ウッカガー）**（金武町）　金武町は沖縄本島のほぼ中央に位置する。金武大川は並里集落の中央に位置する集落共同井泉である。1日の湧水量は約1,000トンと沖縄で最も多いとされる。どんな干ばつでも涸れることがない。水道が普及するまでは住民の飲み水の汲み場だった。現在は武田原一帯の水田の農業用水として活用されている。

- **羽地大川用水**（名護市、今帰仁村）　沖縄本島北部の名護市と今帰仁にかけての羽地大川地区は沖縄では数少ない米どころである。この地区の水源は、羽地大川に設けた特定多目的ダムの羽地ダムと、真喜屋大川に設けた農業専用の真喜屋ダムに依存している。名護市に立地した両ダムの受益面積は、142 haの水田と1,184 haの畑地を合わせた1,326 haである。

コメ・雑穀の特色ある料理

- **クファジューシー**　豚肉や野菜を具にして、豚だしで炊き込んだ沖縄風の炊き込みごはんである。祝いや法事のどちらの席にも出される。沖縄は祖先崇拝の精神を強く受け継いでおり、法事は各家庭の仏前で、親類縁者が大勢参加して行われる。

- **フーチバージューシー**　フーチバーはヨモギで、ジューシーは雑炊と訳されるが、沖縄のジューシーは汁ものに残ったご飯を入れて煮るのではなく、コメから炊き上げる炊き込みご飯である。九州の方言ではヨモギをフツとすることが多く、フツの葉がフーチバーに転訛したらしい。ヨモギは薬草である。

- **海ブドウ丼**　海ブドウは沖縄本島や宮古島などに生息している海藻で、

正式にはクビレズタという。その姿が果物のブドウに似ているため海ブドウとよばれる。「グリーンキャビア」ともいわれる。海ブドウ丼は海ブドウをご飯の上にのせて三杯酢をかけたものである。

- **おにポー** ポーはポーク（豚肉）、「おに」はおにぎりである。直訳すれば、豚肉のおにぎりだが、卵焼きも使う。形は、おにぎりにポークと卵焼きをのせたものや、ご飯の間にポークや卵焼きを挟んだものがある。米軍の兵士が食べていたものが、沖縄の人々の好みに合い、普及した。

コメと伝統文化の例

- **多良間の豊年祭**（多良間村） 宮古島と石垣島の中間にある多良間島に伝わる五穀豊穣を祈願する祭りで、別名は「8月踊り」である。人頭税を無事に納め終えたことを祝い、翌年の豊作を祈願したのが起源である。獅子舞、棒踊り、明治時代に島に入った組み踊りなどが披露される。開催日は毎年旧暦の8月8日～10日。

- **ウンジャミ**（大宜味村） 海のかなたにあると信じられているニライカナイから神を迎え、豊穣や村の繁栄などを祈願する行事で、塩屋・白浜など4集落が共同で行う。イノシシ狩りの模擬儀礼などの後、農作物を荒すネズミを海へ流す。漢字では海神祭と書き、ウンガミともいう。開催日は毎年旧盆明けの初亥の日。大宜味村以外に、国頭村比地、今帰仁村古宇利など沖縄本島北部を中心に行われている。

- **糸満大綱引き**（糸満市） 豊年と害虫駆除、大漁などを祈願する神事で、南北に分かれた雌雄の綱の結合によって実りを予祝する。大綱は当日つくる。綱づくりに用いる稲わらの総重量は約10トン、綱の太さは結合部付近が最大で直径1.5m、長さは雌雄合計180mである。開催日は毎年旧暦の8月15日。

- **ウスデーク**（沖縄市など） 五穀豊穣などを祈り、女性だけで円陣になって踊る奉納舞踊である。300年以上の伝統がある沖縄市知花のウスデークは1番から12番まである。国の伝統工芸品に指定されている知花花織の着物を着けて踊る。鼓を持って踊る主役の踊り手は80歳を超えた女性だけである。開催日は毎年旧暦の8月15日。ウスデークは沖縄市知花以外にも、沖縄本島各地で行われている。

- **種子取祭**（竹富町） タネドリ、タナドゥイなどといわれる。種を播き、

それが無事に育って豊年になることを祈願して、約70の伝統芸能を神々に奉納する。約600年の伝統がある竹富島最大の祭事である。国の重要無形民俗文化財の指定を受けている。奉納芸能の開催は毎年旧暦の9月の庚寅、辛卯の2日間が中心。

付録1 「日本の棚田百選」

1999年（平成11年）農林水産省認定

都道府県	市町村	棚田名
岩手県	一関市	山吹
宮城県	丸森町	沢尻
	栗原市	西山
山形県	朝日町	椹平
	山辺町	大蕨
	大蔵村	四ヶ村の棚田
栃木県	茂木町	石畑
	那須烏山市	国見
千葉県	鴨川市	大山千枚田
新潟県	上越市	上船倉の棚田
		蓮野の棚田
	十日町市	狐塚の棚田
	柏崎市	花坂の棚田
		梨の木田の棚田
		大開の棚田
	三条市	北五百川の棚田
富山県	氷見市	長坂
	富山市	三乗
石川県	津幡町	奥山田
	志賀町	大笹波水田
	輪島市	白米の千枚田
福井県	越前町	梨子ヶ平地区千枚田
	高浜町	日引
長野県	小諸市	宇坪入
	上田市	稲倉
	東御市	姫子沢
		滝の沢
	飯田市	よこね田んぼ
	大町市	重太郎
	白馬村	青鬼
	長野市	慶師沖
		根越沖
		原田沖
	千曲市	姨捨

都道府県	市町村	棚田名
長野県 （続き）	長野市	塩本
		栃倉
		大西
		田沢沖
	飯山市	福島新田
岐阜県	郡上市	政ヶ洞
	八百津町	上代田
	恵那市	坂折
	高山市	田頃家
		ナカイ田
静岡県	浜松市	久留女木の棚田
		大栗安の棚田
	伊豆市	荒原の棚田
		下ノ段の棚田
	沼津市	北山の棚田
愛知県	新城市	四谷千枚田
	設楽町	長江の棚田
三重県	熊野市	丸山千枚田
	松阪市	深野のだんだん田
	亀山市	坂本
滋賀県	高島市	畑の棚田
京都府	福知山市	毛原
	京丹後市	袖志
大阪府	千早赤阪村	下赤阪の棚田
	能勢町	長谷の棚田
兵庫県	多可町	岩座神
	佐用町	乙大木谷
	香美町	うへ山
		西ヶ岡
奈良県	明日香村	神奈備の郷（稲渕）
和歌山県	有田川町	あらぎ島
鳥取県	岩美町	横尾
	若桜町	舂米
島根県	益田市	中垣内

都道府県	市町村	棚田名
島根県 （続き）	雲南市	山王寺
	奥出雲町	大原新田
	邑南町	神谷
	浜田市	都川
		室谷
	吉賀町	大井谷
岡山県	久米南町	北庄
		上籾
	美咲町	小山
		大垪和西棚田
広島県	安芸太田町	井仁
山口県	長門市	東後畑
徳島県	上勝町	樫原の棚田村
	三好市	下影
香川県	小豆島町	中山千枚田
愛媛県	内子町	泉谷
	西予市	堂の坂
	松野町	奥内
高知県	梼原町	千枚田
福岡県	八女市	広内・上原地区棚田
	うきは市	つづら棚田
	朝倉市	白川
	東峰村	竹
佐賀県	唐津市	蕨野の棚田
		大浦の棚田
	玄海町	浜野浦の棚田
	有田町	岳の棚田
	小城市	江里山の棚田
	佐賀市	西の谷の棚田
長崎県	波佐見町	鬼木棚田
	松浦市	土谷棚田
	川棚町	日向の棚田
	長崎市	大中尾棚田

都道府県	市町村	棚田名
長崎県 （続き）	南島原市	谷水
	雲仙市	清水棚田
熊本県	産山村	扇棚田
	八代市	日光の棚田
		天神木場の棚田
		美生の棚田
	上天草市	大作山の千枚田
	山鹿市	静趣活創棚田・番所
	球磨村	鬼の口棚田
		松谷棚田
	水俣市	寒川地区棚田
	山都町	峰棚田
		菅迫田
大分県	由布市	由布川奥詰
	別府市	内成棚田
	豊後大野市	軸丸北
	玖珠町	山浦早水
	宇佐市	両合棚田
	中津市	羽高棚田
宮崎県	えびの市	真幸棚田
	高千穂町	尾戸の口（神々の里）
		栃又
		徳別当
	日之影町	石垣の村
	五ヶ瀬町	鳥の巣
		下の原
		日蔭
	日南市	坂元棚田
	西米良村	向江棚田
		春の平棚田
鹿児島県	薩摩川内市	内之尾
	南九州市	佃
	湧水町	くりの町幸田の棚田

付　　録　329

付録2　「ため池百選」

2010年（平成22年）農林水産省選定

都道府県	市町村	ため池名
北海道	美幌町	美幌温水溜池
青森県	鶴田町	廻堰大溜池
青森県	五所川原市	堺野沢ため池
青森県	五所川原市	藤枝ため池（芦野湖）
岩手県	金ケ崎町	千貫石ため池
岩手県	一関市	久保川流域ため池群
岩手県	一関市	百間堤（有切ため池）
岩手県	奥州市	内田ため池
宮城県	多賀城市 塩竈市 利府町	加瀬沼ため池
秋田県	美郷町	一丈木ため池
秋田県	能代市	小友沼
山形県	鶴岡市	大山上池・下池
山形県	尾花沢市	徳良池（徳良湖）
山形県	朝日町	馬神ため池と大谷の郷
山形県	山辺町	玉虫沼
福島県	須賀川市	藤沼貯水池（藤沼湖）
福島県	白河市	南湖
茨城県	土浦市	宍塚大池
茨城県	下妻市	砂沼湖
茨城県	阿見町	神田池
栃木県	小山市	大沼
栃木県	芳賀町	唐桶溜
群馬県	太田市	妙参寺沼
埼玉県	本庄市	間瀬湖
千葉県	大網白里町	小中池
山梨県	上野原市	月見が池
長野県	茅野市	御射鹿池
長野県	木祖村	菅大平温水ため池（あやめ公園池）
長野県	飯島町	千人塚城ヶ池
長野県	上田市	塩田平のため池群
長野県	辰野町	荒神山ため池（たつの海）

都道府県	市町村	ため池名
静岡県	三島市	中郷温水池
新潟県	上越市	青野池
新潟県	上越市	坊ヶ池
新潟県	上越市	朝日池
新潟県	阿賀野市	じゅんさい池（下野）
富山県	南砺市	赤祖父ため池
富山県	南砺市	桜ヶ池
石川県	七尾市	漆沢の池
石川県	加賀市	鴨池
福井県	勝山市	赤尾大堤
岐阜県	坂祝町	八幡池
愛知県	犬山市	入鹿池
愛知県	みよし市	三好池
愛知県	田原市	芦ヶ池
愛知県	田原市	初立池
三重県	津市	片田・野田のため池群
三重県	菰野町	楠根ため
滋賀県	東近江市	八楽溜
滋賀県	長浜市	西池
滋賀県	米原市	三島池
滋賀県	高島市	淡海湖
京都府	京都市	広沢池
京都府	井手町	大正池
京都府	舞鶴市	佐織谷池
大阪府	大阪狭山市	狭山池
大阪府	岸和田市	久米田池
大阪府	熊取町	長池オアシス（長池、下池）
兵庫県	加古川市	寺田池
兵庫県	稲美町	天満大池
兵庫県	明石市 加古川市 高砂市 稲美町 播磨町	いなみ野ため池ミュージアム

都道府県	市町村	ため池名
兵庫県 (続き)	姫路市 福崎町	西光寺野台地のため池群
	加西市	長倉池
	伊丹市	昆陽池
奈良県	斑鳩町	斑鳩ため池
	桜井市	箸中大池
和歌山県	海南市	亀池
鳥取県	倉吉市	狼谷溜池
	伯耆町	大成池
島根県	雲南市	うしおの沢池
	江津市	やぶさめのため池
岡山県	久米南町	神之渕池
	新見市	鯉ヶ窪池
広島県	福山市	服部大池
山口県	阿武町	長沢ため池
	下関市	深坂溜池
	長門市	深田ため池
徳島県	阿波市	金清1号池・金清2号池
香川県	観音寺市	豊稔池
	まんのう町	満濃池

都道府県	市町村	ため池名
香川県 (続き)	土庄町	蛙子池
	三豊市	国市池
	三木町	山大寺池
愛媛県	砥部町	通谷池
	久万高原町	赤蔵ヶ池
	伊予市	大谷池
	松山市	堀江新池
高知県	安芸市	弁天池（内原野池）
福岡県	みやま市	蒲池山ため池
佐賀県	武雄市	池ノ内湖
	有田町	山谷大堤
長崎県	大村市	野岳ため池
	雲仙市	諏訪池
熊本県	西原村	大切畑ため池
	嘉島町	浮島
大分県	中津市	野依新池
宮崎県	宮崎市	巨田の大池
鹿児島県	和泊町	松の前池
沖縄県	北大東村	北大東村ため池群
	久米島町	カンジン貯水池

付録3 「疏水百選」

2006年（平成18年）農林水産省選定

都道府県	疎水名
北海道	北海幹線用水
	旭川聖台用水
	篠津中央篠津運河用水
青森県	稲生川用水
	土淵堰
	岩木川右岸用水
岩手県	照井堰用水
	鹿妻穴堰
	胆沢平野
	大堰用水路・立花頭首工
	奥寺堰
宮城県	愛宕堰
	大堰（内川）
秋田県	上郷温水路群
	田沢疏水
山形県	寒河江川用水（二の堰・高松堰）
	北楯大堰
	金山大堰
	山形五堰
福島県	安積（あさか）疏水
	会津大川用水
茨城県	備前堀用水
	福岡堰
栃木県	那須野ヶ原用水
	おだきさん
群馬県	渡良瀬川沿岸
	広瀬用水（広瀬川）
	雄川用水
	長野堰用水
	群馬用水
埼玉県	見沼代用水
	葛西用水
	備前渠用水
千葉県	印旛沼

都道府県	疎水名
千葉県（続き）	大利根用水
	両総用水
東京都	府中用水
神奈川県	荻窪用水
	文命用水
新潟県	加治川用水
	亀田郷
富山県	十二貫野用水
	常西合口用水
	鷹栖口用水（砺波平野疎水群）
	舟倉用水
石川県	辰巳用水
	金沢疏水群（大野庄用水・鞍月用水・長坂用水）
	手取川疏水群（手取川七ヶ用水・宮竹用水）
福井県	九頭竜川下流
	足羽川用水
山梨県	村山六ヶ村堰疏水
	差出堰
長野県	五郎兵衛用水
	塩沢堰
	八ヶ郷用水
	善光寺平用水
	拾ヶ堰
岐阜県	瀬戸川用水
	席田用水
静岡県	大井川用水（大井川用水・大井川右岸用水）
	源兵衛川
	深良用水
愛知県	愛知用水
	豊川用水（豊川用水、牟呂・松原用水）
	明治用水

332

都道府県	疎水名	都道府県	疎水名
愛知県 （続き）	濃尾用水	山口県 （続き）	藍場川
	枝下用水	徳島県	那賀川用水
三重県	立梅用水	香川県	香川用水
	南家城川口井水	愛媛県	銅山川疏水
滋賀県	愛知川用水		道前道後用水
	野洲川流域	高知県	山田堰井筋
	犬上川沿岸	福岡県	大石用水
	湖北用水		裂田の溝
京都府	洛西用水		堀川用水
	琵琶湖疏水		柳川の掘割
大阪府	大和川分水（築留掛かり）	佐賀県	大井手堰（石井樋〜多布施川）
兵庫県	東播用水	長崎県	小野用水
	淡山疏水	熊本県	上井手用水
	東条川用水		幸野溝・百太郎溝
奈良県	大和平野（吉野川分水）		南阿蘇村疏水群
和歌山県	小田井用水		通潤用水
鳥取県	大井手用水	大分県	緒方疏水
島根県	天川疏水		城原井路（神田頭首工）
	高瀬川	宮崎県	杉安堰
岡山県	東西用水（高梁川・笠井堰掛）	鹿児島県	清水篠井手用水
	西川用水		筒羽野の疏水
広島県	芦田川用水	沖縄県	宮古用水
山口県	寝太郎堰（寝太郎用水）		

付録4　コメ・雑穀に関連した条例の例

〔消費者向けの条例〕
〔消費者への啓発〕

木更津産米を食べよう条例（千葉県木更津市）

そうじゃ産米食べ条例（岡山県総社市）

米の消費拡大等の推進に関する条例（福井県坂井市）

ハートごはん条例（栃木県高根沢町）

コシヒカリ条例（新潟県南魚沼市）

朝ごはん条例（青森県鶴田町）

朝ごはん条例（福島県湯川村）

朝ごはんを食べて元気になろう条例（茨城県茨城町）

ひとよしから、米を原料とする球磨焼酎の地域文化を紡ぎ広める条例
　　（熊本県人吉市）

〔施設管理〕

稲わら工房条例（島根県雲南市）

たねがしま赤米館の設置及び管理に関する条例（鹿児島県南種子島町）

仁多米交流館の設置及び管理に関する条例（島根県奥出雲町）

〔生産者向けの条例〕
〔遺伝子組み換え交雑防止〕

遺伝子組換え作物の栽培等による交雑等の防止に関する条例（北海道）

遺伝子組換え作物の栽培等による交雑等の防止に関する条例（新潟県）

遺伝子組換え作物交雑等防止条例（神奈川県）

〔生産支援〕

加工米工場等整備基金条例（福島県会津美里町）

米麦乾燥調整施設条例（北海道安平町）

穀類乾燥調整施設条例（福島県南会津町）

直川米麦乾燥調整施設条例（大分県佐伯市）

大豆・米乾燥調整施設条例（京都府与謝野町）

発芽胚芽米製造施設条例（山形県西川町）

小麦集出荷調整施設条例（北海道美唄市）

ライスセンターの設置及び管理に関する条例（高知県本山町）

（※ライスセンターは、収穫したコメの乾燥、脱穀などを行う共同施設）

重岡ライスセンター条例 （大分県佐伯市）

ミニライスセンター設置条例 （秋田県東成瀬村）

北育ち元気村ライスターミナル施設条例 （北海道深川市）

（※ライスターミナルは、ラック式倉庫があり、貯蔵まで行う）

稲育苗施設条例 （徳島県美馬市）

〔稲わらの活用〕

稲わらの有効利用の促進及び焼却防止に関する条例 （青森県）

稲わら堆肥製造施設設置条例 （青森県藤崎町）

付録5　コメの記念日

日にち	記念日の名称	推進団体
毎月2日	おにぎりの日	JAグループ石川
毎月5日	ごはんの日	JAグループ山形
毎月8日	ごはんの日	福島県
毎月第3曜日	あおもりごはんの日	青森県産米需要拡大推進本部
毎月第3曜日	ごはんの日	秋田県ごはん食推進会議
毎月18日	米食の日	三重県
毎月19日	おうちでごはんの日	愛知県食育推進会議
1月17日	おむすびの日	ごはんを食べよう国民運動推進協議会
2月15日	おかゆの日	おかゆソムリエ協会
6月18日	おにぎりの日	石川県中能登町
10月10日	青森のお米「青天の霹靂」の日	JA全農あおもり
10月10日	南魚沼市コシヒカリの日	新潟県南魚沼市
10月26日	つがるロマンの日	JA全農あおもり
10月30日	卵かけご飯の日	日本卵かけご飯シンポジウム実行委員会
11月1日	全国すしの日	全国すし商生活衛生同業組合連合会
11月19日	おおいた食（ごはん）の日	大分県
11月23日	お赤飯の日	赤飯文化啓発協会

付録6　年中行事とコメ・雑穀を使った料理

月　　　日	行　　事	料　　　理
1月1〜3日	正月三が日	雑煮
7日	七草	七草がゆ
11日	鏡開き	雑煮　汁粉
15日	小正月	小豆がゆ
2月3日頃	節分	恵方巻き、福豆
最初の午の日	初午	いなりずし
3月3日	桃の節句	ちらしずし、ひなあられ、さくらもち、白酒
20日頃	春彼岸	ぼたもち
3月〜5月 桜前線とともに	花見	花見だんご
5月5日	端午の節句	柏もち、ちまき
7月15日前後	お盆	白玉だんご
8月15日前後	月遅れお盆	白玉だんご
9月9日	重陽の節句	栗ごはん
15日頃	十五夜	月見だんご
23日頃	秋彼岸	おはぎ
10月13日頃	十三夜	月見だんご
11月15日	七五三	赤飯
12月21日頃	冬至	小豆かゆ

付録7　コメ・雑穀の加工品あれこれ

コメの形のまま	レトルト米飯、缶詰（白飯、赤飯、混ぜご飯）、無洗米 カップライス、アルファー米（湯をかけるとご飯になる）
冷凍して	冷凍米飯（おにぎり、チャーハン、ピラフなど）
かゆ状にして	レトルトかゆ 缶詰かゆ 即席のかゆ 雑炊 赤ちゃんの離乳食
ゲル状にして	米ゲル（パン、めん類、プリンなどの材料）
粉として	白玉粉 道明寺粉、上新粉（もち米から） 玄米粉（玄米から）
米粉を使って	米粉パン 米粉パスタ 米粉ケーキ
もちにして （もち米から）	もち（板もち、切りもち、丸もち）
めんにして	米粉めん ビーフン
発酵させて	清酒、ライスワイン 米酢 米みそ みりん
菓子として	団子 せんべい（うるち米から） あられ、おかき（もち米から） 玄米パン、 ライスアイスクリーム
玩具として	何でも口に入れる赤ちゃんのためにコメでつくった玩具

付　　録　337

● 参考文献 ●

宮崎安貞編録『農業全書』岩波書店（1936）

冨倉徳次郎・貴志正造編『鑑賞日本古典文学第18巻 方丈記・徒然草』角川書店
（1975）

山田龍雄他編集委員『日本農書全集19（會津農書・會津農書附録）』農山漁村文
化協会（1982）

昭和史研究会『昭和史事典』講談社（1984）

日本大辞典刊行会『日本国語大辞典（縮刷版）』第1巻～第10巻（1984～88）

日本経済新聞社『経済新語辞典1988年版』日本経済新聞社（1987）

川崎庸之他総監修『読める年表・日本史』自由国民社（1990）

宇野俊一他編『日本全史（ジャパン・クロニック）』講談社（1991）

日本の祭研究会『日本の祭り―旅と観光』（全7巻）新日本法規出版（1992）

児玉幸多編『日本史年表・地図』吉川弘文館（1995）

永山久夫『日本古代食事典』東洋書林（1998）

岡田哲『食の文化を知る事典』東京堂出版（1998）

「水土を拓いた人びと」編集委員会・農業土木学会『水土を拓いた人びと～北海
道から沖縄までわがふるさとの先達』農山漁村文化協会（1999）

山本有三編『米百俵』新潮社（2001）

石谷孝佑編『米の事典―稲作からゲノムまで』幸書房（2002）

岡田哲『たべもの起源事典』東京堂出版（2003）

独立行政法人水資源機構『水とともに』各号、水資源機構（2003～17）

岡田哲『世界たべもの起源事典』東京堂出版（2005）

有坪民雄『コメのすべて』日本実業出版社（2006）

河野眞知郎・木下正史・田村晃一・樋泉岳二・堀内秀樹『食べ物の考古学』学生
社（2007）

向笠千恵子監修『郷土料理大図鑑』PHP研究所（2008）

佐藤洋一郎『イネの歴史』京都大学学術出版会（2008）

龍崎英子監修『郷土料理』ポプラ社（2009）

江原絢子・石川尚子・東四柳祥子『日本食物史』吉川弘文館（2009）

五味文彦・鳥海靖編『もういちど読む山川日本史』山川出版社（2009）

増井金典『日本語源広辞典』ミネルヴァ書房（2010）

小松陽介・伊藤徹哉・鈴木厚志監修『都道府県別日本地理 北海道・東北地方』『同
関東地方』『同 中部地方』『同 近畿地方』『同 中国・四国地方』『同 九州地方』
ポプラ社（2010）

副島顕子『酒米ハンドブック』文一総合出版（2011）

日外アソシエーツ編『日本全国発祥の地事典』日外アソシエーツ（2012）

矢野恒太記念会『数字でみる日本の100年 改訂第6版』矢野恒太記念会（2013）

丸山清明監修『ゼロから理解するコメの基本』誠文堂新光社（2013）

鵜飼保雄・大澤良『品種改良の日本史』悠書館（2013）

佐藤洋一郎・赤坂憲雄編『イネの歴史を探る』玉川大学出版部（2013）

加藤淳・宗像伸子監修『すべてがわかる！「豆類」事典』世界文化社（2013）

米穀データバンク『米品種大全5』米穀データバンク（2014）

八木宏典監修『図解　知識ゼロからのコメ入門』家の光協会（2014）

レニー・マートン著、龍和子訳『コメの歴史』原書房（2015）

常松浩史『日本の米づくり（3）イネ・米・田んぼの歴史』岩崎書店（2015）

日本統計協会『統計でみる日本2017』日本統計協会（2016）

矢野恒太記念会『日本国勢図会 2016/17年版』矢野恒太記念会（2016）

矢野恒太記念会『世界国勢図会 2016/17年版』矢野恒太記念会（2016）

市町村要覧編集委員会『全国市町村要覧 平成28年版』第一法規（2016）

総務省統計局『世界の統計 2017年版』日本統計協会（2017）

香川明夫監修『七訂食品成分表2017本表編』女子栄養大学出版部（2017）

◆参考ウェブ

・農林水産省のホームページ

・各地方自治体のホームページ

・地方独立行政法人北海道立総合研究機構農業研究本部道南農業試験場のホームページ

・公益社団法人米穀安定供給確保支援機構「水稲の品種別作付動向」

・公益財団法人日本特産農作物種苗協会『特産種苗 No.24』雑穀類の生産状況（平成23〜27年産）（2017）

・一般社団法人日本食物検定協会の「米の食味ランキング」

・一般社団法人全国米麦改良協会「民間流通麦の入札における落札決定状況」

都道府県・市町村索引

あ 行

愛西市　176
愛荘町　192
愛知県　13, 18, 88, 95, 96,
　120, 121, 152, 153, 168,
　176, 177, 178, 179, 180,
　184, 191, 197, 214, 215,
　216, 226, 254, 268, 294,
　333, 335
会津坂下町　76, 77, 80
会津美里町　76, 77, 80,
　334
会津若松市　75, 77, 78, 79
姶良市　316, 318, 319
青森県　14, 16, 17, 39, 40,
　41, 43, 76, 90, 126, 134,
　139, 157, 170, 300, 317,
　333, 335
青森市　41, 43, 45
赤磐市　236
明石市　210, 211, 212, 330
阿賀野市　126, 330
赤平市　37
安芸太田町　329
安芸市　272, 274, 331
昭島市　115
安芸高田市　242, 245
秋田県　10, 18, 21, 25, 43,
　62, 63, 64, 65, 70, 71,
　90, 115, 159, 333, 335
秋田市　62, 68
あきる野市　115
粟国村　324
あさぎり町　299, 300, 301
朝倉市　277, 278, 279, 280,

281, 282, 329
旭川市　32, 36, 37
旭市　108, 111, 112
朝日町（富山県）　134
朝日町（山形県）　328, 330
足利市　88, 90
鰺ヶ沢町　44, 45
明日香村　328
阿蘇市　297, 299, 300, 302
厚木市　119, 121
安曇野市　157, 159, 160,
　161
穴水町　141
阿南市　254, 256, 257
阿南町　163
網走市　35
安平町　36, 334
阿武町　251, 252, 331
尼崎市　211
天草市　297, 300
海士町　234
阿見町　85, 330
綾川町　260, 262, 264
綾部市　196, 198, 199
有田川町　223, 328
有田町　287, 288, 289, 329,
　331
阿波市　254, 256, 257, 331
あわら市　146, 148
安城市　176, 178, 179, 180
安中市　95, 98, 99

飯島市　161, 330
飯田市　328
飯塚市　277, 281
飯綱町　160
飯南町　230

飯山市　157, 161, 328
伊江村　324
伊賀市　183, 185, 188
斑鳩町　216, 331
壱岐市　291, 293, 294
池田町　167
伊佐市　316, 319
諫早市　291, 293, 294, 295,
　296
石井町　254, 256
石岡市　81
石垣市　322
石川県　41, 131, 138, 139,
　140, 141, 145, 146, 215,
　333
石巻市　56, 58, 60
伊豆市　172, 173, 328
泉佐野市　202
いすみ市　111
和泉市　202, 204
出水市　316, 318
出雲市　230, 232, 233, 234
伊勢崎市　95, 97, 98
伊勢市　36, 183
伊是名村　322
伊勢原市　119, 121, 123
板倉町　95
板橋区　117
伊丹市　331
市貝町　91
市川三郷町　151
いちき串木野市　321
一関市　47, 48, 51, 52, 328,
　330
一戸町　51
一宮市　176
市原市　108, 111

井手町	330	
糸魚川市	129, 130	
糸島市	277, 278, 279	
糸満市	326	
田舎館村	41, 44	
稲城市	115	
稲沢市	176, 181	
伊那市 157, 159, 160, 161		
稲敷市	81, 83	
いなべ市	183, 185	
稲美町	209, 210, 330	
猪苗代町	76, 77, 78	
犬山市 180, 181, 182, 330		
伊根町	198	
いの町	276	
茨城県 12, 14, 19, 81, 83,		
85, 87, 108, 160, 272,		
333		
茨木市	202, 204	
茨城町	334	
揖斐川町	166, 167	
指宿市	318	
伊平屋村	322	
今金町	37	
今治市	266, 268, 271	
伊万里市	285, 287	
射水市	132, 134	
伊予市 266, 269, 270, 331		
いわき市	76	
岩国市	248, 249	
磐田市	170, 172	
岩手県 12, 16, 18, 24, 26,		
43, 47, 48, 49, 52, 53,		
63, 65, 70, 88, 158, 160,		
164, 178, 268, 293, 300,		
324, 333		
岩出市	219, 221, 222	
岩手町	51	
岩沼市	59, 60	
岩見沢市 32, 33, 35, 36,		
37		
岩美町	226, 328	
印西市	108	

上田市 157, 159, 160, 162,		
328, 330		
上野原市	153, 154, 330	
魚津市	135	
魚沼市	128	
宇城市	297, 301	
うきは市	279, 280, 329	
宇佐市 303, 305, 306, 307,		
329		
臼杵市	305, 308	
宇陀市	213, 216	
内子町	269, 329	
内灘町	141	
宇都宮市	87, 88, 89, 91,	
92		
産山村	329	
宇部市 248, 249, 250, 251		
嬉野市	285, 287	
宇和島市	266, 269, 270	
雲仙市 291, 293, 294, 329,		
331		
雲南市 230, 233, 329, 331,		
334		
永平寺町	147	
江差町	39	
越前市	146, 148, 149	
越前町	146, 328	
恵那市 164, 165, 167, 168,		
328		
海老名市	119, 122	
えびの市	309, 313, 314,	
329		
愛媛県 15, 197, 255, 260,		
261, 262, 266, 268, 270,		
271, 272, 305, 333		
江別市	38	
遠別町	33	
おいらせ町	44	
奥州市 47, 48, 50, 51, 54,		
330		
近江八幡市	189, 191, 192	
青梅市	115	

邑楽町	95, 97	
大網白里市	330	
大磯町	123	
大分県 16, 164, 262, 291,		
303, 304, 305, 317, 333,		
335		
大分市 303, 305, 306, 308		
大井町	122	
大垣市	164, 168	
大潟村	10, 62, 63, 65, 66	
大宜味村	326	
大口町	178	
大蔵村	328	
大阪狭山市	205, 330	
大阪市	204, 206	
大阪府 22, 26, 152, 202,		
203, 204, 219, 221, 333		
大崎市	56, 58	
大崎町	319	
大洲市	266, 268, 269	
大空町	35	
大滝村	179	
大田区	116	
太田市	95, 97, 330	
大田市	230, 233	
大館市	64, 66, 67	
大田原市	87, 88, 90, 91,	
93		
大月市	154	
大月町	274	
大津市	189, 192	
大津町	299, 300, 301	
大豊町	274, 276	
邑南町 230, 232, 235, 329		
大野市	146, 148, 149	
大町市	157, 328	
大村市	291, 294, 331	
岡崎市	176, 178, 179	
岡山県 13, 18, 20, 21, 26,		
153, 185, 236, 238, 240,		
241, 260, 333		
岡山市 236, 238, 239, 240,		
241		
小川町	104	

都道府県・市町村索引　341

小川村	160	笠間市	84	刈谷市	179
小城市	285, 286, 287, 329	橿原市	213	軽米町	50, 51
沖縄県	14, 26, 28, 32, 293,	鹿嶋市	86	河合町	218
	322, 323, 324, 333	鹿島市	285, 289	川上村	213
沖縄市	326	嘉島町	299, 300, 301, 331	川北町	140, 141
奥出雲町	230, 231, 233,	柏崎市	129, 328	川口市	107
	329, 334	春日部市	102, 105	川越市	102
忍野村	153	加須市	101, 102, 103, 104,	川崎市	121
小田原市	119, 121, 122		105	川棚町	294, 329
小千谷市	128	片品村	97, 100	河内長野市	202, 204
音更町	35, 36	勝浦市	112	河内町	81
小野市	208, 210	鹿角市	65, 66, 67	川西市	69
尾道市	243	勝山市	146, 149, 330	川西町	72
尾花沢市	69, 72, 73, 330	葛城市	213	川場村	95, 99
小浜市	146, 149, 150	かつらぎ町	221, 222	川南町	309, 312, 314
帯広市	35, 36, 38	加東市	208, 209, 210, 212	観音寺市	260, 262, 331
御前崎市	173, 175	香取市	108, 109, 111, 113	神埼市	284, 285, 287, 289,
小谷部市	132, 134	神奈川県	119, 120, 173,		290
小山市	87, 88, 89, 90, 93,		214, 256, 274, 291, 303,	甘楽町	98
	330		333, 334		
小山町	172	金沢市	138, 141, 142	菊川市	170, 172, 173
恩納村	322	蟹江町	181	菊池市	297, 299, 300, 301
		鹿沼市	90, 92	菊陽町	301
か　行		金ヶ崎町	48, 51, 330	木古内町	38
		鹿屋市	316, 319	木更津市	111, 334
甲斐市	151, 154, 156	かほく市	141	木島平村	163
開成町	119, 122	鎌倉市	124	岸和田市	204, 206, 330
海津市	164, 166, 167	蒲郡市	180	木曽町	160, 179
海南市	219, 221, 331	上天草市	329	木祖村	330
海陽町	254	上板町	254, 259	北秋田市	66, 68
加賀市	138, 141, 142, 330	上勝町	329	喜多方市	75, 77, 78
鏡野町	238, 241	神河町	210	北上市	47, 48, 50, 51, 52,
香川県	15, 202, 224, 254,	神川町	107		53, 58
	260, 261, 263, 264, 266,	上北山村	213	北川村	276
	268, 272, 305, 333	上里町	104	北九州市	3, 277
角田市	56, 58	香美市	272, 274	北大東村	331
掛川市	170, 172, 173, 174	香美町	210, 328	北広島市	32, 37
加古川市	209, 210, 330	上山市	74	北広島町	242, 244, 245,
鹿児島県	16, 27, 164, 226,	加美町	56, 57		246
	285, 301, 303, 309, 316,	亀岡市	196, 198, 199	北見市	35
	317, 318, 321, 333	亀山市	328	北本市	105
鹿児島市	316, 319	鴨川市	113, 328	木津川市	196
加西市	208, 209, 331	唐津市	3, 284, 285, 287,	杵築市	303, 305, 307
笠岡市	238		288, 329	紀の川市	219, 221, 222,

223
吉備中央町　236, 239
岐阜県　48, 88, 164, 165, 166, 168, 179, 180, 189, 214, 287, 303, 317, 333
岐阜市　164
君津市　108, 110, 111
紀美野町　221
行田市　101, 102, 103, 104, 105
京丹後市　196, 198, 199, 328
京丹波町　196, 198
京都市　196, 198, 199, 200, 330
京都府　26, 95, 170, 176, 196, 197, 198, 199, 255, 266, 333
霧島市　316, 319
桐生市　98
金武町　322, 325

久喜市　101, 102, 103, 105
久慈市　50
串間市　309, 310
郡上市　164, 166, 167, 328
玖珠町　329
下松市　253
九度山町　223
国頭村　326
国東市　303, 305, 306, 308
国立市　115, 116
国富町　312
九戸村　50, 51
熊谷市　101, 102, 103, 104, 105, 106
久万高原町　268, 269, 331
熊取町　204, 330
熊野市　187, 328
球磨村　329
熊本県　16, 18, 82, 90, 97, 102, 157, 208, 215, 272, 277, 297, 298, 300, 306, 333

熊本市　297, 299, 300
久米島町　322, 324, 331
久米南町　240, 329, 331
倉敷市　236, 239, 260
倉吉市　224, 226, 227, 331
栗原市　56, 58, 328
久留米市　277, 279, 280
黒石市　41
黒部市　132, 134, 135
桑名市　183, 187
群馬県　13, 82, 94, 96, 97, 99, 101, 102, 109, 170, 176, 178, 197, 214, 254, 333

下呂市　167, 168
玄海町　329

甲賀市　92, 189, 193
上毛町　282
神崎町　110, 111
合志市　299
高知県　15, 27, 82, 121, 172, 254, 261, 263, 266, 272, 274, 276, 291, 333
高知市　272, 276
江津市　232, 233, 331
江東区　117
神戸町　167
香南市　272, 276
鴻巣市　102, 103
甲府市　151, 153, 154, 156
江府町　228
神戸市　207, 208, 210, 211
江北町　287
甲良町　195
郡山市　77, 78
古河市　84
古賀市　329
五ヶ瀬町　329
国分寺　116
湖西市　174, 180
越谷市　105, 106
小清水町　35

五條市　213, 215
五所川原市　41, 45, 330
御所市　213
小平市　115
御殿場市　170, 172, 173, 175
五島市　291, 293, 294, 295, 296
琴浦町　224, 226
琴平町　263
湖南市　193
五戸町　44
小林市　309, 313
御坊市　219, 222
狛江市　116
駒ヶ根市　159, 161
小松市　138, 140, 141
小松島市　254, 256
菰野町　185, 330
小諸市　328

さ 行

佐伯市　305, 334, 335
西条市　266, 268, 269
埼玉県　14, 95, 101, 103, 106, 109, 126, 208, 214, 291, 333
さいたま市　102, 105
西都市　309, 312, 313
坂井市　146, 148, 149, 334
堺市　202, 204, 205, 206
境町　83
寒河江市　73
栄村　160
佐賀県　3, 18, 25, 90, 167, 249, 279, 284, 285, 286, 287, 288, 297, 291, 333
佐賀市　285, 286, 287, 329
酒田市　69, 70, 72, 73, 74
坂祝町　330
相模原市　121, 122, 123
佐川町　272
佐久市　157, 161

桜井市	213, 215, 216, 331
桜川市	83, 84, 86
さくら市	87, 89, 90, 91
篠山市	207, 208, 210
佐世保市	291, 294
幸手市	102, 105
薩摩川内市	316, 329
さつま町	316, 318, 319, 320
佐渡市	126, 127, 128, 130
さぬき市	260, 262, 265
佐野市	90
鯖江市	146, 148
座間市	121, 122
寒川町	122, 123
佐用町	210, 328
佐呂間町	36
三条市	126, 128, 129, 328
三田市	210
三戸町	42
山武市	108, 111
山陽小野田市	248, 250, 251
椎葉村	312
塩竈市	59, 330
塩尻市	159, 160
塩谷町	91
滋賀県	13, 19, 102, 145, 157, 164, 181, 189, 190, 191, 192, 193, 195, 207, 208, 333
志賀町	138, 140, 141, 328
色麻町	57
四国中央市	266, 268
静岡県	12, 41, 65, 95, 115, 155, 157, 170, 171, 173, 181, 197, 274, 310, 333
静岡市	72
雫石町	48
設楽町	179, 328
七ヶ浜町	59
七戸町	44
新発田市	126, 128

渋川市	97, 98
志布志市	319
士別市	33, 36
士幌町	36
志摩市	187
島田市	170, 173
島根県	13, 18, 127, 146, 208, 224, 230, 231, 232, 238, 309, 333
四万十市	272, 274, 275, 272, 274
下野市	90, 92
下妻市	83, 330
下仁田町	99
下関市	248, 249, 250, 251, 252, 331
斜里町	35
周南市	248, 249, 253
上越市	10, 126, 128, 328, 330
勝央町	239
常総市	81, 83, 85
小豆島町	329
庄内町	69, 70, 73, 72
庄原市	242, 243, 244, 245, 246
昭和村	97, 98
白河市	75, 78, 330
白糠町	39
白浜町	219, 221
白石町	285, 287, 289
紫波町	47, 50, 51, 52
新温泉町	212
新篠津村	38
新庄市	69, 72, 74
新城市	176, 178, 179, 180, 328
神石高原町	242, 245
新十津川町	32
新富町	311, 312, 313
新ひだか町	33
須賀川市	75, 78, 330
杉戸市	105

宿毛市	272, 275
すさみ町	222
鈴鹿市	183, 185, 186
珠洲市	141
裾野市	172, 173
砂川市	37
西予市	266, 268, 269, 270, 271, 329
関市	164, 167
世田谷区	115
瀬戸内市	236, 238
瀬戸内町	321
世羅町	242, 244, 245
仙台市	56, 58, 59, 61
善通寺市	260, 262, 263, 265
泉南市	202
仙北市	65, 67, 68
草加市	106
匝瑳市	108, 112
総社市	236, 334
相馬市	78, 79
添田町	282
曽於市	316
袖ヶ浦市	113

た　行

大子町	84
大山町	224, 226, 227, 228
大仙市	10, 62, 64, 65, 66, 67
胎内市	128
大和町	58, 61
高岡市	132, 134, 136
高崎市	94, 95, 96, 9798
高砂市	210, 330
高島市	189, 192, 193, 328, 330
多賀城市	59, 330
鷹栖町	33
高千穂町	309, 312, 315,

329	茅ヶ崎市 122	東員町 185	
多可町 20, 207, 328	筑後市 279, 280	東温市 266, 268	
高槻市 202	筑紫野市 280	東金市 108, 111	
高根沢町 87, 91, 334	筑西市 81, 83, 84	東京都 6, 8, 26, 32, 65,	
高梁市 239	筑前町 277, 279, 280	114, 170, 310, 322, 333	
高畠町 69, 72	筑北村 160	東庄市 112	
高浜市 179, 181	千曲市 159, 160, 328	東庄町 108	
高浜町 150, 328	秩父市 105, 106, 107	当別町 38	
高松市 260, 262	智頭町 229	東峰村 329	
高森町 302	茅野市 157, 161, 163, 330	当麻町 33	
高山市 164, 166, 167, 328	千葉県 16, 19, 18, 70, 81,	東御市 162, 328	
高山村 97	87, 95, 102, 108, 109,	東洋町 275	
滝川市 36, 39	110, 111, 206, 214, 333	十日町市 128, 328	
滝沢市 53	千葉市 111	遠野市 48, 51	
多気町 186	千早赤阪村 205, 328	渡嘉敷村 322	
多久市 289	中央区 (東京都) 117	徳島県 95, 176, 197, 254,	
武雄市 285, 287, 288, 289,	中央市 151, 153	255, 256, 258, 260, 263,	
331	銚子市 111	272, 291, 333	
竹田市 303, 305, 306, 307	長南町 111, 112	徳島市 254	
竹富町 322, 324, 326	千代田町 95, 97	土佐市 272, 275	
多治見市 168	知立市 179	鳥栖市 287	
大刀洗町 280		栃木県 13, 14,	
立川市 115	つがる市 41, 42, 44	21, 24, 29, 48, 50, 65,	
龍郷町 320	月形町 38	87, 88, 89, 94, 108, 159,	
田子町 45	つくば市 81, 84	164, 279, 287, 300, 333	
たつの市 210	つくばみらい市 81, 85,	栃木市 87, 88, 89, 90	
辰野町 330	86	十津川村 215, 216	
伊達市 80	津市 183, 185, 186, 330	鳥取県 13, 18, 224, 226,	
館林市 95, 97	対馬市 293	230, 261, 303, 317, 318,	
立山町 132	土浦市 84, 330	333	
多度津町 263	都農町 312	鳥取市 224, 226, 227	
田辺市 219	津幡町 138, 141, 328	渡名喜村 324	
田原市 179, 180, 330	燕市 126, 128	砺波市 132, 134	
玉城町 183	津山市 236, 238, 239	土庄町 331	
玉名市 297, 299, 300, 301	鶴岡市 10, 69, 70, 72, 74,	鳥羽市 186, 187	
玉野市 238, 239	330	砥部町 269, 331	
玉村町 97, 98, 99	敦賀市 145, 148, 149, 150	登米市 10, 56, 58	
田村市 78	つるぎ町 257, 258	富山県 4, 20, 24, 44, 50,	
多良木町 299, 301	都留市 151, 156	55, 83, 90, 131, 132,	
太良町 289	鶴田町 41, 44, 330, 334	133, 138, 142, 145, 189,	
多良間村 326	津和野町 234, 235	207, 333	
垂井町 166, 169		富山市 132, 134, 135, 136,	
田原本町 213, 215, 217	天川村 215	328	
丹波市 207, 208, 210	天理市 213, 215, 216	豊岡市 207, 208, 210, 212	

豊川市	179, 180	中富良野町	35	西宮市	207
豊郷町	192	今帰仁村	325, 326	西原村	331
豊田市	176, 177, 178, 179	南木曽町	162	西米良村	329
豊橋市	176, 179, 180	名護市	322, 325	西和賀町	51
取手市	85	名古屋市	179	日南市	309, 310, 312, 313,
十和田市	41, 44, 52	那須烏山市	328		329
富田林市	202	那須塩原市	87, 88, 90, 91	日南町	224, 226, 227
		那智勝浦町	223	日光市	87, 90, 93

な 行

		名取市	58, 59	二戸市	50
奈井江町	37	七尾市	138, 139, 141, 142,	二宮町	123
長井市	72		143, 330	二本松市	78
長泉町	173	名張市	185	入善町	132, 134
中井町	121	行方市	81, 84	韮崎市	151, 153
長岡京市	198, 199	名寄市	33, 36		
長岡市	10, 126, 128	奈良県	95, 102, 109, 141,	沼田市	95, 97, 98
那珂川町（福岡県）	280		179, 202, 213, 214, 215,	沼田町	33, 37
長崎県	15, 160, 167, 179,		216, 217, 280, 294, 299,	沼津市	328
	216, 254, 272, 284, 291,		333		
	293, 294, 297, 303, 324,	奈良市	213, 215, 216, 218	根室市	38
	333	成田市	108, 111		
長崎市	295, 329	鳴門市	254	能代市	62, 66, 68, 330
那珂市	83, 84	南関町	301	能勢町	202, 328
那賀町	259	南国市	272, 274	野田市	110, 111
中津川市	164, 166, 167,	南城市	322, 324, 325	能登町	141
	168, 169	南丹市	196, 197, 198	野々市市	141
中津市	303, 305, 306, 308,	南砺市	132, 134, 135, 136,	延岡市	309, 311, 312, 313
	329, 331		137, 330	能美市	138, 140, 141
中土佐町	276	南部町（鳥取県）	224, 226,		
長門市	248, 249, 251, 329,		228	## は 行
	331	南部町（山梨県）	155		
中泊町	41, 43	南幌町	37	芳賀町	87, 91, 330
長沼町	36			萩市	248, 249, 251
長野県	20, 21, 22, 23, 24,	新潟県	10, 11, 13, 14, 18,	羽咋市	138
	41, 65, 70, 76, 102, 152,		21, 32, 41, 56, 62, 63,	白山市	138, 140, 141, 143
	157, 158, 159, 160, 168,		76, 102, 125, 127, 128,	白馬村	328
	170, 172, 178, 179, 180,		232, 285, 333, 334	函館市	38
	208, 215, 299, 333	新潟市	10, 72, 125, 126,	波佐見町	291, 293, 294,
長野市	157, 159, 160, 161,		127		296, 329
	328	新見市	331	羽島市	164
中之条町	99	にかほ市	67	橋本市	219, 221
中能登町	138, 335	西尾市	176, 178, 179	秦野市	119, 121
長浜市	189, 191, 192, 193,	西川町	334	八王子市	115
	195, 330	錦町	299, 301	八戸市	43, 44, 46
		西東京市	118	八幡平市	48, 51, 53

廿日市市	247	日の出町	118	富士川町	151

廿日市市　247
八峰町　65, 67
花巻市　47, 48, 50, 51, 52, 53, 54
羽生市　101, 102, 103, 105, 106
浜田市　230, 233, 329
浜松市　170, 171, 172, 173, 174, 175, 328
羽村市　115
早島町　239
原村　160
播磨町　210, 330
半田市　179
坂東市　84
阪南市　206

美瑛町　35, 36, 37
日吉津村　227
日置市　316, 318, 319
東伊豆町　174
東近江市　189, 191, 192, 193, 330
東かがわ市　260
東神楽町　37
東久留米市　115
東彼杵町　294
東成瀬村　335
東広島市　242, 243, 244, 245
東松島市　56, 60
東松山市　107
東みよし町　256, 257
東村山市　115
彦根市　189, 192
日高川町　219
日高町　219, 222
日田市　303, 306
飛騨市　167, 168
常陸太田市　81, 84, 86
常陸大宮市　84
人吉市　334
日之影町　329
日野市　115, 116

日の出町　118
美唄市　33, 36, 37, 334
美幌町　330
氷見市　132, 134, 137, 328
姫路市　207, 209, 210, 211, 331
姫島村　308
兵庫県　13, 19, 20, 26, 102, 146, 157, 198, 202, 207, 209, 230, 250, 254, 333
平泉町　49, 52
枚方市　202
平川市　41, 46
平塚市　119, 123
平戸市　291, 296
弘前市　41, 42, 44, 46
広島県　18, 21, 60, 139, 202, 242, 243, 244, 311, 333
広島市　242, 243, 245

笛吹市　153
深浦町　43
深川市　32, 36, 335
深谷市　103, 104, 105, 106
福井県　14, 24, 83, 139, 145, 146, 147, 150, 189, 196, 208, 230, 243, 312, 333
福井市　146, 147, 148, 150
福岡県　17, 18, 25, 192, 216, 277, 278, 279, 280, 286, 289, 333
福岡市　277, 280, 281
福崎町　210, 211, 331
福島県　11, 16, 24, 29, 41, 70, 75, 76, 77, 125, 126, 189, 317, 333, 335
福島市　76, 79
福知山市　196, 198, 199, 328
福山市　242, 245, 247, 331
袋井市　170, 172, 173
藤枝市　173, 174

富士川町　151
藤崎町　41, 46, 335
藤沢市　119, 121, 122, 123
富士市　170
富士宮市　170
富士吉田市　151, 154
豊前市　280
府中市 (東京都)　115, 116
富良野市　35, 36
豊後大野市　303, 305, 306, 307, 329
豊後高田市　303, 305, 306

碧南市　179
別府市　329

伯耆町　224, 226, 227, 331
宝達志水町　140
防府市　248, 250, 253
北栄町　224, 226
北杜市　151, 153, 154, 155
鉾田市　84, 85
北海道　5, 11, 12, 13, 15, 17, 18, 19, 21, 22, 24, 25, 26, 32, 33, 34, 36, 37, 38, 58, 62, 63, 66, 84, 111, 131, 142, 160, 192, 196, 198, 210, 279, 285, 286, 333, 334
幌加内町　36
本庄市　104, 105, 106, 330

ま　行

舞鶴市　196, 199, 200, 330
米原市　189, 192, 194, 330
前橋市　94, 95, 97, 98
牧之原市　173
幕別町　36
枕崎市　321
益子町　90
益田市　230, 232, 233, 328
町田市　115
松浦市　291, 329

都道府県・市町村索引　347

松江市 230, 232, 233, 234
松川村 157
松阪市 183, 185, 328
松田町 122
松野町 329
松前町 266, 268
松本市 157, 159, 160, 161
松山市 266, 268, 269, 270, 331
真鶴町 123
真庭市 236, 239
丸亀市 260, 262, 263
丸森町 328
まんのう町 260, 262, 263, 264, 331

三浦市 123
三重県 176, 183, 184, 185, 206, 249, 312, 333, 335
三川町 72
三木市 207
三木町 260, 331
美咲町 329
美郷町(秋田県) 62, 66, 67, 330
美郷町(島根県) 232, 233
美郷町(宮崎県) 312, 314
美里町(埼玉県) 103, 105
美里町(宮城県) 56, 58
三沢市 44
三島市 173, 330
瑞穂町 115
三種町 64, 66, 68
水戸市 81, 84
三豊市 260, 262, 265, 331
みどり市 97
みなかみ町 97, 98, 99, 100
水俣市 329
南会津町 334
南足柄市 119, 122
南阿蘇村 297, 300
南アルプス市 151
南あわじ市 208

南魚沼市 126, 334, 335
南九州市 318, 319, 329
南さつま市 318, 319, 321
南島原市 291, 293, 329
南相馬市 77
南種子島町 334
南知多町 179
南富良野町 35
南房総市 111
美祢市 248, 249, 250, 251, 253
美濃市 167, 169
身延町 153, 154
箕輪町 160
美浜町(福井県) 150
美浜町(和歌山県) 222
三原市 242, 243, 244, 245, 246, 247
御船町 300
壬生町 90, 92
美作市 236, 239
美馬市 254, 256, 257, 335
三股町 312
宮城県 10, 15, 19, 25, 55, 56, 57, 58, 60, 66, 333
みやき町 285, 287, 290
都城市 309, 311, 312, 315
みやこ町 277
宮崎県 27, 95, 102, 109, 115, 170, 171, 185, 214, 230, 244, 250, 270, 301, 309, 310, 311, 312, 316, 333
宮崎市 309, 311, 312, 313, 331
宮津市 199
みやま市 277, 278, 279, 280, 281, 331
妙高市 128, 130
三次市 242, 243, 244, 245, 246
三好市 256, 257, 258, 329
みよし市 330

牟岐町 258
向日市 198
宗像市 280
村上市 125, 126, 128
村山市 72, 74
室戸市 276

明和町 183
芽室町 35, 36

真岡市 87, 89, 90, 91
茂木町 328
本巣市 167, 169
本宮市 79
本山町 334
茂原市 108, 111
盛岡市 47, 51, 52, 53, 54
森町 171
守山市 189, 191, 193, 195

や　行

矢板市 92
焼津市 170, 173, 174
八百津町 179, 328
安来市 230, 232, 233
野洲市 189, 191, 192, 193
八頭町 224, 226, 227
八街市 110, 111
八千代市 83
八代市 297, 297, 300, 329
弥富市 176, 178, 179
柳津町 79
柳川市 277, 278, 279, 280, 281, 282
矢巾町 50, 51, 52
矢吹町 77
養父市 212
山鹿市 297, 299, 329
山形県 10, 15, 18, 19, 20, 21, 24, 43, 69, 70, 71, 72, 73, 109, 128, 160, 333
山形市 59, 69, 72, 74

山口県	18, 19, 184, 248, 250, 285, 316, 333	養老町	164, 166, 167	栗東市	193
山口市	248, 249, 250, 251	横芝光町	110, 111, 112	利府町	59, 330
山添村	216	横須賀市	122	竜王町	192, 194
大和郡山市	213	横瀬町	104	龍ヶ崎市	85
大和高田市	217	横手市	10, 62, 63, 65, 66		
山都町	297, 300, 302, 329	横浜市	119	六戸町	44
山梨県	21, 22, 23, 82, 151, 153, 155, 159, 203, 219, 239, 272, 280, 333	与謝野町	196, 198, 199, 334		
山辺町	328, 330	吉賀町	232, 235	若狭町	146, 150, 328
八女市	277, 281, 329	吉田町	173	和歌山県	13, 79, 152, 203, 204, 213, 219, 220, 223, 333
		吉野川市	254, 256, 257		
結城市	83, 84	四日市市	183, 186		
湧水町	319, 329	四街道市	113	和歌山市	219, 222
湯川村	334	与那国町	322	涌谷町	56, 58
遊佐町	69, 72	米子市	224, 226, 227	和気町	240
湯沢市	12, 62	米沢市	69, 73	輪島市	141, 143, 328
梼原町	274, 329	読谷村	324	亘理町	59
湯前町	299, 300, 301	蓬田村	43	和泊町	331
由布市	303, 306, 329	与論町	321		
由利本荘市	62, 66				

ら 行

陸前高田市	49

わ 行

都道府県・市町村索引　349

品種・銘柄索引

あ 行

愛知37号C　96
愛知87号　89
愛知123号　177
愛知40号　16
愛知65号　13, 88
あいちのかおり　13, 88, 171, 177
あいちのかおりSBL 286
愛知糯1号　214
会津産コシヒカリ　11
会津のかおり　78
愛のゆめ　267
愛山　209
青い空　96
葵美人　171
青系酒97号　21
青大豆　58, 72, 128, 210, 239
青丸くん　51
青山在来　105
あかね空　102
アカネダイナゴン　36
赤むすび　132
あかりもち　42
秋系483　64
秋系酒306　20
秋系酒251　20
あきげしき　261, 298, 310
あきさかり　132, 146, 147, 165, 243, 255
あきしずく　90, 140, 215, 232, 280, 305
アキシノモチ　225
秋酒系306　20, 64

秋酒系251　20, 64
秋田31号　15
あきた39　63
秋田63号　63
あきたこまち　10, 11, 12, 14, 15, 34, 41, 42, 48, 56, 63, 70, 71, 76, 77, 82, 102, 109, 110, 126, 132, 139, 158, 165, 171, 177, 184, 190, 203, 208, 214, 225, 237, 243, 249, 255, 261, 267, 273, 304, 310
秋田酒こまち　21, 64
秋田酒33号　133
秋田酒49号　49
秋田酒44号　49
あきだわら76, 82, 88, 95, 102, 109, 126, 132, 139, 158, 177, 208, 231, 237, 243, 298, 304
アキツホ　21, 244, 273
秋音色　298
秋の詩　190
秋のきらめき　63, 64
秋の精　64
あきのそら　317
アキヒカリ　18, 237
あきほ　15, 34
あきほなみ　317
あきまさり　298, 304
あきまつり　249
あきろまん　243
あ系酒101　96, 121, 178
アケボノ　237
朝の光　95, 102
朝日　14, 237, 238

あさひの夢　10, 13, 82, 88, 95, 96, 102, 152, 165, 171, 177, 292
旭米　88
旭糯　214
朝紫　49, 64, 71, 77, 152, 311
あさゆき　41, 42
アネコモチ　42
あぶくまもち　77
あまぎ二条　97
彩　33
あやこがね　154
彩南月　317
綾錦　293
あやひかり　103, 121
あやひめ　33
あやみどり　216
あゆみもち　184
あわ信濃2号　160
あわみのり 146, 243, 255, 261
淡雪こまち　63

イクヒカリ 146, 184, 220, 255, 273, 317
石川65号　139
石川酒52号　140
石川糯24号　140
石川門　140
出雲の舞　233
伊勢錦　185, 209
いただき　109, 298
一番星　82
イチバンボシ　104, 192, 262, 287, 305
一本〆　127

イナキビ	65	141, 148, 192
いにしえの舞	209	
いのちの壱 56, 126, 158,		おいでまい 261
165, 171, 177		奥羽338号 323
イブキワセ	71	奥羽302号 103
祖谷在来 262, 269		奥羽341号 16
祝	198	奥羽292号 12
いわいくろ	36	近江米 189
イワイノダイチ 166, 172		大迫在来 50
祝糯	18	おおすず 44
祝い糯	267	オオセト 261
いわた3号	49	おおだるま 148
いわた13号	49	大槌10 50
岩手118号	48	大粒ダイヤ 76
岩手県南地区産ひとめぼ		オオツル 192, 198
れ	11	大野在来 148
いわてっこ 48, 64		おきにいり 56, 76
岩手みどり 128, 148		おくほまれ 42, 147
岩手早生	51	おてんとそだち 292, 310
いわともち	311	音更大袖 36
		オトメモチ 225
ういろう豆	269	おほろつき 33, 34
魚沼産コシヒカリ 11, 26		雄町 20, 21, 35, 110, 203,
うこん錦	184	238, 244, 262, 279, 305
羽州誉	71	おまちかね 225
うるち米	203	雄山錦 133
		おわら美人 132
越南291号	146	おんねもち 19
越南154号 120, 139		
越南173号 146, 243		**か 行**
越南122号	146	
越南148号	184	改良雄町 232
越南165号	185	改良信交 64, 71, 96
F3 249 19, 140		改良八反流 103, 232
えみのあき	126	改良羽二重餅 191, 197
笑みの絆 76, 82, 126		香川黒1号 262
エリモショウズ	36	かぐや姫 56, 208
エルジーシー潤	82	カグヤモチ 49
LGCソフト 76, 82, 165,		カグラモチ 133, 140, 147,
171, 231		184
遠州森町産究極のこしひ		かけはし 48
かり	171	鹿児島在来種 216
縁結び 126, 158, 165, 177		カシマムギ 23, 83, 110
エンレイ 72, 128, 134,		風さやか 158

風鳴子	273
風の子もち 18, 19, 34, 35	
金光	165
鹿屋在来	312
神河町	209
神の穂	185
神の舞	232
亀ノ尾	73
亀の尾4号	63
亀の蔵	126
かりの舞	310
華麗舞 82, 126	
雁喰	51
関東79号	177
関東107号	140
関東175号	120
関東125号 220, 255	
黄粟	43
菊栄	209
菊水 20, 127	
喜寿糯 120, 177, 178, 184,	
220, 255	
岐系89号	83
きたくりん 33, 34	
きたしずく	35
キタノカオリ	35
きたのむらさき	34
きたふくもち	34
きたほなみ	35
北瑞穂	33
きたゆきもち 18, 19, 34	
きたろまん	36
キタワセ 97, 105	
キタワセソバ 36, 43, 65	
亀粋	71
きぬあかり	178
きぬの波	153
きぬのはだ 18, 19, 64	
きぬはなもち	89
キヌヒカリ 10, 11, 13, 17,	
56, 82, 95, 102, 103,	
120, 126, 146, 158, 165,	
171, 177, 184, 190, 191,	

品種・銘柄索引　351

197, 203, 208, 214, 220, 237, 243, 255, 261, 267, 273, 278, 285, 292, 298, 304

きぬむすめ 11, 12, 13, 15, 171, 184, 190, 203, 208, 220, 225, 231, 237, 243, 249, 267, 292

きねふりもち 166
黍信濃1号 160
きび信濃2号 160
吉備の華 237
喜峰 177
行田在来 105
京都旭 214
京の輝き 197
京の華 71
京の華1号 77
キヨニシキ 63
キヨミドリ 280, 306, 312
きらほ 48
きらら397 11, 13, 21, 33
きらり宮崎 310
キラリモチ 84
きらりん 158
吟おうみ 171, 190
ぎんおとめ 49
銀河のしずく 48
吟ぎんが 49
ぎんさん 63
金のいぶき 56, 63
吟のさと 152, 238, 279, 299, 305
吟の精 64
きんのめぐみ 63, 70, 158, 171
吟の夢 274
吟風 20, 21, 35
吟吹雪 71, 191
銀坊主 14
金紋錦 159, 232

空育151号 34
空育160号 34

空育162号 34
空系90242A 15
空系90242B 34
クスタマモチ 311
九頭竜 147
くまさんの輝き 298
くまさんの力 298
熊本58号 298
くらかけ豆 160
蔵の華 57
クレナイモチ 261, 267, 292
黒神 72
黒千石 51
黒大豆 58, 105, 128, 167, 204, 226, 233, 287, 294, 319
クロダマル 300, 306
黒むすび 132
群馬糯5号 96

元気づくし 278
げんきまる 56

こいおまち 244
こいごころ 267
恋の予感 11, 243, 249
こいもみじ 243
高知在来 274
強力 225, 226
強力1号 226
強力2号 226
黄金錦 273, 310
黄金晴 16, 184
こがねもち 18, 19, 49, 57, 64, 71, 77, 82, 127, 152, 133
穀良都 250
ココノエモチ 83, 110, 166, 177, 214, 231, 237, 238, 244
こころまち 48, 49, 56
こしいぶき 13, 126, 127
越神楽 127

越路早生 126, 139
越淡麗 20, 21, 127
越の雫 147
コシヒカリ 10, 11, 12, 13, 14, 16, 17, 21, 26, 41, 48, 56, 63, 70, 73, 76, 82, 88, 89, 95, 96, 102, 109, 120, 125, 132, 133, 139, 146, 152, 158, 165, 171, 177, 184, 190, 197, 203, 208, 214, 220, 225, 231, 237, 243, 249, 255, 261, 267, 273, 278, 285, 292, 298, 304, 310, 317, 334, 335
古城錦 42
コチカゼ 261
コトブキモチ 147, 152
五百川 56, 63, 76, 102, 109, 152
五百万国 185
五百万石 20, 21, 71, 77, 83, 89, 96, 103, 110, 121, 127, 133, 140, 147, 166, 172, 178, 198, 203, 209, 220, 225, 232, 250, 305, 324
こもちまる 57
こゆきもち 71
ゴロピカリ 95, 96
金色の風 49

さ 行

西海222号 250
西海134号 286
さいこううち 76
埼玉アワ 104
西都の雫 250
彩のかがやき 14, 102
彩のきずな 102, 103
彩の星 104
彩のほほえみ 102
彩のみのり 102

彩の夢	14, 102	JGC ソフト	243	白妙二条	287
埼455	103	滋賀66号	190	新200号	20
サイワイモチ	273, 292,	滋賀64号	190	信交444号	21, 152, 159
318		滋賀羽二重餅	191	信州大そば	179, 198, 216,
酒田女鶴	71	滋賀渡船6号	191	262	
佐香錦	232	式部糯	42	新生夢ごこち	88, 102
さがの華	96, 286	しずく媛	268	新大正糯	133, 140, 147
さがびより	285, 286	信濃1号	111, 141, 160,	新丹波黒	198
佐賀よかもち	286	179, 192, 198, 216, 233,	新之助	126, 127
さきひかり	310	287		新羽二重餅	197
桜糯1号	147	信濃あわたち	160	新山田穂1号	209, 250
サケピカリ	96	しなの夏そば	160	神力	147, 209, 299
酒未来	71	信濃糯3号	18		
さけ武蔵	103	しまひかり	13	彗星	35
ササシグレ	56	収2800	13	水稲農林糯301号	220
ササニシキ	48, 56, 57, 63,	収6602	197	スカイゴールデン	90,
70, 71, 73, 76, 88, 190		十五夜糯	177, 178	238	
さちいずみ	306	秀峰	244	すずかぜ	104
幸風	120, 190	壽限無	279	鈴原糯	225
サチホゴールデン	23, 90,	しゅまり	36	スズマル	36
97, 287, 305		春陽	56, 126, 132, 139,	スノーパール	63
さち未来	56	231		するがもち	171
サチユタカ	210, 216, 226,	しゅんよう	159		
233, 239, 245		シュンライ	23, 58, 90, 97,	青天の霹靂	41, 42, 335
さつま赤もち	318	159, 172, 209		セツゲンモチ	97
さつま絹もち	318	しゅんれい	279	せとのにじ	249
さつま黒もち	318	上育糯381号	19	千秋楽	126
さつま白もち	318	北育糯80号	18	千本錦	244
さつま雪もち	318	上育糯425号	19		
さとういらず	105, 128	上育397号	34	そらゆき	33, 34
佐渡産コシヒカリ	11	上育455号	34	ソルガム	179
さとじまん	120	上育404号	21		
さとじまん	285	上系85201	18	**た 行**	
さとのそら	97, 103, 166	庄内29号	15, 70, 71		
里のゆき	70	しらかば錦	159	大系227	18
里山のつぶ	76	白露	215	大正糯	133
さぬきの夢2009	262	シラヌイ	286	大地の風	96, 177
サヌキハダカ	305	シラネコムギ	58, 153,	大地の星	33, 34
さぬきよいまい	261	159		たかきび	43
さやかぜ	97	シロガネコムギ	209, 279,	タカキビ	65, 104
さわかおり	273	286		たかたのゆめ	48, 49
さわのはな	70	白菊	153, 191	たかね錦	20, 127, 159,
さわぴかり	95	しろくまもち	34	209	
山陰糯83号	231	白妙錦	21, 110, 152, 159	たかねみのり	63, 76

品種・銘柄索引　353

たかやまもち	165, 166	
たきたて	56	
但馬強力	209	
タチナガハ	78, 90, 98, 105	
たちはるか	208	
たつこもち	18, 64, 71	
たつの市	209	
龍の落とし子	71	
だて正夢	57	
玉栄	152, 153, 191, 220, 225, 226	
たまひめもち	273	
タマホマレ	204	
達磨	43, 50	
ダルマヒエ	65	
短観渡船	20	
タンチョウモチ	147, 244	
丹波黒	210, 239, 269	
丹波篠山黒豆	210	
田んぼの王様	95	
たんぼの夢	285	
タンレイ	58	

チクゴイズミ	256, 279, 286, 305	
秩父在来	105	
ちほのまい	311	
ちほみのり	63	
中国51号	225	
中国178号	243	
中部98号	298	
中部72号	110	
中部42号	71	
中部44号	152, 178	
中部64号	16	
中部糯37号	18	
ちゅらひかり	64, 323	
チヨニシキ	57, 76, 82, 177	

つがるロマン	14, 42, 335	
月舘	50	
月のひかり	13	

月の光	83, 88, 96	
ツキミモチ	110	
津久井在来	121	
ツクシホマレ	278	
つくしろまん	278	
つくし早生	278	
つくばSD1号	56, 63, 70, 76, 82, 126, 132, 146, 171	
つくばSD2号	63, 70, 76, 82	
つぶぞろい	63, 64	
つぶゆき	41	
つやおとめ	278	
つや姫	15, 56, 57, 70, 71, 73, 231, 292, 304, 310	
露葉風	215	
つるぴかり	97	

でわかおり	72	
出羽きらり	70	
出羽燦々	20, 21, 49, 71, 77	
出羽の里	71	
でわのもち	71	
でわひかり	63	
てんこもり	132, 133, 177	
天使の詩	285, 286	
てんたかく	132, 133	
天のつぶ	76, 77	
天竜乙女	158	

東山24号	15	
東北210号	56, 57	
東北194号	56	
東北189号	57	
東北140号	57	
東北164号	15	
道北36号	13	
道北46号	34	
とがおとめ	132	
ときめきもち	64	
徳田在来	50	
と系1000	132	

土佐錦	273	
杜氏の夢	209	
栃木11号	89	
とちぎ酒14	89	
とちぎの星	88, 89	
とちのいぶき	90	
トドロキワセ	126, 158	
とねのめぐみ	82, 88, 95, 102, 109	
どまんなか	13, 70, 71, 127	
とみちから	133	
富の香	133	
豊国	71	
トヨニシキ	48, 56	
トヨノカゼ	305	
とよみ大納言	36	
とよめき	82	
とりいずみ	232, 280	
どんとこい	126, 132, 139, 184, 197, 208, 243, 324	
どんぴしゃり	48, 49	

な 行

中里在来	43, 65	
ナカセンナリ	160	
中生新千本	208, 209, 237, 243, 249	
長野S8号	160	
奈系212	261	
和みリゾット	82, 126	
ナゴユタカ	13	
なごりゆき	126	
なすひかり	88, 89	
なつしずか	171	
納豆小粒	84	
夏の笑み	310	
ナツヒカリ	273	
なつほのか	317, 318	
ななつぼし	10, 11, 15, 33	
鍋島	285	
南海76号	250	
南海137号	298	

南海132号 310
南海113号 311
南海149号 310
南国そだち 273
ナンブシロメ 51

新潟75号 127
新潟糯17号 18
にこまる 11, 12, 15, 88,
109, 139, 171, 177, 190,
197, 203, 208, 220, 231,
237, 243, 249, 261, 267,
273, 278, 285, 292, 298,
304, 310, 317
錦糯 120
にしきもち 209
ニシノホシ 279, 287, 299,
305
にじゆたか 43, 51, 65
仁多米 231
日本晴 82, 88, 102, 132,
139, 146, 165, 190, 197,
208, 220, 225, 237, 249,
255, 285
二本草 21
ニューアステカ 51, 66

ねばりゆき 41

農林1号 14, 126
農林32号 133
農林17号 18
農林12号 237
農林22号 14
農林8号 15
農林48号 152
農林61号 121, 153, 172,
191
農林糯45号 19
野条穂 198, 209
能登ひかり 139

は 行

ハイブリットとうごう3号
82, 190
はいほう 95
はえぬき 10, 11, 15,
63, 70, 76, 82, 126, 146,
261, 304
はぎのかおり 56
白菊 209, 226
白山もち 110, 140
はくちょうもち 18, 19,
34
白鶴錦 209, 250
ハクトモチ 225
階上早生 43, 51, 65, 72
初雫 35
ハツシモ 12, 15, 165, 177
八反 244
八反10号 244
八反35号 21, 244
八反錦1号 20, 21, 77,
244
八反錦2号 21, 127
ハツニシキ 56
初星 16
はとゆたか 50
ハナエチゼン 132, 133,
139, 146, 190, 208, 220,
231, 255
華想い 42
はなかぐら 311
花きらり 56
花キラリ 70, 132, 139,
146, 152
はなさつま 317
華さやか 42
華錦 299
はなの舞 165
はなの舞い 70
華吹雪 42, 64, 77
ハナマンテン 159
播磨米 208

はりまもち 209
はるか二条 287
はるきらり 35
はるしずく 279, 299
春そば 179
はるな二条 104
春のいぶき 300, 306
はるみ 82, 120, 190, 255
はるみやび 279
春と恋 35
晴るる 249

ヒエリ 273
東1126 57
東山50号 165
ヒカリ新世紀 88, 109,
126, 184, 190, 197, 208,
225, 237, 243, 255, 261,
273, 298
ヒカリッコ 273
常陸秋そば 84, 97, 105,
111, 192, 262
ひたち錦 83
ひだほまれ 133, 166
ひだみのり 166
ヒデコモチ 18, 273, 286
秘伝豆 72
ひとごこち 20, 21, 89,
152, 159
ひとめぼれ 10, 11, 13,
14, 15, 16, 41, 48, 49,
56, 57, 63, 70, 76, 82,
88, 95, 109, 126, 127,
132, 133, 139, 146, 152,
158, 165, 171, 177, 184,
190, 203, 214, 225, 237,
243, 249, 255, 267, 273,
285, 298, 304, 310, 323
ヒノヒカリ 10, 11, 16,
139, 152, 165, 171, 184,
190, 191, 197, 203, 208,
214, 220, 225, 231, 237,
243, 249, 255, 261, 267,
274, 278, 285, 292, 298,

品種・銘柄索引　355

304, 310, 317		総の舞	110	マサカドムギ	83
ひめこがね	50	ふさのもち	110	まっしぐら	10, 16, 42
姫ごのみ	82, 261, 278	藤坂5号	40	松山三井	267, 268
ヒメノモチ 18, 49, 57, 71,		ふっくりんこ	33, 34	祭り晴	13, 14, 102, 177,
77, 82, 83, 89, 103, 110,		プレミアムひとめぼれみ		184, 197, 203	
140, 158, 191, 225, 231,		やぎ吟撰米	56	まなむすめ	56, 57
237, 238, 244				丸岡在来	148
ひゃくまん穀	139	辨慶	209	丸黒	51
兵系23号	209			マンゲツモチ	
兵系26号	209	ほうしゅん	279	19, 82, 83, 96, 110, 120,
兵庫糯30号	209	豊盃	42	152, 191, 209, 250	
兵庫北錦	147, 209	ホウヨク	267, 293	マンネンボシ	268
兵庫恋錦	209	ホウレイ	243	万馬券	33
兵庫錦	209	ホクヨウ	18	まんぷくもち	96
兵庫ゆめおとめ	208	北陸96号	13		
兵庫夢錦	209	北陸12号	127, 140	三重23号	184
ヒヨクモチ 18, 171, 177,		北陸211号	139	みえのえみ	184
250, 278, 286, 299, 304,		北陸100号	13	みえのゆめ	184
311		北陸190号	127, 310	ミカモゴールデン 23, 83,
ひより	57	北陸193号	298	97, 172	
琵琶湖	190	北陸178号	158	み系358	310
		北陸174号	15, 292	ミコトモチ	231
ファイバースノウ 23,		北陸160号	279	美郷錦	64
134, 140, 148, 153, 159		星あかり	64	みずかがみ	190
ふくいずみ	285	ほしじるし	82, 88	みすずもち	158
ふくさやか	191	ほしたろう	17	瑞穂黄金	70, 76
福島在来	306	ほしのゆめ	33, 34, 35	ミズホチカラ	298
フクニシキ	166	ほしまる	33	みずほの輝き	126
ふくのいち	171	ホシユタカ	285	みつひかり 76, 82, 88,
ふくのさち	76	北海287号	17, 34	102, 109, 126, 132, 139,
フクノハナ	166, 209	北海PL9	34	146, 165, 171, 177, 184,
フクヒカリ 132, 139, 146,		北海糯286号	19	190, 208, 237, 267, 298,
197, 208, 267, 273		ほっかりん	41	304	
ふくひびき	63	ほほえみ	261, 310	みどり豊	76, 190
ふくまる	82	ほほほの穂	139	ミナミノカオリ 279, 286
フクユタカ 111, 167, 172,		誉富士	172	ミネアサヒ 12, 165, 177,
179, 185, 192, 256, 262,		ほむすめ舞 48, 76, 139,		220, 243	
269, 274, 280, 287, 294,		146, 158, 197, 208		峰のむらさき	177
300, 306, 312, 319				峰の雪もち 103, 110, 140,
ふ系103号	42	**ま 行**		171, 286, 299, 318	
ふ系187号	34			みねはるか	177
ふ系141号	14	まいひかり	310	みのたまもち	250
ふさおとめ	16, 109	まいひめ	76	みのにしき	165
ふさこがね	16, 109	舞風	96	実りつくし	278

ミノリムギ	58, 134	森のくまさん	298	ゆきのめぐみ	33
美馬在来	256	モリモリモチ	158	ゆきひかり	33
ミヤギシロメ	58			雪ほたか	95
みやこがねもち	18, 19,	**や 行**		ユキホマレ	36
57				ゆきみのり	127
みやざきおおつぶ	312	ヤシロモチ	231, 238	ゆきむすび	56
宮崎裸	311	山形90号	197	雪女神	71
宮崎早生かおり	312	山形95号	70	雪若丸	71
ミヤタマモチ	250	山形70号	15	ゆきん子舞	125, 127
美山錦	20, 21, 57, 64, 71,	山形112号	70, 71	夢一献	278, 279
77, 83, 89, 133, 147, 159		山形41号	184	夢いっぱい	70, 146
みょうぎ二条	104	山形40号	16	弓形穂	185
ミルキークイーン		山形酒49号	49	ゆめおうみ	190
17, 48, 56, 63, 70, 76,		山栄	153, 191, 226	ゆめおばこ	63, 64
77, 82, 88, 95, 102, 109,		山酒4号	71, 96	ゆめかなえ	109
126, 132, 139, 146, 152,		山田錦	20, 21, 42, 57, 71,	夢吟香	178
158, 165, 171, 177, 184,		83, 89, 121, 127, 133,		夢ごこち	56, 63, 70, 76,
190, 197, 208, 225, 237,		140, 147, 152, 172, 178,		82, 88, 109, 126, 132,
243, 249, 255, 273, 278,		185, 191, 198, 203, 207,		139, 146, 158, 165, 184,
298, 304, 310, 317, 323		208, 209, 215, 220, 225,		190, 197, 208, 273
ミルキーサマー	109, 323	232, 238, 244, 250, 255,		ユメサキボシ	104, 287
ミルキープリンセス	63,	262, 268, 274, 279, 286,		ゆめさやか	76
76, 95, 220		292, 293, 299, 305, 311,		夢山水	152, 178, 175
		318		夢しずく	285
むつほまれ	41	山田穂	20, 209	ゆめしなの	158
紫の君	41	やまだわら	132, 133, 249,	ユメシホウ	121
むらさきの舞	208	298		ゆめちから	35
		やまのしずく	56	夢つくし	17, 278, 279
メキシコ	51, 66	ヤマヒカリ	184, 220, 225	夢の香	77
恵糯	147	ヤマビコ	190	夢の華	88, 165, 190, 208,
めんこいな	63, 64	ヤマフクモチ	209	231, 237, 243, 298, 304
		ヤマホウシ	249	ユメヒカリ	304
萌えみのり	48, 56, 63, 70,	やら米か	171	ゆめひたち	82, 95
82				ゆめぴりか	10, 11, 17, 33
最上早生	72	ゆいこがね	50	ゆめまつり	95, 96, 103,
モチアワ	65, 104	結の香	49	177
モチキビ	43, 104	ゆうだい21	82, 88, 102,	ゆめみづほ	139
もち米	64	109, 190, 208		夢みらい	190
糯千本	120	夕やけもち	49, 64		
もちひかり	158	ゆかりの舞	208	**ら 行**	
もち美人	49	ゆきさやか	33, 34		
モチミノリ	89, 165, 166,	ゆきの精	125, 127	らいちょうもち	133
203, 220, 255, 267, 292		ゆきのはな	41	来夢36	132
もちむすめ	57	雪の穂	33	楽風舞	324

品種・銘柄索引　357

リュウホウ	66
レイホウ	278, 285, 292, 292, 293, 317
レーク65	190, 191
六平糯	140

わ 行

若水83, 96, 103, 120, 121, 172, 178, 286, 305	
和系243	323
わさもん	298

早生黒	210
早生桜糯	238
早生双葉	215
わたぼうし	18, 127
渡船	83
渡船2号	209, 250

事項索引

あ 行

愛知用水　176, 179
會津歌農書　75
會津農書　75
会津盆地　75
あおもりごはんの日　335
赤米　7
赤ずし　67
秋田平野　62
あくまき　320
あげ巻きすし　301
浅草御蔵　114
安積疏水　78, 91, 332
朝ごはん条例　334
朝ごはんを食べて元気に
　なろう条例　334
小豆　22, 25, 36, 44, 51,
　58, 66, 72, 78, 84, 90,
　98, 105, 111, 121, 128,
　134, 141, 148, 154, 160,
　167, 172, 179, 185, 192,
　198, 210, 216, 221, 227,
　233, 239, 245, 248, 251,
　256, 262, 269, 274, 277,
　280, 287, 294, 300, 306,
　312, 319
阿部亀治　73
雨乞い　118, 137, 162, 175,
　181, 188, 194, 195, 206,
　212, 218, 223, 247, 258,
　264, 265, 289, 296, 316
アマランサス　22, 25, 51,
　65, 104, 160
アミ飯　308
アメノイオごはん　194

荒川　101
アルファー米　337
アワ　5, 22, 24, 30, 43,
　47, 50, 65, 72, 104, 141,
　153, 160, 215, 239, 248,
　256, 287, 293, 300, 312

稲花もち　74
五十里湖　87
井澤弥惣兵衛為永　105
石狩川　37, 38
石狩平野　32
出雲平野　230
遺跡　3, 40, 55, 138, 145,
　164, 170, 176, 183, 189,
　213, 219, 272, 277, 291
伊勢平野　183
伊勢湾　176
いただき　227
板付遺跡　3
1位　20, 24, 36, 48, 50,
　51, 126, 131, 134
一村一品運動　303
1等米比率　18, 19, 28, 33,
　35, 42, 48, 49, 56, 57,
　63, 70, 71, 76, 77, 82,
　88, 89, 95, 96, 102, 109,
　110, 132, 133, 139, 146,
　152, 158, 165, 171, 177,
　190, 197, 214, 225, 231,
　237, 243, 249, 286, 298
遺伝子組換え作物交雑等
　防止条例　334
田舎ずし　275
稲文化　41
稲わらの有効利用の促進
　及び焼却防止に関する

条例　335
稲育苗施設条例　335
揖斐川　164, 176
いもち病18, 83, 102, 110,
　147, 261, 274
祖谷地方　258
イリコめし　264
岩ガキ丼　200
岩国すし　252
インディカ　2

上野盆地　183
うこぎごはん　73
うずめめし　234
打ち豆雑煮　194
うちわもち　53
うな丼　8
裏作　28, 262
ウルグアイ・ラウンド 6
うるち米5, 10, 11, 19, 28,
　33, 41, 48, 56, 63, 70,
　76, 81, 82, 88, 95, 102,
　109, 119, 120, 126, 132,
　139, 146, 151, 152, 157,
　158, 164, 164, 165, 170,
　171176, 177, 183, 184,
　189, 190, 196, 202, 208,
　213, 214, 219, 220, 224,
　225, 230, 231, 236, 237,
　242, 243, 249, 254, 255,
　260, 261, 266, 267, 272,
　273, 278, 285, 291, 292,
　297, 298, 303, 304, 309,
　310, 317, 322, 323
うれしの　307

越後平野　125

事項索引　359

江ノ島丼	123	かてめし	106	楠木正成	295
エン麦	51, 104, 178, 268	加藤清正	297	クチナシめし	174
		金沢平野	138	九戸地方	47
おうちでごはんの日	335	カブラずし	136, 142	口分田	3
おおいた食(ごはん)の日		上川地方	35	熊野川	183
335		上川盆地	32	黒豆ご飯	211
大隅半島	317, 318	河村瑞賢	69		
大麦	5	カンカンずし	264	鶏飯	320
大村ずし	295	環濠集落	277, 284	契約栽培	42, 90
陸稲	2,	干拓	287	玄界灘	284
10, 28, 82, 88, 102, 109,		関東地方	23	ケンケンカツオ茶漬け	
115, 120, 126, 170, 317		関東ローム層	115	222	
おかゆの日	335	寒冷地	20	けんさ焼き	129
晩生	27, 198			減反	6
押し麦	24	基幹作物	262	減反政策	9, 22, 272
お赤飯の日	335	基幹品種	27, 57	検地帳	4
御(お)田植(え)祭(り)	80,	木更津産米を食べよう条		げんなりずし	174
107, 113, 150, 163, 187,		例	334	減農薬	323
206, 218, 241, 253, 271,		岸本甚造	21		
282		木曽川	164, 176	合	30
織田信長	164	木曽三川	164, 176	高温耐性	158, 171
おにぎり	9	北前船	62, 69, 138	麹米	29
おにぎりの日	335	キヌア	153	耕地率	47, 55, 69, 114,
おにポー	326	衣笠丼	200	119, 138, 145, 151, 157,	
おむすびの日	335	鬼怒川	81, 87, 91	164, 196, 213	
親子丼	8	紀ノ川	213	甲府盆地	151
温水ため池	161	キビ 5, 22, 24, 30, 43, 50,		郡山盆地	75
温暖化対応	190, 261	65, 72, 104, 110, 134,		小貝川	81, 85
		141, 153, 160, 166, 192,		黄金めし	106
か 行		239, 248, 268, 293, 300,		石	30
		312, 324		極早生 27, 177, 178, 220,	
海軍カレー	122	キビナゴ丼	275	255, 267	
改作仕法	138	九州地方	23	こけら	275
外食	9, 318	行基	204	五穀	30
外食券制	5	京都盆地	196	五穀豊穣 39, 61, 68, 74,	
外食産業	34, 42	享保の大飢饉	4	79, 80, 86, 93, 99, 100,	
加賀地方	138	業務用	9, 34, 42, 318	107, 113, 118, 123, 129,	
柿の葉ずし 143, 217, 281		きりたんぽ鍋	67	136, 143, 162, 169, 174,	
カキめし	187, 246	近畿地方	16, 23	175, 181, 187, 188, 194,	
掛米	29, 197, 293	吟醸酒	19, 21	200, 201, 206, 212, 218,	
加工用	34			223, 228, 229, 235, 253,	
霞ヶ浦	81	久慈川	81	258, 259, 265, 271, 276,	
加勢鳥	74	九十九里平野	108	282, 289, 296, 308, 314,	
カツオめし	314	くじらもち	73	315, 321, 326	

360

古事記　　　　　　　　205
コシヒカリ　　　　　　286
小粒大麦　　　　　　　 23
小林虎三郎　　　　　　125
ごはんの日　　　　　　335
五平もち　　　　　162, 180
小麦 22, 35, 43, 50, 58, 64,
　72, 77, 83, 89, 95, 97,
　103, 110, 115, 121, 127,
　134, 140, 147, 153, 159,
　166, 172, 178, 185, 191,
　198, 209, 215, 221, 226,
　232, 238, 244, 250, 256,
　262, 268, 274, 277, 278,
　279, 286, 293, 299, 305,
　311, 318, 324
米切手　　　　　　　　176
米将軍　　　　　　　　　 4
米騒動　　 4, 131, 135, 145
コメの自給率　　　　　 10
米の消費拡大等の推進に
　関する条例　　　　　334
米の食味ランキング　 11
コメの品種改良　　　　 11
米百俵　　　　　　　　125
強飯　　　　　　　　　　 7
墾田永年私財法　　　　　 3
コンビニ弁当　　　　　318

さ 行

西郷隆盛　　　　　　　309
最北の米どころ　　　　 33
在来種　　78, 97, 111, 192,
　198, 233, 239, 269, 300
在来早生　　　　　　　269
坂上田村麻呂　　　　45, 54
佐賀平野　　　　　284, 287
酒米　　　　　　　 19, 29
先物取引　　　　　　　204
笹ずし　　　　　　　　129
佐瀬与次右衛門　　　　 75
雑穀　　　　　　　　　 22
薩摩半島　　　　　317, 318

サバずし　　　　　　　200
山間地　　　　　　304, 310
山間部　　　　29, 197, 293
山居倉庫　　　　　　　 72
産地間競争　　　　　　 12
三本木原開発　　　　　 44
サンマのなれずし　　　222
三毛作　　　　　　　　 28

JA　秋田しんせい　　 64
JA　かずの　　　　　 64
JA　テラル越前　　　147
JA　全農営農・技術セン
　ター　　　　　　　　120
JA　利根沼田　　　　 95
直播　　　　　　　　　 55
自給率　　　　　　 22, 25
自作農　　　　　　　　　 5
シジミご飯　　　　　　194
自主流通米　　　　　　　 6
縞葉枯病　　　　　 89, 102
志摩半島　　　　　　　187
下北地方　　　　　　　 40
勺　　　　　　　　　　 30
ジャパニカ　　　　　　　 2
ジャポニカ　　　　　　　 2
収量性　　　　　　 89, 172
主穀　　　　　　　　　 22
酒造好適米 21, 29, 49, 57,
　96, 159, 215, 324
酒造法　　　　　　　　 29
受託生産　　　　　　　132
酒母米　　　　　　　　 29
主力品種　　 56, 177, 231,
　304
純系分離　191, 197, 198,
　226
純米酒　　　　　　 20, 286
升　　　　　　　　　　 30
城下町　　　　　　　　277
醸造米　　　　　　　　 20
醸造用玄米　　　　　　 29
醸造用米　 10, 19, 20, 33,
　35, 41, 42, 48, 49, 56,

57, 63, 64, 70, 71, 76,
　77, 81, 82, 83, 88, 89,
　95, 96, 102, 103, 109,
　110, 119, 120, 121, 126,
　127, 132, 133, 139, 140,
　146, 147, 151, 152, 157,
　159, 164, 166, 170, 172,
　176, 177, 178, 183, 184,
　185, 189, 191, 196, 197,
　198, 208, 209, 213, 214,
　215, 219, 220, 224, 225,
　230, 232, 236, 238, 242,
　244, 249, 250, 254, 255,
　260, 266, 268, 272, 273,
　278, 279, 285, 286, 291,
　292, 293, 297, 298, 299,
　303, 305, 309, 311, 317,
　318, 322, 324
聖徳太子　　　　　　　218
庄内地方　　　　　　　 70
商標登録　　　　　 49, 279
縄文時代　　　　　　　　 3
条例　　　　　　　　　334
奨励品種　 19, 27, 28, 89,
　165, 166, 171, 177, 203,
　214, 215, 220, 298, 323
食味試験　　　　　　　 28
食味ランキング　 28, 33,
　34, 42, 48, 56, 57, 63,
　64, 70, 71, 76, 77, 82,
　88, 89, 95, 96, 102, 103,
　109, 110, 120, 132, 133,
　139, 146, 147, 152, 158,
　165, 171, 177, 184, 190,
　197, 214, 220, 225, 231,
　237, 243, 249, 255, 261,
　267, 273, 278, 285, 286,
　292, 298, 304, 310, 317,
　318
食物繊維　　　　　　　 25
食料・農業・農村基本法
　6
食糧管理法　　　　　　　 5
食糧メーデー　　　　　　 5

シラス台地　316
白葉枯病　255
しんごろう　79
新田開発　55, 85, 105, 125, 236, 288
心白　29
新米　309

スイートコーン　36, 51, 84, 97, 104, 111, 153, 160, 179, 210, 226, 232, 256, 262, 306, 312
水田率　32, 40, 62, 75, 81, 87, 125, 131, 138, 145, 151, 157, 164, 170, 183, 189, 219, 285, 322
水稲　9, 10, 28, 32, 33, 41, 47, 48, 56, 62, 63, 69, 70, 75, 76, 81, 88, 95, 102, 108, 109, 119, 126, 132, 138, 139, 146, 151, 157, 164, 170, 176, 183, 189, 196, 202, 207, 208, 213, 219, 224, 230, 236, 242, 248, 249, 254, 260, 266, 272, 277, 278, 285, 291, 297, 303, 309, 316, 317, 322, 323
水稲室内育苗法　157
水利システム　205
菅原道真　264
須古ずし　288
スノー・クール・ライス・ファクトリー　37
すもじ　234
ずんだもち　60

性学もち　112
生産調整　9
生産費・所得補償方式　5
政府過剰米　6, 9
世界遺産　49
雪中田植え　68, 74
全国すしの日　335

仙台平野　55
仙台米　55
選択銘柄　27, 33, 34, 41, 42, 48, 49, 56, 57, 63, 64, 70, 71, 76, 77, 82, 83, 88, 89, 95, 96, 102, 103, 103, 109, 110, 120, 121, 126, 127, 132, 133, 139, 140, 146, 147, 152, 158, 165, 166, 171, 172, 177, 178, 184, 185, 190, 191, 197, 198, 203, 208, 209, 214, 215, 220, 225, 231, 232, 237, 238, 243, 244, 249, 250, 255, 261, 262, 267, 273, 278, 279, 285, 286, 292, 293, 298, 304, 305, 310, 311, 317, 318, 323, 324

荘園　3
早期栽培　27, 231, 304
早期米　272
そうじゃ産米食べ条例　334
疏水　29, 67, 78, 154, 294, 295, 306, 319, 332
そば　24, 36, 43, 47, 51, 58, 65, 72, 77, 84, 90, 97, 105, 111, 115, 121, 128, 134, 141, 148, 153, 160, 167, 172, 179, 185, 192, 198, 204, 210, 216, 221, 226, 233, 239, 244, 251, 256, 262, 269, 274, 277, 280, 287, 293, 300, 304, 306, 312, 319, 324
そば米雑炊　258
空知地方　35
空知平野　37
尊徳作法　87

た　行

田遊び　86, 99, 117, 163, 174
大吟醸　133
太閤検地　4
大豆　22, 25, 27, 36, 44, 47, 51, 58, 66, 72, 78, 90, 97, 105, 111, 115, 121, 128, 134, 141, 148, 154, 160, 167, 172, 179, 185, 192, 198, 204, 210, 216, 221, 226, 233, 239, 245, 251, 256, 262, 269, 274, 277, 280, 287, 294, 300, 306, 312, 319, 324
大山おこわ　228
タイ茶漬け　129, 211
耐倒伏性　147, 225, 274, 286, 292
タイめし　270
大粒種　2
耐冷性　11, 159, 166
田植え踊り　53, 61, 241
高田平野　125
高山盆地　164
タコめし　186, 211, 246, 271
伊達政宗　55
田中稔　40
棚田　29, 129, 187, 205, 288, 328
種子島　316, 317, 318
種子場　132
種もみ　132
多摩川　119
卵かけご飯の日　335
ダムカレー　99
ため池　29, 45, 59, 73, 128, 135, 142, 180, 186, 202, 204, 205, 207, 210, 211, 216, 227, 233, 242,

	252, 257, 260, 263, 264,
	269, 270, 281, 294, 315,
	324, 330
多毛作	28
丹後地方	199
タンパク質含有量	172
丹波篠山地方	211
田んぼアート	41
田んぼダム	125
短粒種	2
地域産業	17
地下ダム	324
力もち	98
地球温暖化	11
地産地消	23
地租改正	4
地主・小作制度	5
中国地方	13, 16
中山間地	81
中尊寺	49
超早場米	27, 309, 310,
	317
直播栽培	55
筑紫平野	278
低アミロース米	17
手こねずし	187
デルタ	242
転換作物	147
転作	58
天井	8
田畑永代売買禁止令	4
天保の大飢饉	4
天明の大飢饉	4
斗	30
東海地方	12
堂島米会所	204
とう菜寿司	217
東北地方	23
トウモロコシ	22, 24,
	36, 51, 84, 97, 104, 111,

	153, 160, 179, 210, 226,
	232, 256, 262, 306, 312
登録検査機関	27
登録商標	49
十勝地方	26, 36
ときずし	302
徳川家康	5
徳川吉宗	4
特定品種	27
特別栽培米	56, 165
土佐巻	275
突然変異	20, 171, 268
どどめせ	240
利根川	81, 85, 101, 105,
	108
富山平野	131
豊川用水	176, 180
豊臣秀吉	4
鳥追い祭	99
とりどせ	112
屯食	8
どんどろけめし	228
な 行	
那珂川	81
中山間地	139, 166, 177,
	205, 267, 273, 304, 312
中山間部	178, 203
中食	9
中生	27, 177, 178, 220,
	225, 285
中山久蔵	32, 37
長良川	164, 176
那須疏水	87, 91
灘五郷	207
七とこずし	314
菜畑遺跡	3
菜飯	181, 217
なれずし	8
南部地方	40
二期作	28, 272, 323
二条大麦	22, 23, 35, 65,

	83, 90, 95, 97, 103, 115,
	159, 172, 178, 191, 198,
	226, 232, 238, 250, 256,
	278, 279, 287, 299, 303,
	305, 311, 318, 293
二宮金次郎（尊徳）	87
日本穀物検定協会	11, 28
日本酒	20
日本酒で乾杯のまち	207
日本書紀	205
日本たばこ産業	49
二毛作	28, 88, 95, 102,
	278, 297, 304
入植	32, 62
年貢米	4, 69, 114, 151
農業基本法	6
農業産出額	40, 62, 69,
	75, 94, 119, 131, 138,
	157, 183, 189, 202, 213,
	219, 248, 272, 277, 285,
	291, 316, 322
農業生産額	151, 170
農業全書	277
農研機構	11, 15, 17, 18,
	103, 120, 133, 140, 147,
	197, 220, 225, 237, 243,
	261, 267, 292, 293, 324
農産物検査法	27, 29
農水省	18, 22, 23, 25, 26,
	27, 29, 103, 225, 261,
	292
農地改革	5
農地法	5
濃尾平野	164, 176
農林省	15, 18, 19, 140,
	147, 237, 267, 293
能代平野	62
のっけ丼	45
は 行	
ハートごはん条例	334

事項索引　363

廃藩置県 62, 81, 119, 170, 183, 224, 248, 277, 284, 297, 309
箱ずし 181, 205
はだか麦 22, 23, 36, 84, 104, 192, 210, 232, 238, 244, 250, 256, 262, 268, 280, 287, 293, 299, 303, 305, 311, 319
八戸ばくだん 45
八郎潟干拓 62, 66
発芽胚芽米製造施設条例 334
ハトムギ 22, 24, 43, 50, 58, 65, 77, 90, 134, 140, 160, 185, 215, 226, 232, 238, 280, 299, 303, 305, 311
早場米 27, 109
早場米地帯 101, 109
はらこ飯 59
ばらずし 199
藩政改革 145
版籍奉還 272, 291, 297

ヒエ 5, 22, 24, 30, 43, 47, 50, 65, 111, 215, 277, 300, 312
ヒエ田 47
東日本大地震 76
干潟八萬石 112
肥前茶がゆ 288
必須銘柄 27, 33, 34, 35, 41, 42, 48, 49, 56, 57, 63, 64, 70, 71, 76, 77, 82, 83, 88, 89, 95, 96, 102, 103, 109, 110, 120, 126, 127, 132, 133, 139, 140, 146, 147, 152, 158, 159, 165, 166, 171, 172, 177, 178, 184, 185, 190, 191, 197, 198, 203, 208, 209, 214, 215, 220, 225, 231, 232, 237, 238, 243,

244, 249, 250, 255, 261, 262, 267, 268, 273, 278, 279, 285, 286, 292, 298, 299, 304, 305, 310, 311, 317, 318, 323, 324
ひとよしから，米を原料とする球磨焼酎の地域文化を紡ぎ広める条例 334
姫飯 8
姫めし 8
百姓一揆 4
ひゅうがめし 270
平松守彦 303
蒜山おこわ 241
琵琶湖 189, 193
琵琶湖疏水 91, 196, 333
品種 12, 26
品種改良 11, 12, 284
品種登録 18, 21, 49, 120, 139, 146, 165, 177, 178, 184, 185, 310, 312, 323
品目別農業産出額 40, 69, 75, 119

フーチバージューシー 325
深川丼 117
福井平野 145
ふくみらい 76
藤川禎次 20
ふすべもち 52, 60
普通(期)栽培 27, 101
ふなずし 193
富良野盆地 32
浮立 289, 296

米穀安定供給確保支援機構 10, 203, 256, 261
米穀統制法 4
米穀配給通帳制 5
米食の日 335
平坦地 171, 178, 267, 273, 304

平坦地域 95
平坦部 177, 178, 203, 255
ベゴもち 45
べっこうずし 117

豊作祈願 46, 163, 246, 258
ボウゼの姿ずし 257
豊年祈願 241
芳飯 8
ほおば飯 149
ぼくめし 174
北陸地方 23
乾しいい 8
ほっかけ 149
ほっきめし 79
ポリフェノール 36
盆地 312
本間光丘 69

ま　行

前田利常 138
まご茶 112
祭りずし 237, 240
ママカリずし 240
まむし 205
満濃池 260, 263, 331

三方五湖 145
水資源開発 284
水資源機構 98, 179, 180
源頼朝 276
ミネラル 25
壬生の花田植 246

麦類 27
虫送り 129, 143, 155, 181, 187, 194, 235, 246, 271
無農薬栽培 323

銘柄 12, 26
銘柄検査 27
明治用水 176, 179

メノハめし　　　　234
めはりずし　　　　222

最上川　　　　　　69
もち米　5, 10, 17, 19, 28,
　33, 34, 41, 42, 48, 49,
　56, 57, 63, 70, 71, 76,
　77, 81, 82, 83, 88, 95,
　96, 102, 103, 109, 110,
　119, 120, 126, 127, 132,
　133, 139, 140, 146, 147,
　151, 152, 157, 158, 164,
　166, 170, 171, 176, 177,
　183, 184, 189, 191, 196,
　197, 202, 203, 208, 209,
　213, 214, 219, 220, 224,
　225, 230, 231, 236, 237,
　238, 242, 244, 249, 250,
　254, 255, 260, 261, 266,
　267, 272, 273, 278, 279,
　285, 286, 291, 292, 298,
　299, 303, 304, 309, 311,
　317, 318, 322, 323

モロコシ　22, 24, 43, 51,
　153, 179, 215, 269, 277

や　行

屋久島　　　　　　316
流鏑馬（やぶさめ）113, 124,
　234
ヤマセ　　　40, 45, 47
山田勢三郎　　20, 207
弥生時代　　　　40, 55

湧水　116, 176, 319, 320
雪冷熱　　　　　　37

横手盆地　　　　　62
吉野ケ里遺跡　　3, 284
吉野川　　　　　　213

ら　行

ラー麦　　　　　　279
ライスセンター　57, 335

冷凍米飯　　　　34, 337
レトルト米飯　　　337

六条大麦　22, 23, 50, 58,
　72, 77, 83, 90, 97, 104,
　110, 127, 134, 140, 147,
　153, 159, 166, 172, 178,
　185, 192, 209, 226, 232,
　244, 305

わ　行

輪中　　　　　　　167
和食文化　　　　　9
早生11, 27, 109, 133, 146,
　178, 184, 190, 225, 244,
　285
渡辺信平　　　　　226
渡良瀬川　　　　87, 101
渡良瀬遊水地　　　102

47都道府県・米／雑穀百科

平成29年10月25日　発行

著作者　井　上　　繁

発行者　池　田　和　博

発行所　丸善出版株式会社
〒101-0051 東京都千代田区神田神保町二丁目17番
編　集：電　話（03）3512-3264／FAX（03）3512-3272
営　業：電　話（03）3512-3256／FAX（03）3512-3270
http://pub.maruzen.co.jp/

© Sigeru Inoue, 2017

組版印刷・富士美術印刷株式会社／製本・株式会社 星共社

ISBN 978-4-621-30182-1　C 0577　　　　　Printed in Japan

JCOPY　〈（社）出版者著作権管理機構　委託出版物〉
本書の無断複写は著作権法上での例外を除き禁じられています。複写
される場合は、そのつど事前に、（社）出版者著作権管理機構（電話
03-3513-6969, FAX 03-3513-6979, e-mail：info@jcopy.or.jp）の許諾
を得てください。

【好評関連書】

ISBN 978-4-621-08065-8
定価（本体3,800円＋税）

ISBN 978-4-621-08204-1
定価（本体3,800円＋税）

ISBN 978-4-621-08406-9
定価（本体3,800円＋税）

ISBN 978-4-621-08543-1
定価（本体3,800円＋税）

ISBN 978-4-621-08553-0
定価（本体3,800円＋税）

ISBN 978-4-621-08681-0
定価（本体3,800円＋税）

ISBN 978-4-621-08801-2
定価（本体3,800円＋税）

ISBN 978-4-621-08761-9
定価（本体3,800円＋税）

ISBN 978-4-621-08826-5
定価（本体3,800円＋税）

ISBN 978-4-621-08947-7
定価（本体3,800円＋税）

ISBN 978-4-621-08996-5
定価（本体3,800円＋税）

ISBN 978-4-621-08975-0
定価（本体3,800円＋税）

ISBN 978-4-621-30122-7
定価（本体3,800円＋税）

ISBN 978-4-621-30047-3
定価（本体3,800円＋税）

ISBN 978-4-621-30167-8
定価（本体3,800円＋税）

ISBN 978-4-621-30180-7
定価（本体3,800円＋税）

ISBN 978-4-621-30158-6
定価（本体3,800円＋税）